天津市房屋建筑工程造价估算指标

DBD 29-941-2023

TIANJINSHI FANGWU JIANZHU GONGCHENG
ZAOJIA GUSUAN ZHIBIAO

天津市建筑市场服务中心　主编

中国计划出版社
北　京

图书在版编目（CIP）数据

天津市房屋建筑工程造价估算指标 / 天津市建筑市场服务中心主编. -- 北京 : 中国计划出版社, 2024.7
ISBN 978-7-5182-1591-1

Ⅰ. ①天… Ⅱ. ①天… Ⅲ. ①房屋建筑设备－建筑安装工程－工程造价－估算－天津 Ⅳ. ①TU723.3

中国国家版本馆CIP数据核字(2024)第021137号

责任编辑：沈　建　　封面设计：韩可斌

中国计划出版社出版发行
网址：www. jhpress. com
地址：北京市西城区木樨地北里甲 11 号国宏大厦 C 座 4 层
邮政编码：100038　电话：（010）63906433（发行部）
北京市科星印刷有限责任公司

787mm × 1092mm　1/16　24 印张　577 千字
2024 年 7 月第 1 版　2024 年 7 月第 1 次印刷

定价：90.00 元

天津市住房和城乡建设委员会

市住房城乡建设委关于印发天津市房屋建筑工程造价估算指标的通知

各有关单位：

为合理确定和有效控制工程造价，满足建筑市场房屋建筑工程造价估算的需求，依据现行计价依据和各类典型工程计价文件资料，我委编制完成了《天津市房屋建筑工程造价估算指标》（DBD29-941-2023）。现予印发。

天津市住房和城乡建设委员会

2023 年 10 月 25 日

主编单位：天津市建筑市场服务中心

批准部门：天津市住房和城乡建设委员会

专 家 组：陈友林　徐　敏　张宇明　毛　睿　聂　帆
马金鑫　蒋晓琳　郝玉森

编制人员：崔文琴　杨　军　张绪明　于会逢　尚　惠
范　姝　闫立刚　陶华强　李雅雯　关　彬
倪效聃　李　伟　卢丁伟　陈淑伟　陈世勇
赵　博

软件编程：建经科技

审　　定：华晓雷　高　迎

目　　录

总 说 明

为合理确定和测控房屋建筑工程投资，满足建筑市场对工程造价估算的需求，提高建设工程投资效率，编制《天津市房屋建筑工程造价估算指标》（以下简称“本指标”）。

一、本指标以天津市现行建设工程设计标准、质量验收规范、施工安全操作规程、预算基价、工期定额为依据，参照已完典型工程的设计概算、投标报价文件、竣工结算等相关资料测算编制。

二、本指标适用于天津市行政区域内新建与扩建的房屋建筑工程项目匡算估价。

三、本指标是项目前期编制投资估算、多方案比选和优化设计的参考，是项目决策阶段评价投资可行性、分析投资效益的主要经济指标。

四、本指标包括住宅项目，办公楼宇项目，文教、卫生项目，公共文化项目，商业项目，工业项目6章，共16节36个工程项目。

五、本指标各工程项目组成内容包括：工程概况，工程主要特征，工程造价各项费用分析表，工程量清单计价汇总，建筑工程分部位构成比例及主要工程量分析，装饰工程分部位构成比例及主要工程量分析，安装工程分部位构成比例及主要工程量分析，建筑、装饰工程主要工、料消耗量分析等8个部分。

六、本指标中的建筑面积按《建筑工程建筑面积计算规范》GB/T 50353—2013计算，利润率按天津市各专业工程现行预算基价标准确定。

七、本指标中的工程价格为建筑安装工程费，其中人工单价、材料价格、机械台班单价采用天津市各专业工程现行预算基价的基期价格。

八、应用方法。

建设项目确定后，按照以下步骤进行换算调整，编制项目匡算估价。

1. 根据拟建工程初步设计中所列的工程概况、结构类型、建筑面积等数据，在本指标中查找出与拟建工程特征相近或基本相似的工程为参照项目。

2. 对照设计要求，查找出拟建工程与本指标参照项目不同之处进行换算，使拟建工程相关要素与本指标趋于一致。

3. 以换算后的平方米价格与拟建工程的建筑面积相乘，得出拟建工程基期造价。

4. 参照工程造价管理机构发布的同期建筑安装工程造价指数进行调整，得出拟建工程编制期造价。

第一章　住 宅 项 目

第一节　多层住宅公寓

内容提要

结构	檐高（m）	层数	建筑面积（m^2）	每平方米价格（元）
框架剪力墙结构	18.40	地上6层，地下1层	7 613.71	4 836.32
装配式混凝土结构	21.70	地上7层	6 080.66	3 611.77

一、框架剪力墙结构

1. 多层住宅公寓 A

（1）工程概况。

<table>
<tr><td colspan="3">结构类型：框架剪力墙结构</td><td colspan="5">建筑面积：7 613.71m²</td></tr>
<tr><td rowspan="3">基本特征</td><td>檐高</td><td>层数</td><td>层高</td><td>基础类型</td><td colspan="3">利润率</td></tr>
<tr><td rowspan="2">18.40m</td><td rowspan="2">地上 6 层，地下 1 层</td><td rowspan="2">2.90m</td><td rowspan="2">桩承台基础、满堂基础</td><td>建筑</td><td>装饰</td><td>安装</td></tr>
<tr><td>7.76%</td><td>24.00%</td><td>20.71%</td></tr>
</table>

（2）工程主要特征。

项目名称		特征描述
建筑工程	基础工程	桩承台基础、满堂基础
	土方工程	机械挖土方
	打桩工程	钢筋混凝土钻孔灌注桩（$D=600$mm）、双轴水泥搅拌桩（$D=700$mm）
	砌筑工程	加气混凝土砌块墙、蒸压粉煤灰加气混凝土砌块墙
	混凝土及钢筋混凝土工程	现浇混凝土，AC30
	屋面及防水工程	高分子自粘胶膜卷材防水
	防腐、隔热、保温工程	屋面石墨聚苯乙烯板保温
		外墙岩棉板保温、外墙聚苯颗粒保温砂浆保温
装饰工程	内墙	刮腻子、乳胶漆、岩板吸声板
	外墙	防水涂料、花岗岩、铝板幕墙
	天棚	刮腻子、乳胶漆、铝扣板、石膏板
	楼地面	水泥砂浆、陶瓷地砖
	门窗	木质门、钢质防火门、断桥隔热铝合金窗
安装工程	给排水工程	镀锌钢管、不锈钢管、铸铁排水管、PPR 管、UPVC 管
	采暖工程	钢塑复合压力管
	电气工程	钢管、电线管、塑料管
	消防工程	消火栓系统、喷淋系统、自动报警系统、钢管、电线管

（3）工程造价各项费用分析表。

工程价格（元）（以2020年预算基价为依据）		每平方米价格（元）	各项费用所占比例（%）							
			人工费	材料费	机械费	管理费	规费	利润	税金	合计
36 822 338		**4 836.32**	**19.72**	**51.64**	**4.67**	**2.75**	**7.38**	**5.58**	**8.26**	**100.00**
建筑工程		2 870.92	19.41	48.50	7.20	3.07	7.27	6.29	8.26	100.00
装饰工程		1 293.50	18.48	59.19	1.02	1.81	6.86	4.38	8.26	100.00
安装工程		671.90	23.45	50.53	0.90	3.17	8.83	4.86	8.26	100.00
其中	给排水工程	44.85	20.22	56.20	0.78	2.74	7.60	4.20	8.26	100.00
	采暖工程	128.40	18.75	59.16	0.47	2.44	7.06	3.86	8.26	100.00
	电气工程	220.03	17.13	61.46	0.80	2.35	6.44	3.56	8.26	100.00
	消防工程	278.62	31.13	37.00	1.21	4.23	11.72	6.45	8.26	100.00

（4）工程量清单计价汇总。

项目名称		造价（元/m²）	占总造价比例
建筑工程工程量清单计价合计		**2 870.92**	**59.36%**
其中施工措施项目		539.11	11.15%
装饰工程工程量清单计价合计		**1 293.50**	**26.75%**
其中施工措施项目		76.19	1.58%
安装工程工程量清单计价合计		**671.90**	**13.89%**
其中	给排水工程	44.85	0.93%
	其中施工措施项目	1.54	0.03%
	采暖工程	128.40	2.65%
	其中施工措施项目	4.05	0.08%
	电气工程	220.03	4.55%
	其中施工措施项目	6.45	0.00%
	消防工程	278.62	5.76%
	其中施工措施项目	14.76	0.31%
总造价		**4 836.32**	**100.00%**

（5）建筑工程分部位构成比例及主要工程量分析。

项目名称	单位	每平方米工程量	分部位清单计价合计（元）	每平方米价格（元）	占清单计价合计比例
土方工程			**563 223**	**73.97**	**2.58%**
机械土方	m^3	1.243			
打桩工程			**6 524 182**	**856.90**	**29.84%**
钢筋混凝土钻孔灌注桩（D=600mm）	m^3	0.348			
双轴水泥搅拌桩（D=700mm）	m^3	0.174			
砌筑工程			**866 116**	**113.76**	**3.96%**
加气混凝土砌块墙	m^3	0.098			
蒸压粉煤灰加气混凝土砌块墙	m^3	0.046			
混凝土及钢筋混凝土工程			**6 538 949**	**858.84**	**29.92%**
混凝土基础	m^3	0.105			
混凝土柱	m^3	0.055			
混凝土板	m^3	0.182			
混凝土墙	m^3	0.097			
屋面及防水工程			**659 751**	**86.65**	**3.02%**
高分子自粘胶膜防水卷材	m^2	0.497			
防腐、隔热、保温工程			**796 691**	**104.64**	**3.64%**
屋面石墨聚苯乙烯板保温	m^3	0.011			
外墙岩棉板保温	m^2	0.454			
外墙聚苯颗粒保温砂浆保温	m^2	0.186			
施工措施项目			**4 104 667**	**539.11**	**18.78%**
安全文明施工	元	92.07			
夜间施工	元	0.72			
非夜间施工照明	元	0.29			
冬雨季施工	元	4.86			
脚手架工程	元	63.41			
混凝土模板及支架	元	258.17			
垂直运输	元	31.28			
大型机械设备进出场及安拆	元	26.30			
施工排水、降水	元	20.88			
其他	元	41.13			
税金			**1 804 822**	**237.05**	**8.26%**
合计			**21 858 401**	**2 870.92**	**100.00%**

（6）装饰工程分部位构成比例及主要工程量分析。

项目名称	单位	每平方米工程量	分部位清单计价合计（元）	每平方米价格（元）	占清单计价合计比例
楼地面工程			**1 544 642**	**202.88**	**15.68%**
水泥砂浆地面	m^2	0.069			
陶瓷地砖地面	m^2	0.710			
墙、柱面工程			**4 339 966**	**570.02**	**44.07%**
内墙主要做法					
刮腻子	m^2	1.553			
乳胶漆	m^2	1.628			
岩板吸声板	m^2	0.107			
外墙主要做法					
防水涂料	m^2	0.407			
花岗岩	m^2	0.076			
铝板幕墙	m^2	0.618			
天棚工程			**1 550 480**	**203.64**	**15.74%**
刮腻子	m^2	0.212			
乳胶漆	m^2	0.880			
装配式 T 形铝合金龙骨	m^2	0.647			
纸面石膏板	m^2	0.621			
铝扣板	m^2	0.026			
门窗工程			**876 706**	**115.15**	**8.90%**
木质门	m^2	0.015			
钢质防火门	m^2	0.031			
断桥隔热铝合金窗	m^2	0.092			
其他工程			**143 295**	**18.82**	**1.46%**
施工措施项目			**580 100**	**76.19**	**5.89%**
安全文明施工	元	19.50			
非夜间施工照明	元	0.61			
冬雨季施工	元	2.48			

续表

项目名称	单位	每平方米工程量	分部位清单计价合计（元）	每平方米价格（元）	占清单计价合计比例
脚手架工程	元	43.29			
垂直运输	元	9.81			
其他	元	0.50			
税金			**813 167**	**106.80**	**8.26%**
合计			**9 848 356**	**1 293.50**	**100.00%**

（7）安装工程分部位构成比例及主要工程量分析。

项目名称	单位	每平方米工程量	分部位清单计价合计（元）	每平方米价格（元）	占清单计价合计比例
给排水工程			**341 451**	**44.85**	**6.67%**
镀锌钢管	m	0.014 8	15 568	2.04	0.30%
不锈钢管	m	0.085 1	71 057	9.33	1.39%
铸铁排水管	m	0.016 9	38 404	5.04	0.75%
PPR 管	m	0.049 1	13 502	1.77	0.26%
UPVC 管	m	0.036 6	19 808	2.60	0.39%
管道支架	kg	0.036 9	7 634	1.00	0.15%
阀门	个	0.008 8	20 430	2.68	0.40%
卫生洁具	套	0.011 7	57 096	7.50	1.12%
地漏	个	0.005 3	2 810	0.37	0.05%
施工措施项目			**11 746**	**1.54**	**0.23%**
脚手架搭拆			3 202	0.42	0.06%
安全文明施工			6 927	0.91	0.14%
非夜间施工增加			88	0.01	0.002%
冬季施工增加			1 391	0.18	0.03%
竣工验收存档资料编制			138	0.02	0.003%
税金			**28 193**	**3.70**	**0.55%**
采暖工程			**977 573**	**128.40**	**19.11%**
钢塑复合压力管	m	0.309 3	179 726	23.61	3.51%
管道支架	kg	0.030 8	6 372	0.84	0.12%

续表

项目名称	单位	每平方米工程量	分部位清单计价合计（元）	每平方米价格（元）	占清单计价合计比例
阀门	个	0.089 8	132 383	17.39	2.59%
散热器	组	0.000 3	5 495	0.72	0.11%
分集水器	台	0.008 4	16 797	2.21	0.33%
地板辐射采暖	m^2	0.634 8	470 201	61.76	9.19%
系统调试			19 045	2.50	0.37%
施工措施项目			**30 869**	**4.05**	**0.60%**
脚手架搭拆			8 502	1.12	0.17%
安全文明施工			18 133	2.38	0.35%
非夜间施工增加			230	0.03	0.004%
冬季施工增加			3 642	0.48	0.07%
竣工验收存档资料编制			362	0.05	0.01%
税金			**80 717**	**10.60**	**1.58%**
电气工程			**1 675 223**	**220.03**	**32.75%**
配电箱	台	0.007 0	309 539	40.66	6.05%
电表箱	台	0.001 1	52 606	6.91	1.03%
开关	个	0.020 8	5 808	0.76	0.11%
插座	个	0.026 0	6 289	0.83	0.12%
电力电缆	m	0.349 1	250 450	32.89	4.90%
电力电缆头	个	0.015 4	24 966	3.28	0.49%
接地母线	m	0.128 3	37 280	4.90	0.73%
避雷网	m	0.125 1	23 094	3.03	0.45%
电气配管	m	1.503 7	223 501	29.36	4.37%
电力桥架	m	0.101 2	147 299	19.35	2.88%
电气配线	m	3.913 5	102 348	13.44	2.00%
接线盒	个	0.174 8	15 997	2.10	0.31%
灯具	套	0.122 5	188 689	24.78	3.69%
管道支架	kg	0.115 0	21 411	2.81	0.42%
系统调试			37 624	4.94	0.74%
施工措施项目			**49 078**	**6.45**	**0.96%**
脚手架搭拆			13 304	1.75	0.26%
安全文明施工			29 002	3.81	0.57%
非夜间施工增加			368	0.05	0.01%

续表

项目名称	单位	每平方米工程量	分部位清单计价合计（元）	每平方米价格（元）	占清单计价合计比例
冬季施工增加			5 825	0.77	0.11%
竣工验收存档资料编制			579	0.08	0.01%
税金			**138 321**	**18.17**	**2.70%**
消防工程			**2 121 332**	**278.62**	**41.47%**
水泵	台	0.000 8	51 782	6.80	1.01%
电气配管	m	0.707 3	94 790	12.45	1.85%
消防桥架	m	0.020 4	21 410	2.81	0.42%
消防线缆	m	0.920 7	38 900	5.11	0.76%
镀锌钢管	m	0.440 8	374 723	49.22	7.33%
消火栓	套	0.006 0	60 161	7.90	1.18%
水泵接合器	套	0.000 8	22 484	2.95	0.44%
灭火器	具	0.014 1	6 231	0.82	0.12%
管道支架	kg	0.318 5	72 220	9.49	1.41%
消防探测器	个	0.034 1	51 725	6.79	1.01%
消防报警设备	台	0.011 3	177 438	23.31	3.47%
报警按钮	只	0.005 9	11 970	1.57	0.23%
钢塑复合管	m	0.010 0	12 710	1.67	0.25%
阀门	个	0.106 1	123 504	16.22	2.41%
系统调试			474 976	62.38	9.28%
施工措施项目			**112 344**	**14.76**	**2.20%**
脚手架搭拆			30 626	4.02	0.60%
安全文明施工			66 248	8.70	1.30%
非夜间施工增加			840	0.11	0.02%
冬季施工增加			13 307	1.75	0.26%
竣工验收存档资料编制			1 323	0.17	0.03%
税金			**175 156**	**23.01**	**3.42%**
合计			**5 115 579**	**671.90**	**100.00%**

（8）建筑、装饰工程主要工、料消耗量分析。

项目名称	单位	建筑工程每平方米消耗量	装饰工程每平方米消耗量
人工	工日	4.031	1.593
水泥（综合）	kg	51.310	13.034

续表

项目名称	单位	建筑工程每平方米消耗量	装饰工程每平方米消耗量
砂子	t	0.008	0.035
白灰	kg	13.984	0.417
钢筋	t	0.109	
玻璃	m^2		0.080
商品混凝土	m^3	1.011	0.040
预拌砂浆	t	0.042	0.118
加气混凝土砌块	m^3	0.101	
粉煤灰加气混凝土砌块	m^3	0.044	
高分子自粘胶膜卷材	m^2	0.575	
石墨聚苯板	m^3	0.011	
岩棉板	m^3	0.046	
胶粉聚苯颗粒保温浆料	m^3	0.007	
陶瓷地面砖	m^2		0.739
成品腻子粉	kg		8.722
岩棉吸声板	m^3		0.113
苯丙乳胶漆	kg		0.698
防水涂料	kg		1.937
花岗岩	m^2		0.078
铝板	m^2		0.630
铝合金龙骨	m^2		0.656
纸面石膏板	m^2		0.652
铝扣板	m^2		0.026

二、装配式混凝土结构

1. 多层住宅公寓 B

（1）工程概况。

结构类型：装配式混凝土结构			建筑面积：6 080. 66m²				
基本特征	檐高	层数	层高	基础类型	利润率		
					建筑	装饰	安装
	21. 70m	地上 7 层	2. 90m	满堂基础	7. 76%	24. 00%	20. 71%

（2）工程主要特征。

项目名称		特征描述
建筑工程	基础工程	满堂基础
	土方工程	机械挖土方
	打桩工程	钢筋混凝土钻孔灌注桩（D=800mm）
	砌筑工程	加气混凝土砌块墙
	混凝土及钢筋混凝土工程	现浇混凝土，AC20，AC30，AC35，BC30P8
	装配式工程	预制混凝土叠合板、预制混凝土楼梯
	屋面及防水工程	水泥瓦屋面、耐根穿刺改性沥青卷材防水、高聚物改性沥青自粘卷材防水
	防腐、隔热、保温工程	屋面岩棉板保温
		外墙挤塑聚苯乙烯板保温、外墙石墨模塑聚苯乙烯板保温、外墙建筑用保温砂浆保温
装饰工程	内墙	刮腻子、乳胶漆、水泥砂浆
	外墙	弹性涂料、电化铝板
	天棚	刮腻子、乳胶漆、铝合金方板、石膏板
	楼地面	细石混凝土、花岗岩、陶瓷地砖、防静电活动地板
	门窗	木质门、木质防火门、断桥隔热铝合金窗
安装工程	给排水工程	镀锌钢管、铸铁管、PPR 管、UPVC 管、衬塑钢管
	采暖工程	镀锌钢管、无缝钢管、PPR 管、直埋保温管
	电气工程	户内报警系统、楼座可视对讲系统、视频监控系统、钢管、电线管、塑料管
	消防工程	消火栓系统、钢管

（3）工程造价各项费用分析表。

工程价格（元）（以2020年预算基价为依据）		每平方米价格（元）	各项费用所占比例（%）							
			人工费	材料费	机械费	管理费	规费	利润	税金	合计
21 961 945		**3 611.77**	**20.60**	**53.06**	**2.23**	**2.49**	**7.75**	**5.61**	**8.26**	**100.00**
建筑工程		1 992.82	17.00	56.39	3.93	2.37	6.40	5.65	8.26	100.00
装饰工程		1 155.54	23.92	48.97	1.86	2.25	9.00	5.74	8.26	100.00
安装工程		463.41	25.02	47.97	0.92	3.36	9.33	5.14	8.26	100.00
其中	给排水工程	99.88	29.04	41.63	0.28	3.83	10.93	6.03	8.26	100.00
	采暖工程	87.92	15.06	65.60	0.28	2.01	5.66	3.13	8.26	100.00
	电气工程	233.23	27.32	44.30	0.54	3.65	10.27	5.66	8.26	100.00
	消防工程	42.38	26.12	46.08	0.78	3.52	9.84	5.40	8.26	100.00

（4）工程量清单计价汇总。

项目名称		造价（元/m^2）	占总造价比例
建筑工程工程量清单计价合计		**1 992.82**	**55.18%**
其中施工措施项目		482.76	13.37%
装饰工程工程量清单计价合计		**1 155.54**	**31.99%**
其中施工措施项目		97.19	2.69%
安装工程工程量清单计价合计		**463.41**	**12.83%**
其中	给排水工程	99.88	2.77%
	其中施工措施项目	4.83	0.13%
	采暖工程	87.92	2.43%
	其中施工措施项目	2.22	0.06%
	电气工程	233.23	6.46%
	其中施工措施项目	10.69	0.30%
	消防工程	42.38	1.17%
	其中施工措施项目	1.87	0.05%
总造价		**3 611.77**	**100.00%**

（5）建筑工程分部位构成比例及主要工程量分析。

项目名称	单位	每平方米工程量	分部位清单计价合计（元）	每平方米价格（元）	占清单计价合计比例
土方工程			**298 300**	**49.06**	**2.46%**
机械土方	m^3	0.260			
打桩工程			**1 124 324**	**184.90**	**9.28%**
钢筋混凝土钻孔灌注桩（D = 800mm）	m^3	0.141			
砌筑工程			**325 233**	**53.49**	**2.68%**
加气混凝土砌块墙	m^3	0.063			
混凝土及钢筋混凝土工程			**4 413 078**	**725.76**	**36.42%**
混凝土基础	m^3	0.063			
混凝土柱	m^3	0.013			
混凝土梁	m^3	0.021			
混凝土墙	m^3	0.256			
混凝土板	m^3	0.110			
装配式工程			**683 413**	**112.39**	**5.64%**
预制混凝土叠合板	m^3	0.022			
预制混凝土楼梯	m^3	0.004			
屋面及防水工程			**609 826**	**100.29**	**5.03%**
水泥瓦屋面	m^2	0.047			
耐根穿刺改性沥青卷材防水	m^2	0.102			
高聚物改性沥青自粘卷材防水	m^2	0.211			
防腐、隔热、保温工程			**727 474**	**119.64**	**6.00%**
屋面岩棉板保温	m^2	0.217			
外墙挤塑聚苯乙烯板保温	m^2	0.329			
外墙石墨模塑聚苯乙烯板保温	m^2	0.353			
外墙建筑用保温砂浆保温	m^2	0.242			
施工措施项目			**2 935 490**	**482.76**	**24.23%**
安全文明施工	元	82.67			

续表

项目名称	单位	每平方米工程量	分部位清单计价合计（元）	每平方米价格（元）	占清单计价合计比例
夜间施工	元	1.58			
非夜间施工照明	元	0.63			
冬雨季施工	元	10.62			
脚手架工程	元	70.35			
混凝土模板及支架	元	210.83			
垂直运输	元	32.75			
超高施工增加	元	25.18			
大型机械设备进出场及安拆	元	25.02			
其他	元	23.13			
税金			**1 000 542**	**164.54**	**8.26%**
合计			**12 117 680**	**1 992.82**	**100.00%**

（6）装饰工程分部位构成比例及主要工程量分析。

项目名称	单位	每平方米工程量	分部位清单计价合计（元）	每平方米价格（元）	占清单计价合计比例
楼地面工程			**1 700 185**	**279.61**	**24.20%**
细石混凝土地面	m^2	0.461			
花岗岩地面	m^2	0.071			
陶瓷地砖地面	m^2	0.053			
防静电活动地板地面	m^2	0.309			
墙、柱面工程			**2 639 789**	**434.13**	**37.57%**
内墙主要做法					
刮腻子	m^2	0.958			
乳胶漆	m^2	0.958			
水泥砂浆	m^2	0.471			
外墙主要做法					
弹性涂料	m^2	0.660			

续表

项目名称	单位	每平方米工程量	分部位清单计价合计（元）	每平方米价格（元）	占清单计价合计比例
电化铝板	m^2	0.105			
天棚工程			**274 148**	**45.09**	**3.90%**
刮腻子	m^2	0.816			
乳胶漆	m^2	0.336			
装配式T形铝合金龙骨	m^2	0.029			
轻型铝合金条板龙骨	m^2	0.057			
铝合金方板	m^2	0.029			
石膏板	m^2	0.057			
门窗工程			**1 191 188**	**195.90**	**16.95%**
木质防火门	m^2	0.039			
木质门	m^2	0.008			
断桥隔热铝合金窗	m^2	0.146			
其他工程			**49 928**	**8.21**	**0.71%**
施工措施项目			**590 981**	**97.19**	**8.41%**
安全文明施工	元	21.21			
非夜间施工照明	元	0.66			
冬雨季施工	元	2.70			
脚手架工程	元	21.98			
垂直运输	元	13.22			
超高施工增加	元	36.88			
其他	元	0.54			
税金			**580 160**	**95.41**	**8.26%**
合计			**7 026 379**	**1 155.54**	**100.00%**

（7）安装工程分部位构成比例及主要工程量分析。

项目名称	单位	每平方米工程量	分部位清单计价合计（元）	每平方米价格（元）	占清单计价合计比例
给排水工程			**607 333**	**99.88**	**21.55%**
镀锌钢管	m	0.238 3	95 515	15.71	3.87%
铸铁管	m	0.048 3	77 377	12.73	3.14%

续表

项目名称	单位	每平方米工程量	分部位清单计价合计（元）	每平方米价格（元）	占清单计价合计比例
PPR 管	m	0. 414 3	76 118	12. 52	3. 09%
UPVC 管	m	0. 127 2	48 884	8. 04	1. 98%
衬塑钢管	m	0. 065 9	32 552	5. 35	1. 32%
转换件	个	0. 013 8	1 848	0. 30	0. 07%
管道支架	kg	0. 015 0	2 466	0. 41	0. 10%
阀门	个	0. 095 2	32 329	5. 32	1. 31%
卫生洁具	套	0. 031 6	100 045	16. 45	4. 06%
地漏、清扫口	个	0. 021 2	5 179	0. 85	0. 21%
施工措施项目			**29 395**	**4. 83**	**1. 19%**
脚手架搭拆			8 187	1. 35	0. 33%
安全文明施工			17 194	2. 83	0. 70%
非夜间施工增加			218	0. 04	0. 01%
冬季施工增加			3 453	0. 57	0. 14%
竣工验收存档资料编制			343	0. 06	0. 01%
税金			**50 147**	**8. 25**	**2. 03%**
采暖工程			**534 640**	**87. 92**	**18. 97%**
镀锌钢管	m	0. 070 9	29 545	4. 86	1. 20%
无缝钢管	m	0. 034 2	25 483	4. 19	1. 03%
PPR 管	m	0. 141 3	40 462	6. 65	1. 64%
直埋保温管	m	0. 001 8	1 474	0. 24	0. 06%
管道支架	kg	0. 143 7	21 704	3. 57	0. 88%
阀门	个	0. 067 1	44 748	7. 36	1. 81%
地采暖	m^2	0. 679 8	261 817	43. 06	10. 62%
集水器	个	0. 006 9	19 421	3. 19	0. 79%
施工措施项目			**13 508**	**2. 22**	**0. 55%**
脚手架搭拆			3 736	0. 61	0. 15%

续表

项目名称	单位	每平方米工程量	分部位清单计价合计（元）	每平方米价格（元）	占清单计价合计比例
安全文明施工			7 923	1. 30	0. 32%
非夜间施工增加			100	0. 02	0. 004%
冬季施工增加			1 591	0. 26	0. 06%
竣工验收存档资料编制			158	0. 03	0. 01%
税金			**44 145**	**7. 26**	**1. 79%**
电气工程			**1 418 184**	**233. 23**	**50. 33%**
配电柜	台	0. 000 5	47 005	7. 73	1. 91%
接线箱	台	0. 003 5	25 579	4. 21	1. 04%
配电箱	台	0. 008 7	69 329	11. 40	2. 81%
电表箱	台	0. 003 5	36 807	6. 05	1. 49%
开关	个	0. 102 5	16 345	2. 69	0. 66%
插座	个	0. 232 0	47 204	7. 76	1. 91%
T 接端子	个	0. 010 4	1 255	0. 21	0. 05%
电力电缆	m	0. 141 4	138 681	22. 81	5. 62%
电缆头	个	0. 002 3	5 378	0. 88	0. 22%
接地网	m	0. 069 8	12 005	1. 97	0. 49%
避雷网	m	0. 114 3	68 915	11. 33	2. 79%
端子箱	台	0. 011 2	18 215	3. 00	0. 74%
电气配管	m	3. 284 5	319 173	52. 49	12. 94%
桥架	m	0. 061 8	48 968	8. 05	1. 99%
电气配线	m	0. 890 9	46 226	7. 60	1. 87%
弱电箱	个	0. 006 9	17 496	2. 88	0. 71%
接线盒、开关盒	个	0. 733 3	53 716	8. 83	2. 18%
照明灯具	套	0. 173 3	39 463	6. 49	1. 60%
铁构件	kg	0. 057 7	8 610	1. 42	0. 35%
抗震支架	kg	0. 154 3	23 310	3. 83	0. 95%

续表

项目名称	单位	每平方米工程量	分部位清单计价合计（元）	每平方米价格（元）	占清单计价合计比例
建筑智能化设备	台	0.132 9	146 517	24.10	5.94%
网线	m	0.280 4	10 015	1.65	0.41%
系统调试			14 102	2.32	0.57%
施工措施项目			**65 027**	**10.69**	**2.64%**
脚手架搭拆			17 978	2.96	0.73%
安全文明施工			38 142	6.27	1.55%
非夜间施工增加			484	0.08	0.02%
冬季施工增加			7 661	1.26	0.31%
竣工验收存档资料编制			762	0.13	0.03%
税金			**117 098**	**19.26**	**4.75%**
消防工程			**257 668**	**42.38**	**9.15%**
镀锌钢管	m	0.138 2	121 049	19.91	4.91%
消火栓	套	0.006 2	23 541	3.87	0.95%
管道支架	kg	0.092 1	17 033	2.80	0.69%
灭火器	具	0.027 6	9 516	1.56	0.39%
阀门	个	0.010 2	27 611	4.54	1.12%
系统调试			23 676	3.89	0.96%
施工措施项目			**11 390**	**1.87**	**0.46%**
脚手架搭拆			3 132	0.52	0.13%
安全文明施工			6 694	1.10	0.27%
非夜间施工增加			85	0.01	0.003%
冬季施工增加			1 345	0.22	0.05%
竣工验收存档资料编制			134	0.02	0.01%
税金			**21 275**	**3.50**	**0.86%**
合计			**2 817 825**	**463.41**	**100.00%**

（8）建筑、装饰工程主要工、料消耗量分析。

项目名称	单位	建筑工程每平方米消耗量	装饰工程每平方米消耗量
人工	工日	2.406	1.741
水泥（综合）	kg	1.360	42.547
砂子	t	0.003	0.104
白灰	kg	25.094	
钢筋	t	0.053	
玻璃	m^2		0.116
商品混凝土	m^3	0.638	0.047
预拌砂浆	t	0.023	0.133
加气混凝土砌块	m^3	0.065	
预制混凝土叠合板	m^3	0.022	
预制混凝土楼梯	m^3	0.004	
水泥平瓦	块	0.803	
耐根穿刺防水卷材	m^2	0.119	
高聚物改性沥青自粘卷材	m^2	0.244	
岩棉板	m^3	0.018	
挤塑聚苯乙烯泡沫板	m^3	0.011	
石墨模塑聚苯板	m^3	0.027	
建筑用保温砂浆	m^3	0.006	
陶瓷地面砖	m^2		0.056
花岗岩板	m^2		0.073
木质活动地板	m^2		0.315
成品腻子粉	kg		6.402
苯丙乳胶漆	kg		0.436
弹性外墙涂料	kg		0.330
电化铝装饰板	m^2		0.111
铝合金龙骨	m^2		0.030
铝合金条板龙骨	m		0.110
铝合金嵌入式方板	m^2		0.029
石膏板	m^2		0.060

第二节 高层住宅公寓

内容提要

结构	檐高（m）	层数	建筑面积（m^2）	每平方米价格（元）
框架剪力墙结构	35.80	地上12层，地下1层	5 735.93	3 521.04
	41.05	地上14层	5 127.27	4 124.18
	47.40	地上16层，地下2层	11 948.00	4 163.80
	53.20	地上18层，地下1层	6 916.62	3 820.43
	53.20	地上18层，地下2层	6 734.91	4 720.47
	79.30	地上27层，地下1层	12 207.38	3 710.36

一、框架剪力墙结构

1. 高层住宅公寓 A

（1）工程概况。

结构类型：框架剪力墙结构			建筑面积：5 735.93m²				
基本特征	檐高	层数	层高	基础类型	利润率		
	35.80m	地上 12 层，地下 1 层	2.90m	满堂基础	建筑	装饰	安装
					7.76%	24.00%	20.71%

（2）工程主要特征。

项目名称		特征描述
建筑工程	基础工程	满堂基础
	土方工程	人工挖土方、机械挖土方
	打桩工程	钢筋混凝土钻孔灌注桩（$D=800$mm）
	砌筑工程	加气混凝土砌块墙
	混凝土及钢筋混凝土工程	现浇混凝土，AC20，AC30，AC35，AC40
	屋面及防水工程	高聚物改性沥青自粘卷材防水
	防腐、隔热、保温工程	屋面水泥珍珠岩保温、屋面泡沫混凝土板保温、屋面聚苯颗粒保温砂浆保温
		内墙聚苯颗粒保温砂浆保温
		外墙聚苯乙烯板保温、外墙聚苯颗粒保温砂浆保温
装饰工程	内墙	刮腻子、乳胶漆、水泥砂浆、面砖
	外墙	刮腻子、乳胶漆、花岗岩板
	天棚	刮腻子、乳胶漆、水泥砂浆
	楼地面	细石混凝土、水泥砂浆、花岗岩
	门窗	钢质防火门、钢质门窗、断桥隔热铝合金窗
安装工程	给排水工程	镀锌钢管、铸铁管、PPR 管、钢塑复合管
	采暖工程	镀锌钢管、铝塑复合管、直埋保温管
	电气工程	安防对讲系统、钢管、电线管、塑料管
	消防工程	消火栓系统、自动报警系统、钢管、电线管

（3）工程造价各项费用分析表。

<table>
<tr><th colspan="2" rowspan="2">工程价格（元）（以2020年预算基价为依据）</th><th rowspan="2">每平方米价格（元）</th><th colspan="8">各项费用所占比例（%）</th></tr>
<tr><th>人工费</th><th>材料费</th><th>机械费</th><th>管理费</th><th>规费</th><th>利润</th><th>税金</th><th>合计</th></tr>
<tr><td colspan="2">20 196 439</td><td>3 521.04</td><td>24.20</td><td>45.82</td><td>3.46</td><td>3.00</td><td>9.11</td><td>6.15</td><td>8.26</td><td>100.00</td></tr>
<tr><td colspan="2">建筑工程</td><td>1 948.55</td><td>23.56</td><td>44.74</td><td>4.84</td><td>3.25</td><td>8.87</td><td>6.48</td><td>8.26</td><td>100.00</td></tr>
<tr><td colspan="2">装饰工程</td><td>996.98</td><td>26.93</td><td>43.21</td><td>2.45</td><td>2.55</td><td>10.14</td><td>6.46</td><td>8.26</td><td>100.00</td></tr>
<tr><td colspan="2">安装工程</td><td>575.51</td><td>21.62</td><td>54.04</td><td>0.56</td><td>2.90</td><td>8.14</td><td>4.48</td><td>8.26</td><td>100.00</td></tr>
<tr><td rowspan="4">其中</td><td>给排水工程</td><td>98.00</td><td>24.24</td><td>48.71</td><td>1.31</td><td>3.35</td><td>9.12</td><td>5.01</td><td>8.26</td><td>100.00</td></tr>
<tr><td>采暖工程</td><td>117.22</td><td>18.94</td><td>59.11</td><td>0.15</td><td>2.50</td><td>7.12</td><td>3.92</td><td>8.26</td><td>100.00</td></tr>
<tr><td>电气工程</td><td>291.58</td><td>21.18</td><td>54.84</td><td>0.52</td><td>2.84</td><td>7.97</td><td>4.39</td><td>8.26</td><td>100.00</td></tr>
<tr><td>消防工程</td><td>68.71</td><td>24.36</td><td>49.60</td><td>0.32</td><td>3.23</td><td>9.18</td><td>5.05</td><td>8.26</td><td>100.00</td></tr>
</table>

（4）工程量清单计价汇总。

<table>
<tr><th colspan="2">项目名称</th><th>造价（元/m²）</th><th>占总造价比例</th></tr>
<tr><td colspan="2">建筑工程工程量清单计价合计</td><td>1 948.55</td><td>55.34%</td></tr>
<tr><td colspan="2">其中施工措施项目</td><td>635.66</td><td>18.05%</td></tr>
<tr><td colspan="2">装饰工程工程量清单计价合计</td><td>996.98</td><td>28.32%</td></tr>
<tr><td colspan="2">其中施工措施项目</td><td>150.64</td><td>4.28%</td></tr>
<tr><td colspan="2">安装工程工程量清单计价合计</td><td>575.51</td><td>16.34%</td></tr>
<tr><td rowspan="8">其中</td><td>给排水工程</td><td>98.00</td><td>2.78%</td></tr>
<tr><td>其中施工措施项目</td><td>4.08</td><td>0.12%</td></tr>
<tr><td>采暖工程</td><td>117.22</td><td>3.33%</td></tr>
<tr><td>其中施工措施项目</td><td>3.70</td><td>0.10%</td></tr>
<tr><td>电气工程</td><td>291.58</td><td>8.28%</td></tr>
<tr><td>其中施工措施项目</td><td>10.40</td><td>0.30%</td></tr>
<tr><td>消防工程</td><td>68.71</td><td>1.95%</td></tr>
<tr><td>其中施工措施项目</td><td>2.80</td><td>0.08%</td></tr>
<tr><td colspan="2">总造价</td><td>3 521.04</td><td>100.00%</td></tr>
</table>

（5）建筑工程分部位构成比例及主要工程量分析。

项目名称	单位	每平方米工程量	分部位清单计价合计（元）	每平方米价格（元）	占清单计价合计比例
土方工程			**162 551**	**28.34**	**1.46%**
人工土方	m^3	0.082			
机械土方	m^3	1.147			
打桩工程			**1 316 721**	**229.56**	**11.78%**
钢筋混凝土钻孔灌注桩（D=800mm）	m^3	0.116			
砌筑工程			**373 547**	**65.12**	**3.34%**
加气混凝土砌块墙	m^3	0.081			
混凝土及钢筋混凝土工程			**3 744 094**	**652.74**	**33.50%**
混凝土基础	m^3	0.042			
混凝土柱	m^3	0.012			
混凝土梁	m^3	0.046			
混凝土墙	m^3	0.245			
混凝土板	m^3	0.095			
屋面及防水工程			**246 344**	**42.95**	**2.20%**
高聚物改性沥青自粘卷材防水	m^2	0.152			
防腐、隔热、保温工程			**764 520**	**133.29**	**6.84%**
屋面水泥珍珠岩保温	m^3	0.006			
屋面泡沫混凝土板保温	m^3	0.003			
屋面聚苯颗粒保温砂浆保温	m^2	0.049			
内墙聚苯颗粒保温砂浆保温	m^2	0.316			
外墙聚苯乙烯板保温	m^2	0.789			
外墙聚苯颗粒保温砂浆保温	m^2	0.311			
施工措施项目			**3 646 094**	**635.66**	**32.62%**
安全文明施工	元	68.52			
夜间施工	元	2.12			
非夜间施工照明	元	0.84			
冬雨季施工	元	14.24			

续表

项目名称	单位	每平方米工程量	分部位清单计价合计（元）	每平方米价格（元）	占清单计价合计比例
脚手架工程	元	104.43			
混凝土模板及支架	元	330.84			
垂直运输	元	31.28			
超高施工增加	元	44.86			
大型机械设备进出场及安拆	元	25.17			
其他	元	13.36			
税金			**922 848**	**160.89**	**8.26%**
合计			**11 176 719**	**1 948.55**	**100.00%**

（6）装饰工程分部位构成比例及主要工程量分析。

项目名称	单位	每平方米工程量	分部位清单计价合计（元）	每平方米价格（元）	占清单计价合计比例
楼地面工程			**1 229 284**	**214.31**	**21.49%**
细石混凝土地面	m^2	0.648			
水泥砂浆地面	m^2	0.072			
花岗岩板地面	m^2	0.069			
墙、柱面工程			**1 712 602**	**298.57**	**29.95%**
内墙主要做法					
刮腻子	m^2	0.482			
乳胶漆	m^2	0.482			
水泥砂浆	m^2	1.655			
面砖	m^2	0.021			
外墙主要做法					
刮腻子	m^2	1.148			
乳胶漆	m^2	1.141			
花岗岩板	m^2	0.007			
天棚工程			**181 078**	**31.57**	**3.17%**
刮腻子	m^2	0.621			
乳胶漆	m^2	0.123			

续表

项目名称	单位	每平方米工程量	分部位清单计价合计（元）	每平方米价格（元）	占清单计价合计比例
水泥砂浆	m^2	0.013			
门窗工程			**1 141 934**	**199.08**	**19.97%**
钢质防火门	m^2	0.034			
钢质门窗	m^2	0.004			
断桥隔热铝合金窗	m^2	0.132			
其他工程			**117 523**	**20.49**	**2.05%**
施工措施项目			**864 043**	**150.64**	**15.11%**
安全文明施工	元	20.75			
非夜间施工照明	元	0.65			
冬雨季施工	元	2.64			
脚手架工程	元	75.27			
垂直运输	元	13.97			
超高施工增加	元	34.31			
其他	元	3.05			
税金			**472 181**	**82.32**	**8.26%**
合计			**5 718 645**	**996.98**	**100.00%**

（7）安装工程分部位构成比例及主要工程量分析。

项目名称	单位	每平方米工程量	分部位清单计价合计（元）	每平方米价格（元）	占清单计价合计比例
给排水工程			**562 138**	**98.00**	**17.03%**
污水泵	台	0.001 0	18 311	3.19	0.55%
镀锌钢管	m	0.016 4	15 891	2.77	0.48%
铸铁管	m	0.178 9	200 729	35.00	6.08%
PPR 管	m	0.326 0	71 621	12.49	2.17%
钢塑复合管	m	0.074 9	56 460	9.84	1.71%
管道支架	kg	0.031 8	4 996	0.87	0.15%
阀门	个	0.052 7	33 596	5.86	1.02%

续表

项目名称	单位	每平方米工程量	分部位清单计价合计（元）	每平方米价格（元）	占清单计价合计比例
除污器	组	0.018 1	6 801	1.19	0.21%
橡胶接头	个	0.002 1	3 202	0.56	0.10%
水表	组	0.009 1	7 919	1.38	0.24%
卫生洁具	套	0.018 1	65 518	11.42	1.98%
地漏、清扫口	个	0.023 5	6 649	1.16	0.20%
施工措施项目			**23 424**	**4.08**	**0.71%**
脚手架搭拆			6 316	1.10	0.19%
安全文明施工			13 869	2.42	0.42%
非夜间施工增加			176	0.03	0.005%
冬季施工增加			2 786	0.49	0.08%
竣工验收存档资料编制			277	0.05	0.01%
税金			**46 415**	**8.09**	**1.41%**
采暖工程			**672 389**	**117.22**	**20.37%**
镀锌钢管	m	0.059 6	37 103	6.47	1.12%
铝塑复合管	m	0.829 3	263 441	45.93	7.98%
直埋保温管	m	0.004 5	9 664	1.68	0.29%
管道支架	kg	0.024 4	3 828	0.67	0.12%
阀门	个	0.146 8	52 983	9.24	1.61%
热力入口	组	0.000 3	54 778	9.55	1.66%
散热器	组	0.049 9	172 318	30.04	5.22%
施工措施项目			**21 196**	**3.70**	**0.64%**
脚手架搭拆			5 910	1.03	0.18%
安全文明施工			12 393	2.16	0.38%
非夜间施工增加			157	0.03	0.005%
冬季施工增加			2 489	0.43	0.08%
竣工验收存档资料编制			247	0.04	0.01%

续表

项目名称	单位	每平方米工程量	分部位清单计价合计（元）	每平方米价格（元）	占清单计价合计比例
税金			**55 518**	**9.68**	**1.68%**
电气工程			**1 672 479**	**291.58**	**50.66%**
低压开关柜	台	0.000 9	77 634	13.53	2.35%
接线箱	台	0.002 3	24 714	4.31	0.75%
配电箱	台	0.011 2	238 726	41.62	7.23%
开关	个	0.097 1	26 420	4.61	0.80%
插座	个	0.221 9	60 478	10.54	1.83%
T 接箱	个	0.005 1	19 515	3.40	0.59%
电力电缆	m	0.170 4	91 368	15.93	2.77%
电缆头	个	0.003 1	3 351	0.58	0.10%
接地网	m	0.037 7	8 683	1.51	0.26%
避雷网	m	0.108 7	24 741	4.31	0.75%
铜端子	个	0.078 3	9 203	1.60	0.28%
按钮	只	0.028 1	14 393	2.51	0.44%
电气配管	m	3.259 2	340 365	59.34	10.31%
防火桥架	m	0.048 1	52 913	9.22	1.60%
电气配线	m	6.503 4	186 267	32.47	5.64%
接线箱	个	0.004 7	32 194	5.61	0.98%
接线盒、开关盒	个	0.581 8	44 514	7.76	1.35%
照明灯具	套	0.136 0	44 519	7.76	1.35%
铁构件	kg	0.052 1	7 379	1.29	0.22%
探测器	套	0.020 6	55 721	9.71	1.69%
建筑智能化设备	台	0.010 8	44 576	7.77	1.35%
系统调试			26 432	4.61	0.80%
施工措施项目			**59 644**	**10.40**	**1.81%**
脚手架搭拆			16 430	2.86	0.50%

续表

项目名称	单位	每平方米工程量	分部位清单计价合计（元）	每平方米价格（元）	占清单计价合计比例
安全文明施工			35 033	6.11	1.06%
非夜间施工增加			444	0.08	0.01%
冬季施工增加			7 037	1.23	0.21%
竣工验收存档资料编制			700	0.12	0.02%
税金			**138 095**	**24.08**	**4.18%**
消防工程			**394 088**	**68.71**	**11.94%**
电气配管	m	0.225 5	30 322	5.29	0.92%
电气配线	m	0.552 4	25 461	4.44	0.77%
接线箱	个	0.002 8	13 772	2.40	0.42%
接线盒	个	0.049 7	3 158	0.55	0.10%
消火栓	套	0.003 0	28 771	5.02	0.87%
管道支架	kg	0.017 4	2 730	0.48	0.08%
镀锌钢管	m	0.026 2	30 122	5.25	0.91%
灭火器	具	0.007 3	2 223	0.39	0.07%
探测器	个	0.021 6	48 144	8.39	1.46%
按钮	只	0.005 4	6 806	1.19	0.21%
模块	只	0.015 7	66 241	11.55	2.01%
模块箱	个	0.000 7	2 341	0.41	0.07%
阀门	个	0.001 6	4 377	0.76	0.13%
消防报警设备	套	0.007 3	25 783	4.49	0.78%
系统调试			24 764	4.32	0.75%
施工措施项目			**16 035**	**2.80**	**0.49%**
脚手架搭拆			4 455	0.78	0.13%
安全文明施工			9 388	1.64	0.28%
非夜间施工增加			119	0.02	0.004%
冬季施工增加			1 886	0.33	0.06%

续表

项目名称	单位	每平方米工程量	分部位清单计价合计（元）	每平方米价格（元）	占清单计价合计比例
竣工验收存档资料编制			187	0.03	0.006%
税金			**32 539**	**5.67**	**0.99%**
合计			**3 301 094**	**575.51**	**100.00%**

（8）建筑、装饰工程主要工、料消耗量分析。

项目名称	单位	建筑工程每平方米消耗量	装饰工程每平方米消耗量
人工	工日	3.285	1.755
水泥（综合）	kg	2.219	34.772
砂子	t	0.005	0.104
白灰	kg	13.082	3.959
钢筋	t	0.055	
玻璃	m^2		0.102
商品混凝土	m^3	0.616	0.050
预拌砂浆	t	0.026	0.139
加气混凝土砌块	m^3	0.083	
高聚物改性沥青自粘卷材	m^2	0.176	
珍珠岩	m^3	0.009	
泡沫混凝土块	m^3	0.003	
聚苯乙烯泡沫塑料板	m^3	0.040	
胶粉聚苯颗粒保温浆料	m^3	0.024	
花岗岩板	m^2		0.078
成品腻子粉	kg		7.257
苯丙乳胶漆	kg		0.638
墙面砖	m^2		0.022

2. 高层住宅公寓 B

（1）工程概况。

<table>
<tr><td colspan="3">结构类型：框架剪力墙结构</td><td colspan="5">建筑面积：5 127.27m²</td></tr>
<tr><td rowspan="3">基本特征</td><td>檐高</td><td>层数</td><td>层高</td><td>基础类型</td><td colspan="3">利润率</td></tr>
<tr><td rowspan="2">41.05m</td><td rowspan="2">地上 14 层</td><td rowspan="2">2.90m</td><td rowspan="2">满堂基础</td><td>建筑</td><td>装饰</td><td>安装</td></tr>
<tr><td>7.76%</td><td>24.00%</td><td>20.71%</td></tr>
</table>

（2）工程主要特征。

<table>
<tr><th colspan="2">项目名称</th><th>特征描述</th></tr>
<tr><td rowspan="9">建筑工程</td><td>基础工程</td><td>满堂基础</td></tr>
<tr><td>土方工程</td><td>机械挖土方</td></tr>
<tr><td>打桩工程</td><td>钢筋混凝土钻孔灌注桩（D=800mm）</td></tr>
<tr><td>砌筑工程</td><td>页岩标砖基础、蒸压加气混凝土砌块墙</td></tr>
<tr><td>混凝土及钢筋混凝土工程</td><td>现浇混凝土，AC20，AC25，AC30，AC35</td></tr>
<tr><td>屋面及防水工程</td><td>高分子自粘胶膜卷材防水</td></tr>
<tr><td rowspan="3">防腐、隔热、保温工程</td><td>屋面聚苯颗粒保温砂浆保温</td></tr>
<tr><td>内墙聚苯颗粒保温砂浆保温</td></tr>
<tr><td>外墙聚苯乙烯板保温、外墙 FTC 自调温相变蓄能材料保温</td></tr>
<tr><td rowspan="5">装饰工程</td><td>内墙</td><td>混合砂浆、刮腻子、乳胶漆</td></tr>
<tr><td>外墙</td><td>刮腻子、真石漆、弹性涂料</td></tr>
<tr><td>天棚</td><td>刮腻子、乳胶漆、矿棉板</td></tr>
<tr><td>楼地面</td><td>细石混凝土、水泥砂浆、陶瓷地砖</td></tr>
<tr><td>门窗</td><td>钢质保温门、钢质防火门、断桥隔热铝合金窗</td></tr>
<tr><td rowspan="4">安装工程</td><td>给排水工程</td><td>内外涂塑钢管、镀锌钢管、铸铁管、PPR 管、UPVC 管</td></tr>
<tr><td>采暖工程</td><td>镀锌钢管、铝塑复合管、直埋保温管</td></tr>
<tr><td>电气工程</td><td>钢管、电线管、塑料管</td></tr>
<tr><td>消防工程</td><td>消火栓系统、自动报警系统、钢管、电线管</td></tr>
</table>

（3）工程造价各项费用分析表。

工程价格（元）（以2020年预算基价为依据）		每平方米价格（元）	各项费用所占比例（%）							
			人工费	材料费	机械费	管理费	规费	利润	税金	合计
21 145 786		**4 124.18**	**25.45**	**44.27**	**3.12**	**3.11**	**9.53**	**6.26**	**8.26**	**100.00**
建筑工程		2 350.11	25.08	42.90	4.43	3.37	9.41	6.55	8.26	100.00
装饰工程		1 045.15	28.14	41.73	2.12	2.59	10.48	6.68	8.26	100.00
安装工程		728.92	22.77	52.35	0.31	3.02	8.57	4.72	8.26	100.00
其中	给排水工程	161.50	22.60	52.78	0.20	2.98	8.50	4.68	8.26	100.00
	采暖工程	168.01	16.91	62.60	0.14	2.23	6.36	3.50	8.26	100.00
	电气工程	339.05	25.09	48.24	0.43	3.34	9.44	5.20	8.26	100.00
	消防工程	60.36	26.58	45.80	0.33	3.51	10.01	5.51	8.26	100.00

（4）工程量清单计价汇总。

项目名称		造价（元/m^2）	占总造价比例
建筑工程工程量清单计价合计		**2 350.11**	**56.99%**
其中施工措施项目		745.25	18.07%
装饰工程工程量清单计价合计		**1 045.15**	**25.34%**
其中施工措施项目		150.37	3.65%
安装工程工程量清单计价合计		**728.92**	**17.67%**
其中	给排水工程	161.50	3.92%
	其中施工措施项目	6.08	0.15%
	采暖工程	168.01	4.07%
	其中施工措施项目	4.73	0.11%
	电气工程	339.05	8.22%
	其中施工措施项目	14.25	0.35%
	消防工程	60.36	1.46%
	其中施工措施项目	2.68	0.06%
总造价		**4 124.18**	**100.00%**

（5）建筑工程分部位构成比例及主要工程量分析。

项目名称	单位	每平方米工程量	分部位清单计价合计（元）	每平方米价格（元）	占清单计价合计比例
土方工程			**149 677**	**29.19**	**1.24%**
机械土方	m^3	0.283			
打桩工程			**1 328 249**	**259.06**	**11.02%**
钢筋混凝土钻孔灌注桩（D=800mm）	m^3	0.148			
砌筑工程			**476 877**	**93.01**	**3.96%**
页岩标砖基础	m^3	0.015			
蒸压加气混凝土砌块墙	m^3	0.110			
混凝土及钢筋混凝土工程			**3 574 522**	**697.16**	**29.67%**
混凝土基础	m^3	0.017			
混凝土柱	m^3	0.011			
混凝土梁	m^3	0.023			
混凝土墙	m^3	0.201			
混凝土板	m^3	0.141			
屋面及防水工程			**225 959**	**44.07**	**1.87%**
高分子自粘胶膜卷材防水	m^2	0.185			
防腐、隔热、保温工程			**1 478 308**	**288.32**	**12.27%**
屋面聚苯颗粒保温砂浆保温	m^2	0.062			
内墙聚苯颗粒保温砂浆保温	m^2	0.661			
外墙聚苯乙烯板保温	m^2	0.674			
外墙 FTC 自调温相变蓄能材料保温	m^2	0.467			
施工措施项目			**3 821 106**	**745.25**	**31.71%**
安全文明施工	元	82.87			
夜间施工	元	2.64			
非夜间施工照明	元	1.05			
冬雨季施工	元	17.85			
脚手架工程	元	102.54			
混凝土模板及支架措施	元	406.37			

续表

项目名称	单位	每平方米工程量	分部位清单计价合计（元）	每平方米价格（元）	占清单计价合计比例
垂直运输	元	40.78			
超高施工增加	元	69.57			
大型机械设备进出场及安拆	元	7.83			
施工排水、降水	元	1.13			
其他	元	12.62			
税金			**994 923**	**194.05**	**8.26%**
合计			**12 049 621**	**2 350.11**	**100.00%**

（6）装饰工程分部位构成比例及主要工程量分析。

项目名称	单位	每平方米工程量	分部位清单计价合计（元）	每平方米价格（元）	占清单计价合计比例
楼地面工程			**1 423 223**	**277.58**	**26.56%**
细石混凝土地面	m^2	0.681			
水泥砂浆楼面	m^2	0.054			
陶瓷地砖楼面	m^2	0.076			
墙、柱面工程			**1 417 285**	**276.42**	**26.45%**
内墙主要做法					
混合砂浆	m^2	1.998			
刮腻子	m^2	2.097			
乳胶漆	m^2	0.494			
外墙主要做法					
刮腻子	m^2	1.217			
真石漆	m^2	0.169			
弹性涂料	m^2	1.048			
天棚工程			**124 264**	**24.24**	**2.32%**
刮腻子	m^2	0.832			
乳胶漆	m^2	0.140			

续表

项目名称	单位	每平方米工程量	分部位清单计价合计（元）	每平方米价格（元）	占清单计价合计比例
装配式 T 形铝合金龙骨	m^2	0.007			
矿棉板	m^2	0.007			
门窗工程			**1 115 034**	**217.47**	**20.81%**
钢质保温门	m^2	0.020			
钢质防火门	m^2	0.062			
断桥隔热铝合金窗	m^2	0.137			
其他工程			**65 502**	**12.78**	**1.22%**
施工措施项目			**771 001**	**150.37**	**14.38%**
安全文明施工	元	22.37			
非夜间施工照明	元	0.69			
冬雨季施工	元	2.84			
脚手架工程	元	60.99			
垂直运输	元	19.62			
超高施工增加	元	42.64			
其他	元	1.22			
税金			**442 468**	**86.30**	**8.26%**
合计			**5 358 777**	**1 045.15**	**100.00%**

（7）安装工程分部位构成比例及主要工程量分析。

项目名称	单位	每平方米工程量	分部位清单计价合计（元）	每平方米价格（元）	占清单计价合计比例
给排水工程			**828 078**	**161.50**	**22.16%**
潜水泵	台	0.000 4	5 381	1.05	0.14%
内外涂塑钢管	m	0.063 6	38 550	7.52	1.03%
镀锌钢管	m	0.003 3	2 591	0.51	0.07%
铸铁管	m	0.012 9	20 357	3.97	0.54%
PPR 管	m	0.574 7	99 744	19.45	2.67%

续表

项目名称	单位	每平方米工程量	分部位清单计价合计（元）	每平方米价格（元）	占清单计价合计比例
UPVC 管	m	0.316 0	114 013	22.24	3.05%
阻火圈	个	0.051 9	25 248	4.92	0.68%
管道支架	kg	0.022 2	2 701	0.53	0.07%
卫生洁具	套	0.032 8	103 429	20.17	2.77%
阀门	个	0.127 2	169 719	33.10	4.54%
水表	个	0.016 4	71 400	13.93	1.91%
地漏	个	0.046 6	11 999	2.34	0.32%
施工措施项目			**31 167**	**6.08**	**0.83%**
脚手架搭拆			8 685	1.69	0.23%
安全文明施工			18 226	3.55	0.49%
非夜间施工增加			231	0.05	0.006%
冬季施工增加			3 661	0.71	0.10%
竣工验收存档资料编制			364	0.07	0.01%
税金			**68 373**	**13.34**	**1.83%**
采暖工程			**861 454**	**168.01**	**23.05%**
钢塑转换件	个	0.032 8	10 681	2.08	0.29%
镀锌钢管	m	0.071 5	25 960	5.06	0.69%
直埋保温管	m	0.012 8	12 131	2.37	0.32%
铝塑复合管	m	0.433 3	73 786	14.39	1.97%
管道支架	kg	0.020 3	2 464	0.48	0.07%
阀门	个	0.262 9	256 765	50.08	6.87%
快速过滤器	组	0.003 5	3 706	0.72	0.10%
分集水器	台	0.019 1	24 675	4.81	0.66%
地板辐射采暖	m^2	0.688 9	338 135	65.95	9.05%
施工措施项目			**24 251**	**4.73**	**0.65%**
脚手架搭拆			6 761	1.32	0.18%
安全文明施工			14 179	2.77	0.38%

续表

项目名称	单位	每平方米工程量	分部位清单计价合计（元）	每平方米价格（元）	占清单计价合计比例
非夜间施工增加			180	0.04	0.005%
冬季施工增加			2 848	0.56	0.08%
竣工验收存档资料编制			283	0.06	0.01%
税金			**71 129**	**13.87**	**1.90%**
电气工程			**1 738 389**	**339.05**	**46.51%**
配电箱	台	0.049 1	259 065	50.53	6.93%
电表箱	台	0.005 5	37 269	7.27	1.00%
应急照明箱	台	0.001 2	26 252	5.12	0.70%
开关	个	0.108 4	19 048	3.72	0.51%
插座	个	0.342 3	57 025	11.12	1.53%
温控器	个	0.03 82	44 359	8.65	1.19%
电力电缆	m	0.286 2	240 575	46.92	6.44%
接地母线	m	0.080 8	12 059	2.35	0.32%
避雷网	m	0.035 5	5 829	1.14	0.16%
接线盒	台	0.013 8	5 980	1.17	0.16%
电气配管	m	5.209 3	512 222	99.90	13.71%
电缆桥架	m	0.057 0	51 975	10.14	1.39%
电力配线	m	8.879 3	167 055	32.58	4.47%
T 接箱	个	0.007 8	27 770	5.42	0.74%
灯具	套	0.123 7	30 979	6.04	0.83%
系统调试			22 533	4.39	0.60%
施工措施项目			**73 057**	**14.25**	**1.95%**
脚手架搭拆			20 236	3.95	0.54%
安全文明施工			42 822	8.35	1.15%
非夜间施工增加			543	0.11	0.01%

续表

项目名称	单位	每平方米工程量	分部位清单计价合计（元）	每平方米价格（元）	占清单计价合计比例
冬季施工增加			8 601	1.68	0.23%
竣工验收存档资料编制			855	0.17	0.02%
税金			**143 537**	**27.99**	**3.84%**
消防工程			**309 467**	**60.36**	**8.28%**
电气配管	m	0.337 0	29 393	5.73	0.79%
桥架	m	0.007 9	5 073	0.99	0.14%
电气配线	m	0.541 7	10 627	2.07	0.28%
端子接线箱	个	0.002 9	6 281	1.23	0.17%
消火栓	套	0.005 5	31 278	6.10	0.84%
消防水泵接合器	套	0.000 4	12 437	2.43	0.33%
干粉灭火器	具	0.005 9	1 900	0.37	0.05%
探测器	个	0.018 1	24 292	4.74	0.65%
消防按钮	个	0.008 6	12 754	2.49	0.34%
消防报警设备	台	0.016 4	45 041	8.78	1.21%
消防模块	个	0.014 4	38 934	7.59	1.04%
镀锌钢管	m	0.027 2	23 301	4.54	0.62%
管道支架	kg	0.019 1	2 322	0.45	0.06%
阀门	个	0.006 2	5 764	1.12	0.15%
系统调试			6 005	1.17	0.16%
施工措施项目			**13 735**	**2.68**	**0.37%**
脚手架搭拆			3 817	0.74	0.10%
安全文明施工			8 040	1.57	0.22%
非夜间施工增加			102	0.02	0.003%
冬季施工增加			1 615	0.31	0.04%
竣工验收存档资料编制			161	0.03	0.004%
税金			**25 552**	**4.98**	**0.68%**
合计			**3 737 388**	**728.92**	**100.00%**

（8）建筑、装饰工程主要工、料消耗量分析。

项目名称	单位	建筑工程每平方米消耗量	装饰工程每平方米消耗量
人工	工日	4.208	1.836
水泥（综合）	kg	1.240	15.280
砂子	t	0.002	0.045
白灰	kg	8.616	1.307
钢筋	t	0.063	
玻璃	m^2		0.103
商品混凝土	m^3	0.603	0.048
预拌砂浆	t	0.030	0.088
页岩标砖	千块	0.007	
加气混凝土砌块	m^3	0.112	
高分子自粘胶膜卷材	m^2	0.214	
胶粉聚苯颗粒保温浆料	m^3	0.021	
聚苯乙烯泡沫塑料板	m^3	0.034	
FTC 自调温相变蓄能保温材料	m^3	0.020	
陶瓷地面砖	m^2		0.079
刮腻子	kg		9.758
乳胶漆	kg		0.176
H 型真石涂料	kg		0.845
弹性外墙涂料	kg		0.524
铝合金龙骨	m^2		0.007
矿棉板	m^2		0.007

3. 高层住宅公寓 C

（1）工程概况。

<table>
<tr><td colspan="3">结构类型：框架剪力墙结构</td><td colspan="5">建筑面积：11 948.00m^2</td></tr>
<tr><td rowspan="3">基本特征</td><td>檐高</td><td>层数</td><td>层高</td><td>基础类型</td><td colspan="3">利润率</td></tr>
<tr><td rowspan="2">47.40m</td><td rowspan="2">地上 16 层，地下 2 层</td><td rowspan="2">2.90m</td><td rowspan="2">满堂基础</td><td>建筑</td><td>装饰</td><td>安装</td></tr>
<tr><td>7.76%</td><td>24.00%</td><td>20.71%</td></tr>
</table>

（2）工程主要特征。

<table>
<tr><td colspan="2">项目名称</td><td>特征描述</td></tr>
<tr><td rowspan="8">建筑工程</td><td>基础工程</td><td>满堂基础</td></tr>
<tr><td>土方工程</td><td>机械挖土方</td></tr>
<tr><td>打桩工程</td><td>钢筋混凝土钻孔灌注桩（D=600mm）、预制混凝土管桩（D=400mm）、双轴水泥搅拌桩（D=800mm）</td></tr>
<tr><td>砌筑工程</td><td>蒸压加气混凝土砌块墙</td></tr>
<tr><td>混凝土及钢筋混凝土工程</td><td>现浇混凝土，AC20，AC30，AC35</td></tr>
<tr><td>屋面及防水工程</td><td>高聚物改性沥青自粘卷材防水</td></tr>
<tr><td rowspan="2">防腐、隔热、保温工程</td><td>内墙聚苯颗粒保温砂浆保温</td></tr>
<tr><td>外墙聚苯乙烯板保温、外墙聚苯颗粒保温砂浆保温</td></tr>
<tr><td rowspan="5">装饰工程</td><td>内墙</td><td>刮腻子、乳胶漆、水泥砂浆、面砖、岩板吸声板</td></tr>
<tr><td>外墙</td><td>刮腻子、乳胶漆、花岗岩</td></tr>
<tr><td>天棚</td><td>刮腻子、乳胶漆、石膏板、矿棉吸声板</td></tr>
<tr><td>楼地面</td><td>水泥砂浆、细石混凝土、陶瓷地砖</td></tr>
<tr><td>门窗</td><td>木质门、钢质防火门、断桥隔热铝合金门窗</td></tr>
<tr><td rowspan="4">安装工程</td><td>给排水工程</td><td>衬塑钢管、铸铁管、镀锌钢管、PPR 管、UPVC 管、不锈钢管</td></tr>
<tr><td>采暖工程</td><td>钢管、PERT 管</td></tr>
<tr><td>电气工程</td><td>有线电视系统、访客对讲系统、电梯刷卡系统、钢管、电线管、塑料管</td></tr>
<tr><td>通风空调工程</td><td>矩形风管</td></tr>
</table>

（3）工程造价各项费用分析表。

工程价格（元）（以2020年预算基价为依据）		每平方米价格（元）	各项费用所占比例（%）							
			人工费	材料费	机械费	管理费	规费	利润	税金	合计
49 749 082		**4 163.80**	**22.85**	**46.99**	**4.48**	**2.82**	**8.38**	**6.22**	**8.26**	**100.00**
建筑工程		2 496.06	20.65	48.30	5.49	2.98	7.76	6.56	8.26	100.00
装饰工程		1 124.40	28.37	40.55	4.05	2.49	9.94	6.34	8.26	100.00
安装工程		543.34	21.44	54.31	0.68	2.86	8.03	4.42	8.26	100.00
其中	给排水工程	73.22	25.25	47.87	0.52	3.37	9.50	5.23	8.26	100.00
	采暖工程	75.75	18.43	59.81	0.37	2.39	6.94	3.80	8.26	100.00
	电气工程	355.99	20.79	55.43	0.71	2.78	7.76	4.27	8.26	100.00
	通风空调工程	38.38	26.19	45.42	1.32	3.52	9.84	5.45	8.26	100.00

（4）工程量清单计价汇总。

项目名称		造价（元/m^2）	占总造价比例
建筑工程工程量清单计价合计		**2 496.06**	**59.95%**
其中施工措施项目		632.33	15.19%
装饰工程工程量清单计价合计		**1 124.40**	**27.00%**
其中施工措施项目		149.79	3.60%
安装工程工程量清单计价合计		**543.34**	**13.05%**
其中	给排水工程	73.22	1.76%
	其中施工措施项目	3.09	0.07%
	采暖工程	75.75	1.82%
	其中施工措施项目	2.34	0.06%
	电气工程	355.99	8.55%
	其中施工措施项目	12.55	0.30%
	通风空调工程	38.38	0.92%
	其中施工措施项目	1.72	0.04%
总造价		**4 163.80**	**100.00%**

（5）建筑工程分部位构成比例及主要工程量分析。

项目名称	单位	每平方米工程量	分部位清单计价合计（元）	每平方米价格（元）	占清单计价合计比例
土方工程			**785 159**	**65.71**	**2.63%**
机械土方	m^3	1.728			
打桩工程			**3 551 502**	**297.25**	**11.91%**
钢筋混凝土钻孔灌注桩（D=600mm）	m^3	0.116			
预制混凝土管桩（D=400mm）	m	1.393			
双轴水泥搅拌桩（D=800mm）	m^3	0.043			
砌筑工程			**423 974**	**35.48**	**1.42%**
蒸压加气混凝土砌块墙	m^3	0.046			
混凝土及钢筋混凝土工程			**12 192 108**	**1 020.43**	**40.88%**
混凝土基础	m^3	0.127			
混凝土柱	m^3	0.015			
混凝土梁	m^3	0.029			
混凝土墙	m^3	0.209			
混凝土板	m^3	0.173			
屋面及防水工程			**1 245 688**	**104.26**	**4.18%**
高聚物改性沥青自粘卷材防水	m^2	0.050			
防腐、隔热、保温工程			**1 607 012**	**134.50**	**5.39%**
内墙聚苯颗粒保温砂浆保温	m^2	0.201			
外墙聚苯乙烯板保温	m^2	0.543			
外墙聚苯颗粒保温砂浆保温	m^2	0.224			
施工措施项目			**7 555 114**	**632.33**	**25.33%**
安全文明施工	元	98.19			
夜间施工	元	2.49			
非夜间施工照明	元	0.99			
冬雨季施工	元	16.72			
脚手架工程	元	65.25			
混凝土模板及支架	元	320.47			

续表

项目名称	单位	每平方米工程量	分部位清单计价合计（元）	每平方米价格（元）	占清单计价合计比例
垂直运输	元	40.78			
超高施工增加	元	47.77			
大型机械设备进出场及安拆	元	16.78			
施工排水、降水	元	3.33			
其他	元	19.56			
税金			**2 462 450**	**206.10**	**8.26%**
合计			**29 823 007**	**2 496.06**	**100.00%**

（6）装饰工程分部位构成比例及主要工程量分析。

项目名称	单位	每平方米工程量	分部位清单计价合计（元）	每平方米价格（元）	占清单计价合计比例
楼地面工程			**3 372 519**	**282.27**	**25.10%**
自流平地面	m^2	0.176			
水泥砂浆地面	m^2	0.592			
细石混凝土地面	m^2	0.025			
陶瓷地砖地面	m^2	0.069			
墙、柱面工程			**4 175 751**	**349.49**	**31.08%**
内墙主要做法					
刮腻子	m^2	1.162			
乳胶漆	m^2	1.162			
水泥砂浆	m^2	3.152			
面砖	m^2	0.148			
岩板吸声板	m^2	0.014			
外墙主要做法					
刮腻子	m^2	0.843			
乳胶漆	m^2	0.736			
花岗岩	m^2	0.107			

续表

项目名称	单位	每平方米工程量	分部位清单计价合计（元）	每平方米价格（元）	占清单计价合计比例
天棚工程			**897 325**	**75.10**	**6.68%**
乳胶漆	m^2	0.267			
刮腻子	m^2	0.647			
装配式 U 形轻钢龙骨	m^2	0.055			
矿棉吸声板	m^2	0.007			
石膏板	m^2	0.048			
门窗工程			**2 078 247**	**173.94**	**15.47%**
木质防火门	m^2	0.043			
钢质防火门	m^2	0.002			
断桥隔热铝合金门窗	m^2	0.127			
其他工程			**11 620**	**0.97**	**0.09%**
施工措施项目			**1 789 648**	**149.79**	**13.32%**
安全文明施工	元	24.78			
非夜间施工照明	元	0.77			
冬雨季施工	元	3.16			
脚手架工程	元	44.51			
垂直运输	元	16.38			
超高施工增加	元	59.50			
其他	元	0.69			
税金			**1 109 260**	**92.84**	**8.26%**
合计			**13 434 370**	**1 124.40**	**100.00%**

（7）安装工程分部位构成比例及主要工程量分析。

项目名称	单位	每平方米工程量	分部位清单计价合计（元）	每平方米价格（元）	占清单计价合计比例
给排水工程			**874 856**	**73.22**	**13.48%**
排污泵	台	0.000 9	39 166	3.28	0.60%

续表

项目名称	单位	每平方米工程量	分部位清单计价合计（元）	每平方米价格（元）	占清单计价合计比例
衬塑钢管	m	0.049 3	74 636	6.25	1.15%
铸铁管	m	0.089 3	251 138	21.02	3.87%
镀锌钢管	m	0.012 8	19 836	1.66	0.31%
PPR 管	m	0.359 2	142 239	11.90	2.19%
UPVC 管	m	0.039 6	25 616	2.14	0.39%
不锈钢管	m	0.000 1	367	0.03	0.01%
管道支架	kg	0.064 5	18 479	1.55	0.28%
阀门	个	0.031 4	41 532	3.48	0.64%
卫生洁具	套	0.010 7	78 800	6.60	1.21%
地漏	个	0.029 6	18 211	1.52	0.28%
施工措施项目			**36 918**	**3.09**	**0.57%**
脚手架搭拆			10 204	0.85	0.16%
安全文明施工			21 657	1.81	0.33%
非夜间施工增加			274	0.02	0.004%
冬季施工增加			4 350	0.36	0.07%
竣工验收存档资料编制			433	0.04	0.01%
税金			**74 728**	**6.25**	**1.15%**
采暖工程			**905 041**	**75.75**	**13.94%**
钢管	m	0.050 6	50 075	4.19	0.77%
PERT 管	m	0.108 5	55 547	4.65	0.86%
管道支架	kg	0.009 8	2 818	0.24	0.04%
钢套管	个	0.016 7	17 288	1.45	0.27%
阀门	个	0.040 8	67 220	5.63	1.04%
过滤器	组	0.006 0	8 675	0.73	0.13%
压差传感器	个	0.002 7	22 718	1.90	0.35%
地板辐射采暖	m^2	0.523 0	503 453	42.14	7.76%

续表

项目名称	单位	每平方米工程量	分部位清单计价合计（元）	每平方米价格（元）	占清单计价合计比例
分集水器	台	0.005 4	38 062	3.19	0.59%
系统调试			17 058	1.43	0.26%
施工措施项目			**27 997**	**2.34**	**0.43%**
脚手架搭拆			7 737	0.65	0.12%
安全文明施工			16 425	1.37	0.25%
非夜间施工增加			208	0.02	0.003%
冬季施工增加			3 299	0.28	0.05%
竣工验收存档资料编制			328	0.03	0.01%
税金			**74 728**	**6.25**	**1.15%**
电气工程			**4 253 318**	**355.99**	**65.52%**
配电箱	台	0.025 6	562 214	47.06	8.66%
电表箱	台	0.002 9	39 772	3.33	0.61%
开关	个	0.245 4	51 512	4.31	0.79%
插座	个	0.188 7	97 663	8.17	1.50%
电缆	m	0.245 2	706 277	59.11	10.88%
电缆头	个	0.090 5	42 784	3.58	0.66%
T 接箱	台	1.005 5	27 044	2.26	0.42%
电气配管	m	3.224 6	664 983	55.66	10.24%
桥架	m	0.037 0	160 607	13.44	2.47%
电气配线	m	5.526 4	334 885	28.03	5.16%
接线盒	个	0.454 8	61 562	5.15	0.95%
灯具	套	0.087 6	70 697	5.92	1.09%
网络通信线	m	0.432 3	27 494	2.30	0.42%
智能化设备	台	0.080 0	634 089	53.07	9.77%
探测器	个	0.005 4	58 074	4.86	0.89%
系统调试			31 340	2.62	0.48%
施工措施项目			**149 953**	**12.55**	**2.31%**

续表

项目名称	单位	每平方米工程量	分部位清单计价合计（元）	每平方米价格（元）	占清单计价合计比例
脚手架搭拆			41 019	3.43	0.63%
安全文明施工			88 312	7.39	1.36%
非夜间施工增加			1 120	0.09	0.02%
冬季施工增加			17 739	1.48	0.27%
竣工验收存档资料编制			1 764	0.15	0.03%
税金			**351 191**	**29.39**	**5.41%**
通风空调工程			**458 510**	**38.38**	**7.06%**
加压风机	台	0.000 7	34 291	2.87	0.53%
矩形风管	m^2	0.100 5	206 827	17.31	3.19%
通风管道场外运输	m^2	0.099 7	11 736	0.98	0.18%
阀门	个	0.007 4	57 964	4.85	0.89%
风口	个	0.007 3	78 484	6.57	1.21%
系统调试			8 670	0.73	0.13%
施工措施项目			**20 585**	**1.72**	**0.32%**
脚手架搭拆			5 566	0.47	0.09%
安全文明施工			12 175	1.02	0.19%
非夜间施工增加			155	0.01	0.002%
冬季施工增加			2 446	0.20	0.04%
竣工验收存档资料编制			243	0.02	0.004%
税金			**37 859**	**3.17**	**0.58%**
合计			**6 491 725**	**543.34**	**100.00%**

（8）建筑、装饰工程主要工、料消耗量分析。

项目名称	单位	建筑工程每平方米消耗量	装饰工程每平方米消耗量
人工	工日	3.651	1.904
水泥（综合）	kg	19.642	24.200
砂子	t	0.026	0.086

续表

项目名称	单位	建筑工程每平方米消耗量	装饰工程每平方米消耗量
白灰	kg	5.723	2.338
钢筋	t	0.096	
玻璃	m^2		0.095
商品混凝土	m^3	0.767	0.065
预制混凝土管桩	m	1.393	
预拌砂浆	t	0.060	0.112
加气混凝土砌块	m^3	0.047	
高聚物改性沥青自粘卷材	m^2	0.058	
聚苯乙烯泡沫塑料板	m^3	0.028	
胶粉聚苯颗粒保温浆料	m^3	0.012	
陶瓷地面砖	m^2		0.071
成品腻子粉	kg		5.485
苯丙乳胶漆	kg		0.825
墙面砖	m^2		0.153
花岗岩板	m^2		0.109
岩棉吸声板	m^2		0.015
轻钢龙骨	m^2		0.055
石膏板	m^2		0.050
矿棉吸声板	m^2		0.008

4. 高层住宅公寓 D

（1）工程概况。

结构类型：框架剪力墙结构			建筑面积：6 916.62m^2				
基本特征	檐高	层数	层高	基础类型	利润率		
	53.20m	地上 18 层，地下 1 层	2.90m	满堂基础	建筑	装饰	安装
					7.76%	24.00%	20.71%

（2）工程主要特征。

项目名称		特征描述
建筑工程	基础工程	满堂基础
	土方工程	人工挖土方、机械挖土方
	打桩工程	钢筋混凝土钻孔灌注桩（$D=600$mm）
	砌筑工程	蒸压加气混凝土砌块墙、混凝土空心砌块墙
	混凝土及钢筋混凝土工程	现浇混凝土，AC20，AC35，AC40
	屋面及防水工程	聚合物水泥涂料防水、高分子自粘胶膜卷材防水
	防腐、隔热、保温工程	屋面水泥珍珠岩保温、屋面 FTC 自调温相变蓄能材料保温、屋面聚苯乙烯板保温
		内墙 FTC 自调温相变蓄能材料保温
		外墙 FTC 自调温相变蓄能材料保温、外墙聚苯乙烯板保温
		天棚聚苯乙烯板保温
装饰工程	内墙	刮腻子、乳胶漆、防霉涂料
	外墙	刮腻子、弹性涂料、真石漆
	天棚	刮腻子、乳胶漆、防霉涂料、矿棉板
	楼地面	水泥砂浆、陶瓷地砖
	门窗	钢质保温门、钢质防火门、断桥隔热铝合金窗
安装工程	给排水工程	内外涂塑钢管、镀锌钢管、铸铁管、PPR 管、UPVC 排水管
	采暖工程	镀锌钢管、铝塑复合管
	电气工程	钢管、电线管、塑料管
	消防工程	消火栓系统、自动报警系统、钢管、电线管

（3）工程造价各项费用分析表。

工程价格（元）（以2020年预算基价为依据）		每平方米价格（元）	各项费用所占比例（%）							
			人工费	材料费	机械费	管理费	规费	利润	税金	合计
26 424 462		**3 820.43**	**24.89**	**45.28**	**3.08**	**3.02**	**9.33**	**6.14**	**8.26**	**100.00**
建筑工程		2 220.43	24.92	43.50	4.14	3.32	9.35	6.51	8.26	100.00
装饰工程		956.89	27.19	43.02	2.48	2.46	10.13	6.46	8.26	100.00
安装工程		643.11	21.37	54.75	0.31	2.84	8.04	4.43	8.26	100.00
其中	给排水工程	148.39	21.88	53.92	0.26	2.90	8.24	4.54	8.26	100.00
	采暖工程	158.10	16.96	62.55	0.11	2.23	6.38	3.51	8.26	100.00
	电气工程	275.40	22.53	52.59	0.45	3.01	8.48	4.68	8.26	100.00
	消防工程	61.22	26.30	46.33	0.29	3.48	9.90	5.44	8.26	100.00

（4）工程量清单计价汇总。

项目名称		造价（元/m^2）	占总造价比例
建筑工程工程量清单计价合计		**2 220.43**	**58.12%**
其中施工措施项目		704.21	18.43%
装饰工程工程量清单计价合计		**956.89**	**25.05%**
其中施工措施项目		106.89	2.80%
安装工程工程量清单计价合计		**643.11**	**16.83%**
其中	给排水工程	148.39	3.88%
	其中施工措施项目	5.42	0.14%
	采暖工程	158.10	4.14%
	其中施工措施项目	4.46	0.12%
	电气工程	275.40	7.21%
	其中施工措施项目	10.42	0.27%
	消防工程	61.22	1.60%
	其中施工措施项目	2.69	0.07%
总造价		**3 820.43**	**100.00%**

（5）建筑工程分部位构成比例及主要工程量分析。

项目名称	单位	每平方米工程量	分部位清单计价合计（元）	每平方米价格（元）	占清单计价合计比例
土方工程			**145 684**	**21.06**	**0.95%**
人工土方	m^3	0.250			
机械土方	m^3	0.450			
打桩工程			**1 186 672**	**171.57**	**7.73%**
钢筋混凝土钻孔灌注桩（$D=600mm$）	m^3	0.101			
砌筑工程			**614 485**	**88.84**	**4.00%**
蒸压加气混凝土砌块墙	m^3	0.106			
混凝土空心砌块墙	m^3	0.013			
混凝土及钢筋混凝土工程			**4 950 789**	**715.78**	**32.23%**
混凝土基础	m^3	0.048			
混凝土柱	m^3	0.007			
混凝土梁	m^3	0.005			
混凝土墙	m^3	0.208			
混凝土板	m^3	0.129			
屋面及防水工程			**267 388**	**38.66**	**1.74%**
聚合物水泥涂料防水	m^2	0.108			
高分子自粘胶膜防水卷材防水	m^2	0.077			
防腐、隔热、保温工程			**2 054 043**	**296.97**	**13.37%**
屋面水泥珍珠岩保温	m^3	0.002			
屋面 FTC 自调温相变蓄能材料保温	m^2	0.060			
屋面聚苯乙烯板保温	m^2	0.056			
内墙 FTC 自调温相变蓄能材料保温	m^2	0.631			
外墙 FTC 自调温相变蓄能材料保温	m^2	0.443			
外墙聚苯乙烯板保温	m^2	0.627			
天棚聚苯乙烯板保温	m^2	0.042			
施工措施项目			**4 870 771**	**704.21**	**31.72%**
安全文明施工	元	78.54			

续表

项目名称	单位	每平方米工程量	分部位清单计价合计（元）	每平方米价格（元）	占清单计价合计比例
夜间施工	元	2.47			
非夜间施工照明	元	0.98			
冬雨季施工	元	16.60			
脚手架工程	元	125.08			
混凝土模板及支架	元	335.65			
垂直运输	元	47.62			
超高施工增加	元	78.83			
大型机械设备进出场及安拆	元	5.80			
其他	元	12.64			
税金			**1 268 085**	**183.34**	**8.26%**
合计			**15 357 917**	**2 220.43**	**100.00%**

（6）装饰工程分部位构成比例及主要工程量分析。

项目名称	单位	每平方米工程量	分部位清单计价合计（元）	每平方米价格（元）	占清单计价合计比例
楼地面工程			**1 780 378**	**257.41**	**26.90%**
水泥砂浆地面	m^2	0.774			
陶瓷地砖地面	m^2	0.068			
墙、柱面工程			**1 859 491**	**268.84**	**28.10%**
内墙主要做法					
刮腻子	m^2	2.162			
乳胶漆	m^2	0.448			
防霉涂料	m^2	0.198			
外墙主要做法					
刮腻子	m^2	1.097			
弹性涂料	m^2	0.983			
真石漆	m^2	0.114			

续表

项目名称	单位	每平方米工程量	分部位清单计价合计（元）	每平方米价格（元）	占清单计价合计比例
天棚工程			**173 055**	**25.02**	**2.61%**
刮腻子	m^2	0.834			
乳胶漆	m^2	0.130			
防霉涂料	m^2	0.045			
铝合金龙骨	m^2	0.010			
矿棉板	m^2	0.010			
门窗工程			**1 439 960**	**208.19**	**21.75%**
钢质保温门	m^2	0.019			
钢质防火门	m^2	0.062			
断桥隔热铝合金窗	m^2	0.129			
其他工程			**79 777**	**11.53**	**1.21%**
施工措施项目			**739 344**	**106.89**	**11.17%**
安全文明施工	元	19.41			
非夜间施工照明	元	0.60			
冬雨季施工	元	2.47			
脚手架工程	元	19.15			
垂直运输	元	17.52			
超高施工增加	元	46.67			
其他	元	1.07			
税金			**546 480**	**79.01**	**8.26%**
合计			**6 618 485**	**956.89**	**100.00%**

（7）安装工程分部位构成比例及主要工程量分析。

项目名称	单位	每平方米工程量	分部位清单计价合计（元）	每平方米价格（元）	占清单计价合计比例
给排水工程			**1 026 349**	**148.39**	**23.07%**
潜水泵	台	0.000 6	9 246	1.34	0.21%

续表

项目名称	单位	每平方米工程量	分部位清单计价合计（元）	每平方米价格（元）	占清单计价合计比例
内外涂塑钢管	m	0.055 1	38 755	5.60	0.87%
镀锌钢管	m	0.003 8	3 696	0.53	0.08%
铸铁管	m	0.009 8	18 606	2.69	0.42%
PPR 管	m	0.550 9	128 947	18.64	2.90%
UPVC 排水管	m	0.298 2	134 640	19.47	3.03%
阻火圈	个	0.049 4	32 462	4.69	0.73%
管道支架	kg	0.022 4	3 672	0.53	0.08%
卫生洁具	套	0.031 2	132 975	19.23	2.99%
阀门	个	0.133 9	291 870	42.20	6.56%
地漏	个	0.044 4	15 332	2.22	0.34%
施工措施项目			**37 499**	**5.42**	**0.84%**
脚手架搭拆			10 429	1.51	0.23%
安全文明施工			21 946	3.17	0.49%
非夜间施工增加			278	0.04	0.006%
冬季施工增加			4 408	0.64	0.10%
竣工验收存档资料编制			438	0.06	0.01%
税金			**91 615**	**12.25**	**1.91%**
采暖工程			**1 093 514**	**158.10**	**24.59%**
钢塑转换件	个	0.031 2	13 733	1.99	0.31%
镀锌钢管	m	0.072 7	38 614	5.58	0.87%
铝塑复合管	m	0.412 6	94 782	13.70	2.13%
管道支架	kg	0.022 8	3 743	0.54	0.08%
阀门	个	0.249 3	326 218	47.16	7.33%
过滤器	组	0.003 2	4 395	0.64	0.10%
分集水器	台	0.018 2	31 724	4.59	0.71%
地板辐射采暖	m^2	0.656 5	434 515	62.82	9.77%
施工措施项目			**30 836**	**4.46**	**0.69%**

续表

项目名称	单位	每平方米工程量	分部位清单计价合计（元）	每平方米价格（元）	占清单计价合计比例
脚手架搭拆			8 609	1. 24	0. 19%
安全文明施工			18 019	2. 61	0. 41%
非夜间施工增加			229	0. 03	0. 01%
冬季施工增加			3 619	0. 52	0. 08%
竣工验收存档资料编制			360	0. 05	0. 01%
税金			**90 290**	**13. 05**	**2. 03%**
电气工程			**1 904 809**	**275. 40**	**42. 82%**
配电箱	台	0. 022 8	268 535	38. 82	6. 04%
电表箱	台	0. 005 2	47 917	6. 93	1. 08%
应急照明箱	台	0. 001 0	31 666	4. 58	0. 71%
开关	个	0. 105 1	25 498	3. 69	0. 57%
插座	个	0. 327 0	73 502	10. 63	1. 65%
温控器	个	0. 036 4	57 033	8. 25	1. 28%
电力电缆	m	0. 281 5	312 416	45. 17	7. 02%
接地母线	m	0. 068 1	14 353	2. 08	0. 32%
避雷网	m	0. 026 3	5 829	0. 84	0. 13%
接线盒	台	0. 013 3	11 228	1. 62	0. 25%
电力配管	m	2. 918 5	444 126	64. 21	9. 98%
电缆桥架	m	0. 031 5	43 360	6. 27	0. 97%
电力配线	m	8. 705 9	221 478	32. 02	4. 98%
T 接箱	个	0. 007 5	36 182	5. 23	0. 81%
灯具	套	0. 124 2	53 094	7. 68	1. 19%
系统调试			26 426	3. 82	0. 59%
施工措施项目			**72 044**	**10. 42**	**1. 62%**
脚手架搭拆			19 910	2. 88	0. 45%
安全文明施工			42 265	6. 11	0. 95%
非夜间施工增加			536	0. 08	0. 01%

续表

项目名称	单位	每平方米工程量	分部位清单计价合计（元）	每平方米价格（元）	占清单计价合计比例
冬季施工增加			8 489	1.23	0.19%
竣工验收存档资料编制			844	0.12	0.02%
税金			**157 278**	**22.74**	**3.54%**
消防工程			**423 428**	**61.22**	**9.52%**
电气配管	m	0.429 5	52 903	7.65	1.19%
桥架	m	0.010 9	9 408	1.36	0.21%
电气配线	m	0.581 1	15 517	2.24	0.35%
端子接线箱	个	0.002 7	7 941	1.15	0.18%
消火栓	套	0.005 5	42 387	6.13	0.95%
消防水泵接合器	套	0.000 3	12 437	1.80	0.28%
干粉灭火器	具	0.006 1	2 707	0.39	0.06%
探测器	个	0.020 0	34 836	5.04	0.78%
消防按钮	个	0.008 8	17 677	2.56	0.40%
消防报警设备	台	0.016 6	57 074	8.25	1.28%
消防模块	个	0.014 9	54 182	7.83	1.22%
镀锌钢管	m	0.025 0	27 162	3.93	0.61%
管道支架	kg	0.013 9	2 274	0.33	0.05%
阀门	个	0.000 9	2 559	0.37	0.06%
系统调试			7 222	1.04	0.16%
施工措施项目			**18 573**	**2.69**	**0.42%**
脚手架搭拆			5 166	0.75	0.12%
安全文明施工			10 869	1.57	0.24%
非夜间施工增加			138	0.02	0.003%
冬季施工增加			2 183	0.32	0.05%
竣工验收存档资料编制			217	0.03	0.01%
税金			**34 962**	**5.05**	**0.79%**
合计			**4 448 100**	**643.11**	**100.00%**

（8）建筑、装饰工程主要工、料消耗量分析。

项目名称	单位	建筑工程每平方米消耗量	装饰工程每平方米消耗量
人工	工日	3.952	1.580
水泥（综合）	kg	1.166	15.004
砂子	t	0.003	0.044
白灰	kg	0.759	0.323
钢筋	t	0.061	
玻璃	m^2		0.111
商品混凝土	m^3	0.546	0.044
预拌砂浆	t	0.034	0.093
加气混凝土砌块	m^3	0.108	
混凝土空心砌块	千块	0.001	
防水涂料	kg	0.238	
高分子自粘胶膜卷材	m^2	0.089	
FTC 自调温相变蓄能保温材料	m^3	0.039	
珍珠岩	m^3	0.004	
聚苯乙烯泡沫塑料板	m^3	0.037	
陶瓷地面砖	m^2		0.070
成品腻子粉	kg		9.535
苯丙乳胶漆	kg		0.161
防霉涂料	kg		0.110
弹性外墙涂料	kg		0.492
H 型真石涂料	kg		0.570
铝合金龙骨	m^2		0.010
矿棉板	m^2		0.011

5. 高层住宅公寓 E

（1）工程概况。

结构类型：框架剪力墙结构			建筑面积：6 734.91m^2				
基本特征	檐高	层数	层高	基础类型	利润率		
	53.20m	地上 18 层，地下 2 层	2.90m	满堂基础	建筑	装饰	安装
					7.76%	24.00%	20.71%

（2）工程主要特征。

项目名称		特征描述
建筑工程	基础工程	满堂基础
	土方工程	机械挖土方
	打桩工程	钢筋混凝土钻孔灌注桩（D=800mm）
	砌筑工程	加气混凝土砌块墙、蒸压加气混凝土墙板
	混凝土及钢筋混凝土工程	现浇混凝土，AC20，AC25，AC30，AC40，BC40P6，AC45
	屋面及防水工程	改性沥青卷材防水
	防腐、隔热、保温工程	内墙聚苯颗粒保温砂浆保温
		外墙聚苯颗粒保温砂浆保温、外墙模塑聚苯乙烯板保温、外墙泡沫玻璃保温板保温、外墙聚苯乙烯板保温、外墙岩棉板保温
		天棚 FTC 自调温相变蓄能材料保温
装饰工程	内墙	乳胶漆、面砖、106 涂料
	外墙	刮腻子、真石漆、弹性涂料
	天棚	乳胶漆、106 涂料、集成吊顶
	楼地面	陶瓷地砖、细石混凝土、水泥砂浆
	门窗	钢质防火门、木质门窗、断桥隔热铝合金门窗
安装工程	给排水工程	镀锌钢管、铸铁管、PPR 管、UPVC 管、金属软管
	采暖工程	钢塑压力管、铝塑复合管
	电气工程	钢管、电线管、塑料管
	通风空调工程	风管
	消防工程	消火栓系统、气体灭火系统、自动报警系统、钢管、电线管

（3）工程造价各项费用分析表。

工程价格（元）（以2020年预算基价为依据）		每平方米价格（元）	各项费用所占比例（%）							
			人工费	材料费	机械费	管理费	规费	利润	税金	合计
31 791 941		**4 720.47**	**22.61**	**48.63**	**3.27**	**2.77**	**8.50**	**5.96**	**8.26**	**100.00**
建筑工程		2 794.61	22.26	47.95	3.77	3.00	8.38	6.38	8.26	100.00
装饰工程		1 373.63	23.70	47.73	3.47	2.27	8.90	5.67	8.26	100.00
安装工程		552.23	23.90	50.43	0.31	3.17	8.99	4.94	8.26	100.00
其中	给排水工程	117.86	12.29	70.57	0.10	1.61	4.62	2.55	8.26	100.00
	采暖工程	118.29	22.84	52.32	0.24	3.02	8.59	4.73	8.26	100.00
	电气工程	230.95	24.86	48.70	0.37	3.31	9.35	5.15	8.26	100.00
	通风空调工程	6.52	18.09	60.04	0.68	2.45	6.80	3.68	8.26	100.00
	消防工程	78.61	24.85	48.75	0.33	3.30	9.36	5.15	8.26	100.00

（4）工程量清单计价汇总。

项目名称		造价（元/m²）	占总造价比例
建筑工程工程量清单计价合计		**2 794.61**	**59.20%**
其中施工措施项目		762.45	16.15%
装饰工程工程量清单计价合计		**1 373.63**	**29.10%**
其中施工措施项目		140.72	2.98%
安装工程工程量清单计价合计		**552.23**	**11.70%**
其中	给排水工程	117.86	2.50%
	其中施工措施项目	5.08	0.11%
	采暖工程	118.29	2.51%
	其中施工措施项目	5.12	0.11%
	电气工程	230.95	4.88%
	其中施工措施项目	10.96	0.23%
	通风空调工程	6.52	0.14%
	其中施工措施项目	0.22	0.00%
	消防工程	78.61	1.67%
	其中施工措施项目	3.39	0.07%
总造价		**4 720.47**	**100.00%**

（5）建筑工程分部位构成比例及主要工程量分析。

项目名称	单位	每平方米工程量	分部位清单计价合计（元）	每平方米价格（元）	占清单计价合计比例
土方工程			**661 914**	**98.28**	**3.52%**
机械土方	m^3	0.415			
打桩工程			**1 628 362**	**241.78**	**8.65%**
钢筋混凝土钻孔灌注桩（D=800mm）	m^3	0.167			
砌筑工程			**773 283**	**114.82**	**4.11%**
加气混凝土砌块墙	m^3	0.048			
蒸压加气混凝土墙板	m^3	0.071			
混凝土及钢筋混凝土工程			**6 264 362**	**930.13**	**33.28%**
混凝土基础	m^3	0.071			
混凝土柱	m^3	0.016			
混凝土梁	m^3	0.010			
混凝土墙	m^3	0.193			
混凝土板	m^3	0.140			
屋面及防水工程			**576 570**	**85.61**	**3.06%**
改性沥青卷材防水	m^2	0.102			
防腐、隔热、保温工程			**2 227 822**	**330.79**	**11.84%**
内墙聚苯颗粒保温砂浆保温	m^2	0.441			
外墙聚苯颗粒保温砂浆保温	m^2	0.351			
外墙模塑聚苯乙烯板保温	m^2	0.702			
外墙泡沫玻璃保温板保温	m^2	0.087			
外墙聚苯乙烯板保温	m^2	0.786			
外墙岩棉板保温	m^2	0.046			
天棚 FTC 自调温相变蓄能材料保温	m^2	0.037			
施工措施项目			**5 135 057**	**762.45**	**27.28%**
安全文明施工	元	108.12			
夜间施工	元	2.77			
非夜间施工照明	元	1.10			

续表

项目名称	单位	每平方米工程量	分部位清单计价合计（元）	每平方米价格（元）	占清单计价合计比例
冬雨季施工	元	18.65			
脚手架工程	元	124.34			
混凝土模板及支架	元	346.61			
垂直运输	元	47.62			
超高施工增加	元	78.26			
大型机械设备进出场及安拆	元	21.44			
其他	元	13.54			
税金			**1 554 064**	**230.75**	**8.26%**
合计			**18 821 434**	**2 794.61**	**100.00%**

（6）装饰工程分部位构成比例及主要工程量分析。

项目名称	单位	每平方米工程量	分部位清单计价合计（元）	每平方米价格（元）	占清单计价合计比例
楼地面工程			**1 458 042**	**216.49**	**15.76%**
陶瓷地砖地面	m^2	0.712			
细石混凝土地面	m^2	0.073			
水泥砂浆地面	m^2	0.066			
墙、柱面工程			**3 079 853**	**457.30**	**33.29%**
内墙主要做法					
乳胶漆	m^2	2.107			
面砖	m^2	0.425			
106 涂料	m^2	0.336			
外墙主要做法					
刮腻子	m^2	1.296			
真石漆	m^2	0.570			
弹性涂料	m^2	0.726			

续表

项目名称	单位	每平方米工程量	分部位清单计价合计（元）	每平方米价格（元）	占清单计价合计比例
天棚工程			**263 869**	**39.18**	**2.85%**
乳胶漆	m^2	0.723			
106 涂料	m^2	0.101			
集成吊顶	m^2	0.093			
门窗工程			**2 077 312**	**308.44**	**22.46%**
钢质防火门	m^2	0.062			
木质门	m^2	0.086			
木质窗	m^2	0.019			
断桥隔热铝合金门	m^2	0.054			
断桥隔热铝合金窗	m^2	0.152			
其他工程			**660 543**	**98.08**	**7.14%**
施工措施项目			**947 725**	**140.72**	**10.24%**
安全文明施工	元	25.47			
非夜间施工照明	元	0.79			
冬雨季施工	元	3.24			
脚手架工程	元	30.97			
垂直运输	元	22.26			
超高施工增加	元	57.34			
其他	元	0.65			
税金			**763 861**	**113.42**	**8.26%**
合计			**9 251 205**	**1 373.63**	**100.00%**

（7）安装工程分部位构成比例及主要工程量分析。

项目名称	单位	每平方米工程量	分部位清单计价合计（元）	每平方米价格（元）	占清单计价合计比例
给排水工程			**793 791**	**117.86**	**21.34%**
水表	组	0.021 4	20 916	3.11	0.56%

续表

项目名称	单位	每平方米工程量	分部位清单计价合计（元）	每平方米价格（元）	占清单计价合计比例
镀锌钢管	m	0.060 6	49 177	7.30	1.32%
铸铁管	m	0.162 9	285 543	42.40	7.68%
PPR 管	m	0.582 2	139 727	20.75	3.76%
UPVC 管	m	0.081 2	28 603	4.25	0.77%
金属软管	根	0.010 7	3 928	0.58	0.11%
管道支架	kg	0.026 2	4 792	0.71	0.13%
阀门	个	0.112 5	50 031	7.43	1.35%
卫生洁具	套	0.053 5	155 531	23.09	4.18%
地漏	个	0.037 7	12 996	1.93	0.35%
施工措施项目			**34 224**	**5.08**	**0.92%**
脚手架搭拆			9 528	1.41	0.26%
安全文明施工			20 021	2.97	0.54%
非夜间施工增加			254	0.04	0.007%
冬季施工增加			4 021	0.60	0.11%
竣工验收存档资料编制			400	0.06	0.01%
税金			**65 567**	**9.74**	**1.76%**
采暖工程			**796 653**	**118.29**	**21.42%**
钢塑压力管	m	0.195 9	121 542	18.05	3.27%
铝塑复合管	m	0.920 5	349 635	51.91	9.40%
钢塑转换件	个	0.149 7	18 003	2.67	0.48%
管道支架	kg	0.022 0	4 031	0.60	0.11%
阀门	个	0.252 7	122 184	18.14	3.29%
过滤器	个	0.011 0	6 279	0.93	0.17%
热量表	个	0.010 7	2 370	0.35	0.06%
散热器	组	0.064 1	136 322	20.24	3.67%
施工措施项目			**34 507**	**5.12**	**0.93%**
脚手架搭拆			9 605	1.43	0.26%

续表

项目名称	单位	每平方米工程量	分部位清单计价合计（元）	每平方米价格（元）	占清单计价合计比例
安全文明施工			20 188	3. 00	0. 54%
非夜间施工增加			256	0. 04	0. 01%
冬季施工增加			4 055	0. 60	0. 11%
竣工验收存档资料编制			403	0. 06	0. 01%
税金			**65 804**	**9. 77**	**1. 77%**
电气工程			**1 555 458**	**230. 95**	**41. 82%**
配电箱	台	0. 019 0	228 568	33. 94	6. 15%
开关	个	0. 075 7	16 212	2. 41	0. 44%
插座	个	0. 276 6	77 140	11. 45	2. 07%
T 接箱	个	0. 004 5	22 979	3. 41	0. 62%
电力电缆	m	0. 167 3	150 889	22. 40	4. 06%
电缆头	个	0. 014 6	21 100	3. 13	0. 57%
接地网	m	0. 018 0	4 856	0. 72	0. 13%
避雷网	m	0. 030 9	15 155	2. 25	0. 41%
端子箱	台	0. 005 8	23 213	3. 45	0. 62%
电位盒	台	0. 010 7	1 362	0. 20	0. 04%
电气配管	m	3. 918 4	458 507	68. 08	12. 33%
防火桥架	m	0. 040 0	66 959	9. 94	1. 80%
电气配线	m	7. 166 8	211 776	31. 44	5. 69%
接线箱	个	0. 016 5	37 601	5. 58	1. 01%
接线盒、开关盒	个	0. 352 3	26 276	3. 90	0. 71%
照明灯具	套	0. 147 4	95 602	14. 19	2. 57%
铜端子	个	0. 082 0	9 102	1. 35	0. 24%
桥架	kg	0. 046 0	7 589	1. 13	0. 20%
排气扇	台	0. 010 7	19 160	2. 84	0. 52%
系统调试			15 680	2. 33	0. 42%
施工措施项目			**73 842**	**10. 96**	**1. 99%**

续表

项目名称	单位	每平方米工程量	分部位清单计价合计（元）	每平方米价格（元）	占清单计价合计比例
脚手架搭拆			20 486	3. 04	0. 55%
安全文明施工			43 255	6. 42	1. 16%
非夜间施工增加			549	0. 08	0. 02%
冬季施工增加			8 688	1. 29	0. 23%
竣工验收存档资料编制			864	0. 13	0. 02%
税金			**128 481**	**19. 08**	**3. 45%**
通风空调工程			**43 904**	**6. 52**	**1. 18%**
风机	台	0. 000 6	7 524	1. 12	0. 20%
风管	m^2	0. 005 4	8 269	1. 23	0. 22%
风管阀门	个	0. 004 2	10 382	1. 54	0. 28%
风口	个	0. 003 4	15 473	2. 30	0. 42%
施工措施项目			**1 514**	**0. 22**	**0. 04%**
脚手架搭拆			414	0. 06	0. 01%
安全文明施工			892	0. 13	0. 02%
非夜间施工增加			11	0. 00	0. 000 3%
冬季施工增加			179	0. 03	0. 01%
竣工验收存档资料编制			18	0. 00	0. 001%
税金			**3 626**	**0. 54**	**0. 10%**
消防工程			**529 420**	**78. 61**	**14. 24%**
电气配管	m	0. 313 2	100 078	14. 86	2. 69%
电气配线	m	0. 870 2	27 548	4. 09	0. 74%
接线箱	个	0. 002 8	6 865	1. 02	0. 18%
接线盒	个	0. 050 2	4 090	0. 61	0. 11%
消火栓	套	0. 004 0	31 373	4. 66	0. 84%
管道支架	kg	0. 023 8	4 352	0. 65	0. 12%
消防水泵接合器	套	0. 000 6	14 129	2. 10	0. 38%
灭火器	具	0. 011 9	8 469	1. 26	0. 23%

续表

项目名称	单位	每平方米工程量	分部位清单计价合计（元）	每平方米价格（元）	占清单计价合计比例
探测器	个	0.026 3	48 626	7.22	1.31%
按钮	个	0.008 6	18 589	2.76	0.50%
模块	个	0.015 0	67 030	9.95	1.80%
模块箱	个	0.002 8	15 884	2.36	0.43%
阀门	个	0.002 7	11 338	1.68	0.30%
消防报警设备	套	0.019 5	114 030	16.93	3.07%
系统调试			47 310	7.02	1.27%
施工措施项目			**22 860**	**3.39**	**0.61%**
脚手架搭拆			6 968	1.03	0.19%
安全文明施工			14 694	2.18	0.40%
非夜间施工增加			186	0.03	0.01%
冬季施工增加			719	0.11	0.02%
竣工验收存档资料编制			293	0.04	0.01%
税金			**43 730**	**6.49**	**1.18%**
合计			**3 719 226**	**552.23**	**100.00%**

（8）建筑、装饰工程主要工、料消耗量分析。

项目名称	单位	建筑工程每平方米消耗量	装饰工程每平方米消耗量
人工	工日	4.511	2.029
水泥（综合）	kg	4.859	21.950
砂子	t	0.005	0.065
白灰	kg	37.796	0.169
钢筋	t	0.071	
玻璃	m^2		0.233
商品混凝土	m^3	0.638	0.026
预拌砂浆	t	0.080	0.147

续表

项目名称	单位	建筑工程每平方米消耗量	装饰工程每平方米消耗量
加气混凝土砌块	m^3	0.049	
蒸压加气混凝土板	m^3	0.071	
SBS 改性沥青防水卷材	m^2	0.263	
胶粉聚苯颗粒保温浆料	m^3	0.024	
模塑聚苯板	m^3	0.072	
泡沫玻璃保温板	m^3	0.009	
聚苯乙烯板	m^3	0.040	
岩棉板	m^3	0.005	
FTC 自调温相变蓄能保温材料	m^3	0.002	
陶瓷地面砖	m^2		0.730
成品腻子粉	kg		2.645
苯丙乳胶漆	kg		0.787
墙面砖	m^2		0.442
106 涂料	kg		0.170
集成吊顶	m^2		0.094
H 型真石涂料	kg		2.850
弹性外墙涂料	kg		0.363

6. 高层住宅公寓 F

（1）工程概况。

结构类型：框架剪力墙结构			建筑面积：12 207.38m²				
基本特征	檐高	层数	层高	基础类型	利润率		
	79.30m	地上27层， 地下1层	2.90m	桩承台基础、 满堂基础	建筑	装饰	安装
					7.76%	24.00%	20.71%

（2）工程主要特征。

项目名称		特征描述
建筑工程	基础工程	桩承台基础、满堂基础
	土方工程	机械挖土方
	打桩工程	双轴水泥土搅拌桩（$D=700$mm）
	砌筑工程	蒸压加气混凝土空心砌块墙
	混凝土及钢筋混凝土工程	现浇混凝土，AC30
	屋面及防水工程	改性沥青卷材防水
	防腐、隔热、保温工程	屋面挤塑聚苯乙烯板保温
		外墙石墨聚苯乙烯板保温、外墙岩棉板保温、外墙聚苯颗粒保温砂浆保温
装饰工程	内墙	水泥砂浆、保温砂浆、刮腻子、乳胶漆、面砖
	外墙	刮腻子、弹性涂料
	天棚	刮腻子、乳胶漆、防霉涂料
	楼地面	细石混凝土、花岗岩、金刚砂耐磨地面
	门窗	钢质防火门、断桥隔热铝合金窗
安装工程	给排水工程	铸铁排水管、PPR 给水管、UPVC 排水管、钢塑复合管
	采暖工程	镀锌钢管、PE-RT 管
	电气工程	光纤入户系统、有线电视系统、户内弱电系统、安防对讲系统、户内安防系统、楼内监控系统、水暖表数据远传系统、钢管、电线管、塑料管
	通风空调工程	风管
	消防工程	消火栓系统、自动报警系统、钢管、电线管、塑料管

（3）工程造价各项费用分析表。

工程价格（元）（以2020年预算基价为依据）		每平方米价格（元）	各项费用所占比例（%）							
			人工费	材料费	机械费	管理费	规费	利润	税金	合计
45 293 774		**3 710.36**	**22.21**	**48.31**	**4.22**	**2.77**	**8.31**	**5.92**	**8.26**	**100.00**
建筑工程		2 291.60	22.04	46.34	5.78	2.96	8.24	6.38	8.26	100.00
装饰工程		851.51	24.71	46.88	2.58	2.41	9.24	5.92	8.26	100.00
安装工程		567.25	19.15	58.45	0.40	2.56	7.21	3.97	8.26	100.00
其中	给排水工程	86.76	20.15	57.00	0.17	2.66	7.58	4.18	8.26	100.00
	采暖工程	108.83	17.04	62.23	0.25	2.27	6.42	3.53	8.26	100.00
	电气工程	273.48	17.95	60.48	0.43	2.40	6.75	3.73	8.26	100.00
	通风空调工程	16.96	12.97	68.33	1.00	1.83	4.89	2.72	8.26	100.00
	消防工程	81.22	26.27	46.00	0.62	3.52	9.89	5.44	8.26	100.00

（4）工程量清单计价汇总。

项目名称		造价（元/m^2）	占总造价比例
建筑工程工程量清单计价合计		**2 291.60**	**61.76%**
其中施工措施项目		718.43	19.36%
装饰工程工程量清单计价合计		**851.51**	**22.95%**
其中施工措施项目		115.92	3.12%
安装工程工程量清单计价合计		**567.25**	**15.29%**
其中	给排水工程	86.76	2.34%
	其中施工措施项目	2.91	0.08%
	采暖工程	108.83	2.93%
	其中施工措施项目	3.10	0.08%
	电气工程	273.48	7.37%
	其中施工措施项目	8.26	0.22%
	通风空调工程	16.96	0.46%
	其中施工措施项目	0.39	0.01%
	消防工程	81.22	2.19%
	其中施工措施项目	3.59	0.10%
总造价		**3 710.36**	**100.00%**

（5）建筑工程分部位构成比例及主要工程量分析。

项目名称	单位	每平方米工程量	分部位清单计价合计（元）	每平方米价格（元）	占清单计价合计比例
土方工程			**766 648**	**62.80**	**2.74%**
机械土方	m^3	1.575			
打桩工程			**1 180 991**	**96.74**	**4.22%**
双轴水泥搅拌桩（D=700mm）	m^3	0.327			
砌筑工程			**741 222**	**60.72**	**2.65%**
蒸压加气混凝土空心砌块墙	m^3	0.071			
混凝土及钢筋混凝土工程			**11 199 973**	**917.48**	**40.03%**
混凝土基础	m^3	0.099			
混凝土柱	m^3	0.005			
混凝土板	m^3	0.165			
混凝土墙	m^3	0.209			
屋面及防水工程			**1 820 477**	**149.13**	**6.51%**
改性沥青卷材防水	m^2	0.077			
防腐、隔热、保温工程			**1 185 174**	**97.09**	**4.24%**
屋面挤塑聚苯乙烯板保温	m^2	0.025			
外墙石墨聚苯乙烯板保温	m^2	0.583			
外墙岩棉板保温	m^2	0.099			
外墙聚苯颗粒保温砂浆保温	m^2	0.166			
施工措施项目			**8 770 162**	**718.43**	**31.35%**
安全文明施工	元	84.09			
夜间施工	元	2.44			
非夜间施工照明	元	0.97			
冬雨季施工	元	16.38			
脚手架工程	元	96.27			
混凝土模板及支架	元	317.42			
垂直运输	元	42.83			

续表

项目名称	单位	每平方米工程量	分部位清单计价合计（元）	每平方米价格（元）	占清单计价合计比例
大型机械设备进出场及安拆	元	8.07			
超高施工增加	元	100.95			
施工排水、降水	元	20.10			
其他	元	28.91			
税金			**2 309 818**	**189.21**	**8.26%**
合计			**27 974 465**	**2 291.60**	**100.00%**

（6）装饰工程分部位构成比例及主要工程量分析。

项目名称	单位	每平方米工程量	分部位清单计价合计（元）	每平方米价格（元）	占清单计价合计比例
楼地面工程			**1 564 060**	**128.12**	**15.04%**
细石混凝土地面	m^2	0.633			
金刚砂耐磨地面	m^2	0.167			
花岗岩地面	m^2	0.072			
墙、柱面工程			**3 638 718**	**298.08**	**35.01%**
内墙主要做法					
水泥砂浆	m^2	1.865			
保温砂浆	m^2	0.243			
刮腻子	m^2	1.692			
乳胶漆	m^2	1.537			
面砖	m^2	0.015			
外墙主要做法					
刮腻子	m^2	0.685			
弹性涂料	m^2	0.858			
天棚工程			**404 911**	**33.17**	**3.90%**
刮腻子	m^2	0.727			

续表

项目名称	单位	每平方米工程量	分部位清单计价合计（元）	每平方米价格（元）	占清单计价合计比例
乳胶漆	m^2	0.700			
防霉涂料	m^2	0.029			
门窗工程			**2 137 161**	**175.07**	**20.56%**
钢质防火门	m^2	0.069			
断桥隔热铝合金窗	m^2	0.114			
其他工程			**376 528**	**30.84**	**3.62%**
施工措施项目			**1 415 061**	**115.92**	**13.61%**
安全文明施工	元	15.85			
非夜间施工照明	元	0.50			
冬雨季施工	元	1.85			
脚手架工程	元	44.15			
垂直运输	元	16.41			
超高施工增加	元	26.47			
其他	元	10.68			
税金			**858 279**	**70.31**	**8.26%**
合计			**10 394 718**	**851.51**	**100.00%**

（7）安装工程分部位构成比例及主要工程量分析。

项目名称	单位	每平方米工程量	分部位清单计价合计（元）	每平方米价格（元）	占清单计价合计比例
给排水工程			**1 059 082**	**86.76**	**15.29%**
铸铁排水管	m	0.110 7	468 949	38.42	6.77%
PPR 给水管	m	0.267 8	77 337	6.34	1.12%
UPVC 排水管	m	0.037 8	27 833	2.28	0.40%
钢塑复合管	m	0.054 0	78 884	6.46	1.14%
管道支架	kg	0.021 9	7 074	0.58	0.10%
阀门	个	0.058 3	129 704	10.63	1.87%

续表

项目名称	单位	每平方米工程量	分部位清单计价合计（元）	每平方米价格（元）	占清单计价合计比例
卫生洁具	套	0.016 4	113 125	9.27	1.63%
地漏	个	0.018 7	10 735	0.88	0.16%
施工措施项目			**35 529**	**2.91**	**0.51%**
脚手架搭拆			9 902	0.81	0.14%
安全文明施工			20 776	1.70	0.30%
非夜间施工增加			263	0.02	0.004%
冬季施工增加			4 173	0.34	0.06%
竣工验收存档资料编制			415	0.03	0.01%
税金			**87 447**	**7.16**	**1.26%**
采暖工程			**1 328 507**	**108.83**	**19.19%**
镀锌钢管	m		75 388	6.18	1.09%
PE-RT 管	m	0.215 2	83 543	6.84	1.21%
管道支架	kg	0.017 6	5 685	0.47	0.08%
阀门	个	0.051 3	56 631	4.64	0.82%
分集水器	个	0.008 2	96 561	7.91	1.39%
地板辐射采暖	m^2	0.464 2	824 639	67.55	11.91%
施工措施项目			**37 867**	**3.10**	**0.55%**
脚手架搭拆			10 509	0.86	0.15%
安全文明施工			22 179	1.82	0.32%
非夜间施工增加			281	0.02	0.004%
冬季施工增加			4 455	0.36	0.06%
竣工验收存档资料编制			443	0.04	0.01%
税金			**109 693**	**8.99**	**1.58%**
电气工程			**3 338 489**	**273.48**	**48.21%**
配电箱	台	0.023 1	1 117 774	91.57	16.14%
接线箱	个	0.004 4	50 042	4.10	0.72%
开关	个	0.066 6	28 390	2.33	0.41%

续表

项目名称	单位	每平方米工程量	分部位清单计价合计（元）	每平方米价格（元）	占清单计价合计比例
插座	个	0.202 1	98 368	8.06	1.42%
电力电缆	m	0.141 9	435 452	35.67	6.29%
接线盒	个	0.008 2	64 297	5.27	0.93%
电气配管	m	2.753 3	547 192	44.82	7.90%
线槽	m	0.001 3	4 241	0.35	0.06%
桥架	m	0.021 9	89 890	7.36	1.30%
接线盒	个	0.520 4	72 016	5.90	1.04%
照明灯具	套	0.126 7	108 660	8.90	1.57%
施工措施项目			**100 848**	**8.26**	**1.46%**
脚手架搭拆			27 794	2.28	0.40%
安全文明施工			59 224	4.85	0.86%
非夜间施工增加			751	0.06	0.01%
冬季施工增加			11 896	0.97	0.17%
竣工验收存档资料编制			1 183	0.10	0.02%
税金			**275 655**	**22.58**	**3.98%**
通风空调工程			**207 002**	**16.96**	**2.99%**
风机	台	0.000 7	41 787	3.42	0.60%
风管	m^2	0.007 4	26 537	2.17	0.38%
阀门	个	0.000 7	4 647	0.38	0.07%
风口	个	0.004 5	111 347	9.12	1.61%
施工措施项目			**4 701**	**0.39**	**0.07%**
脚手架搭拆			1 247	0.10	0.02%
安全文明施工			2 800	0.23	0.04%
非夜间施工增加			36	0.00	0%
冬季施工增加			562	0.05	0.01%
竣工验收存档资料编制			56	0.01	0.001%
税金			**17 092**	**1.40**	**0.25%**

续表

项目名称	单位	每平方米工程量	分部位清单计价合计（元）	每平方米价格（元）	占清单计价合计比例
消防工程			**991 480**	**81.22**	**14.32%**
电气配管	m	0.383 2	79 445	6.51	1.15%
线槽	m	0.007 9	13 127	1.08	0.19%
电气配线	m	0.785 8	43 151	3.53	0.62%
接线箱	个	0.002 3	16 112	1.32	0.23%
接线盒	个	0.051 8	7 496	0.61	0.11%
无缝钢管	m	0.019 4	88 096	7.22	1.27%
消火栓	套	0.004 3	40 755	3.34	0.59%
灭火器	具	0.009 5	5 307	0.43	0.08%
管道支架	kg	0.014 9	4 826	0.40	0.07%
消防探测器	个	0.017 3	57 759	4.73	0.83%
按钮	个	0.009 3	39 843	3.26	0.58%
消防报警设备	套	0.012 5	81 502	6.68	1.18%
模块	个	0.019 1	291 377	23.87	4.21%
阀门	个	0.000 5	1 945	0.16	0.03%
施工措施项目			**43 827**	**3.59**	**0.63%**
脚手架搭拆			12 083	0.99	0.17%
安全文明施工			25 735	2.11	0.37%
非夜间施工增加			326	0.03	0.01%
冬季施工增加			5 169	0.42	0.07%
竣工验收存档资料编制			514	0.04	0.01%
税金			**81 865**	**6.71**	**1.18%**
合计			**6 924 560**	**567.25**	**100.00%**

（8）建筑、装饰工程主要工、料消耗量分析。

项目名称	单位	建筑工程每平方米消耗量	装饰工程每平方米消耗量
人工	工日	3.655	1.273
水泥（综合）	kg	94.294	18.044

续表

项目名称	单位	建筑工程每平方米消耗量	装饰工程每平方米消耗量
砂子	t	0.010	0.079
白灰	kg	10.025	4.335
钢筋	t	0.080	
玻璃	m^2		0.086
商品混凝土	m^3	0.604	0.051
预拌砂浆	t	0.065	0.624
混凝土空心砌块	千块	0.006	
SBS 改性沥青防水卷材	m^2	0.222	
挤塑聚苯乙烯泡沫板	m^3	0.003	
石墨聚苯板	m^3	0.030	
岩棉板	m^3	0.006	
胶粉聚苯颗粒保温浆料	m^3	0.007	
金刚砂	kg		0.959
花岗岩板	m^2		0.088
保温砂浆	m^2		0.006
成品腻子粉	kg		9.259
苯丙乳胶漆	kg		0.622
防霉涂料	kg		0.013
弹性外墙涂料	kg		0.429
墙面砖	m^2		0.014

第二章　办公楼宇项目

第一节　办　公　楼

内 容 提 要

结构	檐高 （m）	层数	建筑面积 （m^2）	每平方米 价格 （元）
装配式混凝土结构	14.50	地上 3 层，地下 1 层	11 893.76	4 744.86
框架剪力墙结构	19.00	地上 4 层	7 075.00	5 059.79
框架结构	11.85	地上 3 层	1 970.04	4 443.71

一、装配式混凝土结构

1. 办公楼 A

(1) 工程概况。

结构类型：装配式混凝土结构			建筑面积：11 893.76m^2				
基本特征	檐高	层数	层高	基础类型	利润率		
	14.50m	地上 3 层，地下 1 层	4.50m	满堂基础	建筑	装饰	安装
					7.76%	24.00%	20.71%

(2) 工程主要特征。

项目名称		特征描述
建筑工程	基础工程	满堂基础
	土方工程	机械挖土方
	打桩工程	钢筋混凝土钻孔灌注桩（D=600mm）、预制钢筋混凝土管桩（D=600mm）
	砌筑工程	页岩标砖墙、轻质复合实心墙板
	混凝土及钢筋混凝土工程	现浇混凝土，AC20，AC25，AC30，AC35
	装配式工程	预制混凝土实心剪力墙
	屋面及防水工程	改性沥青卷材防水
	防腐、隔热、保温工程	屋面聚苯乙烯板保温
		墙面聚苯乙烯板保温
装饰工程	内墙	刮腻子、乳胶漆、面砖、多彩花纹涂料
	外墙	面砖、石膏板、轻质隔墙、玻璃幕墙
	天棚	刮腻子、乳胶漆、铝合金扣板、矿棉板、铝格栅、多彩花纹涂料
	楼地面	环氧自流平地面、塑料板、陶瓷地砖、水泥砂浆、金刚砂耐磨地面
	门窗	钢质防火门、断桥隔热铝合金窗、铝合金卷闸门
安装工程	给排水工程	铸铁管、PPR 管、UPVC 管、复合钢管
	采暖工程	钢管
	电气工程	综合布线系统、安全防范系统、能源监控系统、钢管、电线管、塑料管
	通风空调工程	中央空调机组、分体式空调器、镀锌薄钢板风管、铝合金风口、钢管
	消防工程	消火栓系统、喷淋系统、自动报警系统、钢管、电线管

（3）工程造价各项费用分析表。

工程价格（元）（以2020年预算基价为依据）		每平方米价格（元）	各项费用所占比例（%）							
			人工费	材料费	机械费	管理费	规费	利润	税金	合计
56 434 226		**4 744.86**	**18.37**	**54.91**	**3.35**	**2.43**	**6.87**	**5.81**	**8.26**	**100.00**
建筑工程		2 931.10	16.09	56.17	4.82	2.37	6.00	6.29	8.26	100.00
装饰工程		1 076.74	22.69	51.79	1.09	2.24	8.51	5.42	8.26	100.00
安装工程		737.02	22.77	52.35	0.31	3.02	8.57	4.72	8.26	100.00
其中	给排水工程	25.14	19.53	57.76	0.40	2.63	7.36	4.06	8.26	100.00
	采暖工程	30.12	29.32	39.58	1.66	4.08	11.02	6.08	8.26	100.00
	电气工程	342.44	16.49	62.78	0.59	2.25	6.21	3.42	8.26	100.00
	通风空调工程	183.35	21.92	53.07	0.94	3.02	8.25	4.54	8.26	100.00
	消防工程	155.97	29.81	39.89	0.62	4.02	11.22	6.18	8.26	100.00

（4）工程量清单计价汇总。

项目名称		造价（元/m^2）	占总造价比例
建筑工程工程量清单计价合计		**2 931.10**	**61.78%**
其中施工措施项目		400.24	8.44%
装饰工程工程量清单计价合计		**1 076.74**	**22.69%**
其中施工措施项目		47.40	1.00%
安装工程工程量清单计价合计		**737.02**	**15.53%**
其中	给排水工程	25.14	0.53%
	其中施工措施项目	0.83	0.02%
	采暖工程	30.12	0.63%
	其中施工措施项目	1.53	0.03%
	电气工程	342.44	7.22%
	其中施工措施项目	9.67	0.20%
	通风空调工程	183.35	3.86%
	其中施工措施项目	6.92	0.15%
	消防工程	155.97	3.29%
	其中施工措施项目	7.88	0.17%
总造价		**4 744.86**	**100.00%**

（5）建筑工程分部位构成比例及主要工程量分析。

项目名称	单位	每平方米工程量	分部位清单计价合计（元）	每平方米价格（元）	占清单计价合计比例
土方工程			**537 291**	**45.17**	**1.54%**
机械土方	m^3	0.146			
打桩工程			**6 184 956**	**520.02**	**17.74%**
钢筋混凝土钻孔灌注桩（D=600mm）	m^3	0.248			
预制钢筋混凝土管桩（D=600mm）	m	0.449			
砌筑工程			**644 993**	**54.23**	**1.85%**
页岩标砖墙	m^3	0.010			
轻质复合实心墙板	m^3	0.046			
混凝土及钢筋混凝土工程			**15 450 736**	**1 299.06**	**44.32%**
混凝土基础	m^3	0.123			
混凝土柱	m^3	0.018			
混凝土梁	m^3	0.144			
混凝土墙	m^3	0.006			
混凝土板	m^3	0.840			
装配式工程			**2 560 213**	**215.26**	**7.34%**
预制混凝土实心剪力墙	m^3	0.049			
屋面及防水工程			**1 700 864**	**143.00**	**4.88%**
改性沥青卷材防水	m^2	0.387			
防腐、隔热、保温工程			**143 943**	**12.10**	**0.41%**
屋面聚苯乙烯板保温	m^2	0.304			
外墙聚苯乙烯板保温	m^2	0.051			
施工措施项目			**4 760 361**	**400.24**	**13.66%**
安全文明施工	元	81.71			
夜间施工	元	2.34			
非夜间施工照明	元	9.28			
冬雨季施工	元	15.75			
脚手架工程	元	70.35			

续表

项目名称	单位	每平方米工程量	分部位清单计价合计（元）	每平方米价格（元）	占清单计价合计比例
混凝土模板及支架	元	179.59			
垂直运输	元	20.88			
大型机械设备进出场及安拆	元	7.82			
施工排水、降水	元	0.79			
其他	元	11.73			
税金			**2 878 502**	**242.02**	**8.26%**
合计			**34 861 859**	**2 931.10**	**100.00%**

（6）装饰工程分部位构成比例及主要工程量分析。

项目名称	单位	每平方米工程量	分部位清单计价合计（元）	每平方米价格（元）	占清单计价合计比例
楼地面工程			**1 317 678**	**110.79**	**10.29%**
自流平地面	m^2	0.777			
金刚砂耐磨地面	m^2	0.050			
塑料板地面	m^2	0.029			
陶瓷地砖地面	m^2	0.021			
水泥砂浆地面	m^2	0.007			
墙、柱面工程			**5 843 372**	**491.30**	**45.63%**
内墙主要做法					
刮腻子	m^2	0.403			
乳胶漆	m^2	0.789			
面砖	m^2	0.038			
多彩花纹涂料	m^2	0.265			
外墙主要做法					
面砖	m^2	0.447			
石膏板	m^2	0.291			
GRC 轻质隔墙	m^2	0.074			

续表

项目名称	单位	每平方米工程量	分部位清单计价合计（元）	每平方米价格（元）	占清单计价合计比例
玻璃幕墙	m^2	0.015			
天棚工程			**1 329 853**	**111.81**	**10.38%**
刮腻子	m^2	1.073			
乳胶漆	m^2	0.976			
装配式 U 形轻钢龙骨	m^2	0.106			
装配式 T 形铝合金龙骨	m^2	0.029			
铝合金扣板	m^2	0.011			
矿棉板	m^2	0.029			
铝格栅	m^2	0.095			
多彩花纹涂料	m^2	0.097			
门窗工程			**2 391 892**	**201.10**	**18.68%**
钢质防火门	m^2	0.028			
断桥隔热铝合金窗	m^2	0.183			
铝合金卷闸门	m^2	0.003			
其他工程			**302 500**	**25.43**	**2.36%**
施工措施项目			**563 801**	**47.40**	**4.40%**
安全文明施工	元	19.75			
非夜间施工照明	元	0.61			
冬雨季施工	元	2.51			
脚手架工程	元	14.04			
垂直运输	元	9.99			
其他	元	0.50			
税金			**1 057 419**	**88.91**	**8.26%**
合计			**12 806 515**	**1 076.74**	**100.00%**

（7）安装工程分部位构成比例及主要工程量分析。

项目名称	单位	每平方米工程量	分部位清单计价合计（元）	每平方米价格（元）	占清单计价合计比例
给排水工程			**299 058**	**25.14**	**3.41%**
铸铁管	m	0.012 1	55 286	4.65	0.71%

续表

项目名称	单位	每平方米工程量	分部位清单计价合计（元）	每平方米价格（元）	占清单计价合计比例
PPR 管	m	0.018 3	9 438	0.79	0.12%
UPVC 管	m	0.039 6	48 817	4.10	0.63%
复合钢管	m	0.024 8	43 050	3.62	0.55%
管道支架	kg	0.012 1	3 912	0.33	0.05%
阀门	个	0.005 1	4 040	0.34	0.05%
地漏、清扫口	个	0.002 2	1 186	0.10	0.02%
卫生洁具	套	0.004 8	91 992	7.73	1.18%
雨水斗	个	0.001 2	2 079	0.17	0.03%
施工措施项目			**9 897**	**0.83**	**0.13%**
脚手架搭拆			2 735	0.23	0.04%
安全文明施工			5 806	0.49	0.07%
非夜间施工增加			74	0.01	0.001%
冬季施工增加			1 166	0.10	0.02%
竣工验收存档资料编制			116	0.01	0.001%
税金			**24 693**	**2.08**	**0.28%**
采暖工程			**358 207**	**30.12**	**4.09%**
钢管	m	0.160 4	196 251	16.50	2.53%
管道支架	kg	0.055 4	17 915	1.51	0.23%
阀门	个	0.022 8	13 663	1.15	0.18%
伸缩器	个	0.000 8	7 204	0.61	0.09%
散热器	组	0.009 0	69 592	5.85	0.90%
施工措施项目			**18 250**	**1.53**	**0.24%**
脚手架搭拆			4 913	0.41	0.06%
安全文明施工			10 812	0.91	0.14%
非夜间施工增加			137	0.01	0.002%
冬季施工增加			2 172	0.18	0.03%
竣工验收存档资料编制			216	0.02	0.002%

续表

项目名称	单位	每平方米工程量	分部位清单计价合计（元）	每平方米价格（元）	占清单计价合计比例
税金			**29 577**	**2.49**	**0.34%**
电气工程			**4 072 928**	**342.44**	**46.46%**
母线槽	m	0.007 9	188 350	15.84	2.43%
开关柜	台	0.000 6	416 249	35.00	5.36%
控制箱	台	0.002 6	10 784	0.91	0.14%
配电箱	台	0.005 2	332 156	27.93	4.28%
插座箱	台	0.000 8	14 045	1.18	0.18%
开关	个	0.009 0	3 428	0.29	0.04%
插座	个	0.028 8	17 488	1.47	0.23%
电力电缆	m	0.502 1	666 191	56.01	8.58%
接地网	m	0.052 7	11 169	0.94	0.14%
避雷网	m	0.170 3	87 835	7.38	1.13%
电气配管	m	1.444 5	411 891	34.63	5.31%
桥架	m	0.116 1	219 877	18.49	2.83%
金属线槽	m	0.088 2	112 980	9.50	1.46%
电气配线	m	5.337 6	255 369	21.47	3.29%
T 接箱	台	0.000 8	3 201	0.27	0.04%
接线盒、开关盒	个	0.110 1	15 595	1.31	0.20%
照明灯具	套	0.098 1	269 969	22.70	3.48%
系统调试			66 536	5.59	0.86%
无线发射器	台	0.001 2	46 692	3.93	0.60%
交换机	台	0.001 3	110 841	9.32	1.43%
网络机柜	台	0.000 6	30 102	2.53	0.39%
网线	m	1.075 9	102 884	8.65	1.33%
光纤	m	0.069 6	16 134	1.36	0.21%
配线架	个	0.002 7	20 403	1.72	0.26%
光纤盒	个	0.001 3	6 916	0.58	0.09%

续表

项目名称	单位	每平方米工程量	分部位清单计价合计（元）	每平方米价格（元）	占清单计价合计比例
电话电缆	m	0.019 3	3 927	0.33	0.05%
建筑智能设备	套	0.007 4	152 806	12.85	1.97%
按钮	个	0.001 8	3 987	0.34	0.05%
施工措施项目			**115 023**	**9.67**	**1.48%**
脚手架搭拆			31 432	2.64	0.40%
安全文明施工			67 767	5.70	0.87%
非夜间施工增加			859	0.07	0.01%
冬季施工增加			13 612	1.14	0.18%
竣工验收存档资料编制			1 353	0.11	0.02%
税金			**336 297**	**28.28**	**3.84%**
通风空调工程			**2 180 752**	**183.35**	**24.88%**
排风机	台	0.000 3	3 402	0.29	0.04%
空调设备	台	0.001 6	349 231	29.36	4.50%
风机盘管	台	0.014 5	210 942	17.74	2.72%
风机箱	台	0.000 8	51 479	4.33	0.66%
通风器	台	0.000 9	5 519	0.46	0.07%
换气机	台	0.000 5	87 333	7.34	1.12%
风管	m^2	0.144 2	464 668	39.07	5.99%
阀门	个	0.084 2	147 358	12.39	1.90%
风口	个	0.004 5	37 905	3.19	0.49%
钢管	m	0.409 7	465 968	39.18	6.00%
管道支架	kg	0.072 7	23 514	1.98	0.30%
金属软管	个	0.029 6	35 079	2.95	0.45%
伸缩器	个	0.000 7	7 722	0.65	0.10%
施工措施项目			**82 268**	**6.92**	**1.06%**
脚手架搭拆			22 371	1.88	0.29%
安全文明施工			48 558	4.08	0.63%

续表

项目名称	单位	每平方米工程量	分部位清单计价合计（元）	每平方米价格（元）	占清单计价合计比例
非夜间施工增加			616	0.05	0.01%
冬季施工增加			9 753	0.82	0.13%
竣工验收存档资料编制			970	0.08	0.01%
税金			**180 062**	**15.14**	**2.05%**
消防工程			**1 855 038**	**155.97**	**21.16%**
控制电缆	m	0.016 8	5 980	0.50	0.08%
电气配管	m	0.343 8	101 524	8.54	1.31%
电气配线	m	0.947 1	63 684	5.35	0.82%
防火线槽	m	0.041 8	87 945	7.39	1.13%
接线盒	个	0.056 3	8 053	0.68	0.10%
镀锌钢管	m	0.512 0	685 010	57.59	8.82%
喷头	个	0.151 3	101 440	8.53	1.31%
消火栓	套	0.003 4	57 207	4.81	0.74%
灭火器	具	0.012 9	13 078	1.10	0.17%
管道支架	kg	0.221 5	80 107	6.74	1.03%
探测器	个	0.023 9	68 890	5.79	0.89%
按钮	个	0.006 6	17 897	1.50	0.23%
模块	个	0.015 4	97 292	8.18	1.25%
阀门	个	0.003 8	31 438	2.64	0.40%
消防报警设备	套	0.011 5	83 106	6.99	1.07%
金属软管	根	0.001 2	18 055	1.52	0.23%
系统调试			81 280	6.83	1.05%
施工措施项目			**93 721**	**7.88**	**1.21%**
脚手架搭拆			25 890	2.18	0.33%
安全文明施工			54 991	4.62	0.71%
非夜间施工增加			697	0.06	0.01%
冬季施工增加			11 045	0.93	0.14%

续表

项目名称	单位	每平方米工程量	分部位清单计价合计（元）	每平方米价格（元）	占清单计价合计比例
竣工验收存档资料编制			1 098	0.09	0.01%
税金			**153 168**	**12.88**	**1.75%**
合计			**8 765 983**	**737.02**	**100.00%**

（8）建筑、装饰工程主要工、料消耗量分析。

项目名称	单位	建筑工程每平方米消耗量	装饰工程每平方米消耗量
人工	工日	3.319	1.622
水泥（综合）	kg	9.064	13.794
砂子	t	0.020	0.029
白灰	kg		0.002
钢筋	t	0.119	
玻璃	m^2		0.138
热反射玻璃	m^2		0.014
商品混凝土	m^3	0.880	0.001
预拌砂浆	t	0.049	0.050
预制钢筋混凝土管桩	m	0.449	
页岩标砖	千块	0.006	
预制混凝土实心剪力墙内墙板	m^3	0.049	
SBS 改性沥青防水卷材	m^2	0.896	
聚苯乙烯泡沫塑料板	m^3	0.017	
金刚砂	kg		0.275
塑料板	m^2		0.031
陶瓷地面砖	m^2		0.022
成品腻子粉	kg		6.619
苯丙乳胶漆	kg		0.612
墙面砖	m^2		0.504
多彩花纹涂料	kg		0.217

续表

项目名称	单位	建筑工程每平方米消耗量	装饰工程每平方米消耗量
石膏板	m^2		0.306
GRC 轻质墙板	m^2		0.079
铝合金龙骨	m^2		0.029
轻钢龙骨	m^2		0.107
铝扣板	m^2		0.012
矿棉板	m^2		0.030
铝格栅	m^2		0.097

二、框架剪力墙结构

1. 办公楼 B

（1）工程概况。

结构类型：框架剪力墙结构			建筑面积：7 075.00m²				
基本特征	檐高	层数	层高	基础类型	利润率		
	19.00m	地上 4 层	4.50m	桩承台基础	建筑	装饰	安装
					7.76%	24.00%	20.71%

（2）工程主要特征。

项目名称		特征描述
建筑工程	基础工程	桩承台基础
	土方工程	机械挖土方
	打桩工程	预制钢筋混凝土管桩（$D=600$mm）
	砌筑工程	加气混凝土砌块墙、混凝土空心砌块墙、保温轻质砂加气砌块墙
	混凝土及钢筋混凝土工程	现浇混凝土，AC15，AC20，AC25，AC30，AC35，AC45
	屋面及防水工程	改性沥青卷材防水
	防腐、隔热、保温工程	屋面沥青珍珠岩板保温
		外墙聚苯颗粒保温砂浆保温、外墙聚苯乙烯板保温
装饰工程	内墙	乳胶漆、瓷板、岩板吸声板
	外墙	刮腻子、真石漆、玻璃幕墙
	天棚	乳胶漆、矿棉吸声板、铝合金穿孔吸声板、铝合金条板、铝扣板
	楼地面	细石混凝土、陶瓷地砖、木质防静电活动地板
	门窗	木质防火门、钢质防火门、断桥隔热铝合金窗
安装工程	给排水工程	衬塑钢管、PPR 管、聚丙烯排水管、HDPE 排水管
	采暖工程	无缝钢管、焊接钢管
	电气工程	钢管
	通风空调工程	分体式空调器、镀锌薄钢板风管、铝合金风口、钢管
	消防工程	消火栓系统、自动报警系统、钢管、电线管

（3）工程造价各项费用分析表。

工程价格（元）（以2020年预算基价为依据）		每平方米价格（元）	各项费用所占比例（%）							
			人工费	材料费	机械费	管理费	规费	利润	税金	合计
35 798 014		**5 059.79**	**20.60**	**53.06**	**2.23**	**2.49**	**7.75**	**5.61**	**8.26**	**100.00**
建筑工程		2 119.94	20.92	49.93	3.60	2.81	7.87	6.61	8.26	100.00
装饰工程		1 650.65	20.63	55.18	1.15	2.07	7.76	4.95	8.26	100.00
安装工程		1 289.20	25.02	47.97	0.92	3.36	9.33	5.14	8.26	100.00
其中	给排水工程	53.27	17.85	60.73	0.36	2.38	6.72	3.70	8.26	100.00
	采暖工程	124.94	18.97	58.06	1.02	2.62	7.14	3.93	8.26	100.00
	电气工程	495.40	15.02	65.11	0.78	2.07	5.65	3.11	8.26	100.00
	通风空调工程	523.84	12.06	70.43	0.56	1.65	4.54	2.50	8.26	100.00
	消防工程	91.75	26.59	45.85	0.25	3.51	10.02	5.52	8.26	100.00

（4）工程量清单计价汇总。

项目名称		造价（元/m^2）	占总造价比例
建筑工程工程量清单计价合计		**2 119.94**	**41.90%**
其中施工措施项目		490.44	9.69%
装饰工程工程量清单计价合计		**1 650.65**	**32.62%**
其中施工措施项目		79.06	1.56%
安装工程工程量清单计价合计		**1 289.20**	**25.48%**
其中	给排水工程	53.27	1.05%
	其中施工措施项目	1.60	0.03%
	采暖工程	124.94	2.47%
	其中施工措施项目	4.07	0.08%
	电气工程	495.40	9.79%
	其中施工措施项目	12.77	0.25%
	通风空调工程	523.84	10.35%
	其中施工措施项目	10.81	0.21%
	消防工程	91.75	1.82%
	其中施工措施项目	4.06	0.08%
总造价		**5 059.79**	**100.00%**

（5）建筑工程分部位构成比例及主要工程量分析。

项目名称	单位	每平方米工程量	分部位清单计价合计（元）	每平方米价格（元）	占清单计价合计比例
土方工程			**102 066**	**14.43**	**0.68%**
机械土方	m^3	0.523			
打桩工程			**1 000 818**	**141.46**	**6.67%**
预制混凝土管桩（D=600mm）	m	0.391			
砌筑工程			**1 242 767**	**175.66**	**8.29%**
加气混凝土砌块墙	m^3	0.010			
混凝土空心砌块墙	m^3	0.014			
保温轻质砂加气砌块墙	m^3	0.196			
混凝土及钢筋混凝土工程			**6 173 500**	**872.58**	**41.16%**
混凝土基础	m^3	0.153			
混凝土柱	m^3	0.089			
混凝土梁	m^3	0.011			
混凝土墙	m^3	0.069			
混凝土板	m^3	0.210			
屋面及防水工程			**1 080 847**	**152.77**	**7.21%**
改性沥青卷材防水	m^2	0.363			
防腐、隔热、保温工程			**690 257**	**97.56**	**4.60%**
屋面沥青珍珠岩板保温	m^3	0.065			
外墙聚苯颗粒保温砂浆保温	m^2	0.171			
外墙聚苯乙烯板保温	m^2	0.491			
施工措施项目			**3 469 879**	**490.44**	**23.13%**
安全文明施工	元	63.86			
夜间施工	元	1.99			
非夜间施工照明	元	0.79			
冬雨季施工	元	13.37			
脚手架工程	元	70.35			
混凝土模板及支架	元	285.09			

续表

项目名称	单位	每平方米工程量	分部位清单计价合计（元）	每平方米价格（元）	占清单计价合计比例
垂直运输	元	20.88			
大型机械设备进出场及安拆	元	10.52			
施工排水、降水	元	4.57			
其他	元	19.01			
税金			**1 238 412**	**175.04**	**8.26%**
合计			**14 998 546**	**2 119.94**	**100.00%**

（6）装饰工程分部位构成比例及主要工程量分析。

项目名称	单位	每平方米工程量	分部位清单计价合计（元）	每平方米价格（元）	占清单计价合计比例
楼地面工程			**3 694 057**	**522.13**	**31.63%**
细石混凝土地面	m^2	0.147			
陶瓷地砖地面	m^2	0.265			
木质防静电活动地板地面	m^2	0.480			
墙、柱面工程			**1 804 159**	**255.00**	**15.45%**
内墙主要做法					
乳胶漆	m^2	1.347			
瓷板	m^2	0.082			
岩板吸声板	m^2	0.035			
外墙主要做法					
刮腻子	m^2	0.529			
真石漆	m^2	0.529			
玻璃幕墙	m^2	0.244			
天棚工程			**1 221 209**	**172.61**	**10.46%**
乳胶漆	m^2	0.229			
装配式 U 形轻钢龙骨	m^2	0.724			
装配式 T 形铝合金龙骨	m^2	0.015			

续表

项目名称	单位	每平方米工程量	分部位清单计价合计（元）	每平方米价格（元）	占清单计价合计比例
矿棉吸声板	m^2	0.697			
铝合金穿孔吸声板	m^2	0.016			
铝合金条板	m^2	0.024			
铝扣板	m^2	0.015			
门窗工程			**3 334 447**	**471.30**	**28.55%**
木质防火门	m^2	0.033			
钢质防火门	m^2	0.029			
断桥隔热铝合金窗	m^2	0.077			
其他工程			**100 853**	**14.25**	**0.86%**
施工措施项目			**559 364**	**79.06**	**4.79%**
安全文明施工	元	27.80			
非夜间施工照明	元	0.86			
冬雨季施工	元	3.54			
脚手架工程	元	32.26			
垂直运输	元	13.90			
其他	元	0.71			
税金			**964 268**	**136.29**	**8.26%**
合计			**11 678 357**	**1 650.65**	**100.00%**

（7）安装工程分部位构成比例及主要工程量分析。

项目名称	单位	每平方米工程量	分部位清单计价合计（元）	每平方米价格（元）	占清单计价合计比例
给排水工程			**376 882**	**53.27**	**4.13%**
衬塑钢管	m	0.069 1	61 017	8.62	0.67%
PPR 管	m	0.028 6	7 447	1.05	0.08%
聚丙烯排水管	m	0.066 4	47 514	6.72	0.52%
HDPE 排水管	m	0.044 7	72 263	10.21	0.79%

续表

项目名称	单位	每平方米工程量	分部位清单计价合计（元）	每平方米价格（元）	占清单计价合计比例
管道支架	kg	0.026 3	4 642	0.66	0.05%
水表	个	0.000 8	2 288	0.32	0.03%
阀门	个	0.008 6	11 718	1.66	0.13%
卫生洁具	套	0.008 8	59 544	8.42	0.65%
地漏	个	0.005 9	5 613	0.79	0.06%
施工措施项目			**11 295**	**1.60**	**0.12%**
脚手架搭拆			3 123	0.44	0.03%
安全文明施工			6 625	0.94	0.07%
非夜间施工增加			84	0.01	0.001%
冬季施工增加			1 331	0.19	0.01%
竣工验收存档资料编制			132	0.02	0.001%
税金			**31 119**	**4.40**	**0.34%**
采暖工程			**883 955**	**124.94**	**9.69%**
无缝钢管	m	0.055 0	41 961	5.93	0.46%
焊接钢管	m	0.431 2	169 354	23.94	1.86%
管道支架	kg	0.144 0	25 157	3.56	0.28%
阀门	个	0.083 8	40 215	5.68	0.44%
散热器	组	0.028 1	355 591	50.26	3.90%
地板辐射采暖	m^2	0.044 0	22 344	3.16	0.24%
分集水器	台	0.000 6	2 390	0.34	0.03%
换热机组	台	0.000 1	47 882	6.77	0.52%
施工措施项目			**28 830**	**4.07**	**0.32%**
脚手架搭拆			7 773	1.10	0.09%
安全文明施工			17 071	2.41	0.19%
非夜间施工增加			216	0.03	0.002%
冬季施工增加			3 429	0.48	0.04%
竣工验收存档资料编制			341	0.05	0.004%
税金			**72 987**	**10.32**	**0.80%**

续表

项目名称	单位	每平方米工程量	分部位清单计价合计（元）	每平方米价格（元）	占清单计价合计比例
电气工程			**3 504 985**	**495.40**	**38.43%**
线槽	m	0.050 6	164 672	23.28	1.81%
配电箱	台	0.008 3	524 539	74.14	5.75%
开关	个	0.038 6	34 077	4.82	0.37%
插座	个	0.065 2	17 225	2.43	0.19%
电力电缆	m	3.011 3	1 345 453	190.17	14.75%
电缆头	个	0.020 9	38 194	5.40	0.42%
接地母线	m	0.786 4	257 434	36.39	2.82%
避雷网	m	0.104 5	39 774	5.62	0.44%
电气配管	m	1.563 1	270 197	38.19	2.96%
电力桥架	m	0.069 5	135 110	19.10	1.48%
开关盒/接线盒	个	0.260 1	22 120	3.13	0.24%
照明灯具	套	0.137 7	165 535	23.40	1.81%
一般铁构件	kg	0.131 2	22 987	3.25	0.25%
系统调试			11 242	1.59	0.12%
施工措施项目			**90 373**	**12.77**	**0.99%**
脚手架搭拆			24 403	3.45	0.27%
安全文明施工			53 482	7.56	0.59%
非夜间施工增加			678	0.10	0.01%
冬季施工增加			10 742	1.52	0.12%
竣工验收存档资料编制			1 068	0.15	0.01%
税金			**289 402**	**40.90**	**3.17%**
通风空调工程			**3 706 178**	**523.84**	**40.63%**
空调设备	台	0.020 9	1 916 172	270.84	21.01%
新风设备	台	0.003 0	98 898	13.98	1.08%
一般铁构件	kg	0.216 3	31 532	4.46	0.35%
风管	m^2	0.433 1	534 552	75.56	5.86%
阀门	个	0.019 6	45 951	6.49	0.50%
风口	个	0.069 8	106 099	15.00	1.16%
冷凝水管	m	0.128 7	66 027	9.33	0.72%
空调冷媒管	项	0.000 1	200 000	28.27	2.19%

续表

项目名称	单位	每平方米工程量	分部位清单计价合计（元）	每平方米价格（元）	占清单计价合计比例
施工措施项目			**76 450**	**10.81**	**0.84%**
脚手架搭拆			20 733	2.93	0.23%
安全文明施工			45 169	6.38	0.50%
非夜间施工增加			573	0.08	0.01%
冬季施工增加			9 073	1.28	0.10%
竣工验收存档资料编制			902	0.13	0.01%
税金			**306 015**	**43.25**	**3.36%**
消防工程			**649 134**	**91.75**	**7.12%**
电气配管	m	0.580 9	87 042	12.30	0.95%
消防桥架	m	0.003 7	2 708	0.38	0.03%
电气配线	m	1.300 3	42 992	6.08	0.47%
接线箱	个	0.039 6	6 154	0.87	0.07%
镀锌钢管	m	0.051 8	67 156	9.49	0.74%
消火栓	套	0.003 8	28 946	4.09	0.32%
灭火器	具	0.013 3	12 543	1.77	0.14%
管道支架	kg	0.035 8	7 063	1.00	0.08%
感烟探测器	个	0.024 3	46 830	6.62	0.51%
消防按钮	个	0.004 9	11 173	1.58	0.12%
消防报警设备	台	0.011 3	93 446	13.21	1.02%
消防模块	个	0.018 5	87 544	12.37	0.96%
阀门	个	0.003 1	12 729	1.80	0.14%
系统调试			33 678	4.76	0.37%
施工措施项目			**28 755**	**4.06**	**0.32%**
脚手架搭拆			8 011	1.13	0.09%
安全文明施工			16 817	2.38	0.18%
非夜间施工增加			213	0.03	0.002%
冬季施工增加			3 378	0.48	0.04%
竣工验收存档资料编制			336	0.05	0.004%
税金			**53 598**	**7.58**	**0.59%**
合计			**9 121 134**	**1 289.20**	**100.00%**

（8）建筑、装饰工程主要工、料消耗量分析。

项目名称	单位	建筑工程每平方米消耗量	装饰工程每平方米消耗量
人工	工日	3.165	2.260
水泥（综合）	kg	5.147	23.366
砂子	t	0.017	0.370
白灰	kg	2.026	
钢筋	t	0.070	
玻璃	m^2		0.058
热反射玻璃	m^2		0.242
商品混凝土	m^3	0.563	0.089
预拌砂浆	t	0.060	0.093
预制钢筋混凝土管桩	m	0.391	
加气混凝土砌块	m^3	0.010	
混凝土空心砌块	千块	0.001	
保温轻质砂加气砌块	m^3	0.206	
SBS改性沥青防水卷材	m^2	0.419	
沥青泡沫岩板	m^3	0.067	
胶粉聚苯颗粒保温浆料	m^3	0.006	
聚苯乙烯泡沫塑料板	m^3	0.025	
陶瓷地面砖	m^2		0.275
木质防静电地板	m^2		0.490
瓷板	m^2		0.084
岩板吸声板	m^2		0.037
成品腻子粉	kg		4.297
苯丙乳胶漆	kg		0.438
真石漆	kg		2.643
铝合金龙骨	m^2		0.015
轻钢龙骨	m^2		0.734
矿棉吸声板	m^2		0.732
铝合金穿孔面板	m^2		0.017
铝合金条板	m^2		0.021
铝扣板	m^2		0.015

三、框架结构

1. 办公楼 C

(1) 工程概况。

结构类型：框架结构			建筑面积：1 970.04m^2				
基本特征	檐高	层数	层高	基础类型	利润率		
	11.85m	地上3层	3.60m	桩承台基础	建筑	装饰	安装
					7.76%	24.00%	20.71%

(2) 工程主要特征。

项目名称		特征描述
建筑工程	基础工程	桩承台基础
	土方工程	机械挖土方
	打桩工程	钻孔混凝土灌注桩（D=800mm）
	砌筑工程	页岩标砖基础、蒸压粉煤灰加气混凝土砌块墙
	混凝土及钢筋混凝土工程	现浇混凝土，AC20，AC25，AC30，AC40
	金属结构工程	钢柱、钢梁
	屋面及防水工程	改性沥青防水卷材、聚氯乙烯防水卷材
	防腐、隔热、保温工程	屋面水泥珍珠岩保温、屋面岩棉板保温
		外墙挤塑板保温、外墙聚苯颗粒保温砂浆保温
装饰工程	内墙	刮腻子、乳胶漆、墙面砖
	外墙	刮腻子、乳胶漆、铝合金装饰板
	天棚	刮腻子、乳胶漆、铝塑板、空腹 PVC 扣板
	楼地面	陶瓷地砖、细石混凝土
	门窗	模压门、塑料平开门窗、成品模压防火门、塑料门联窗
安装工程	给排水工程	钢管、UPVC 管
	采暖工程	钢管、铸铁散热器
	电气工程	钢管、电线管
	通风空调工程	多联机空调器、镀锌薄钢板风管、铝合金风口

（3）工程造价各项费用分析表。

工程价格（元）（以 2020 年预算基价为依据）		每平方米价格（元）	各项费用所占比例（%）							
			人工费	材料费	机械费	管理费	规费	利润	税金	合计
8 754 286		**4 443.71**	**21.42**	**49.71**	**3.74**	**2.72**	**8.01**	**6.15**	**8.26**	**100.00**
建筑工程		2 812.94	20.21	49.22	5.20	2.91	7.61	6.59	8.26	100.00
装饰装修工程		994.54	25.29	46.72	1.59	2.55	9.52	6.07	8.26	100.00
安装工程		636.23	20.70	56.51	0.67	2.13	7.44	4.29	8.26	100.00
其中	给排水工程	107.69	22.02	54.69	0.33	2.23	7.91	4.56	8.26	100.00
	采暖工程	60.83	30.41	40.73	0.36	3.01	10.93	6.30	8.26	100.00
	电气工程	231.36	26.91	45.25	1.43	2.88	9.68	5.58	8.26	100.00
	通风空调工程	236.35	11.51	72.41	0.15	1.14	4.14	2.39	8.26	100.00

（4）工程量清单计价汇总。

项目名称		造价（元/m^2）	占总造价比例
建筑工程工程量清单计价合计		**2 812.94**	**63.30%**
其中施工措施项目		540.78	12.17%
装饰工程工程量清单计价合计		**994.54**	**22.38%**
其中施工措施项目		48.17	1.08%
安装工程工程量清单计价合计		**636.23**	**14.32%**
其中	给排水工程	107.69	2.42%
	其中施工措施项目	3.95	0.09%
	采暖工程	60.83	1.37%
	其中施工措施项目	3.08	0.07%
	电气工程	231.36	5.21%
	其中施工措施项目	10.66	0.24%
	通风空调工程	236.35	5.32%
	其中施工措施项目	4.53	0.10%
总造价		**4 443.71**	**100.00%**

（5）建筑工程分部位构成比例及主要工程量分析。

项目名称	单位	每平方米工程量	分部位清单计价合计（元）	每平方米价格（元）	占清单计价合计比例
土方工程			**60 290**	**30.60**	**1.09%**
机械挖土方	m^3	0.480			
打桩工程			**1 298 071**	**658.91**	**23.42%**
钻孔混凝土灌注桩（D=800mm）	m^3	0.444			
砌筑工程			**235 410**	**119.50**	**4.25%**
页岩标砖基础	m^3	0.034			
蒸压粉煤灰加气混凝土砌块墙	m^3	0.139			
混凝土及钢筋混凝土工程			**1 783 316**	**905.22**	**32.18%**
混凝土基础	m^3	0.100			
混凝土柱	m^3	0.113			
混凝土梁	m^3	0.029			
混凝土墙	m^3	0.007			
混凝土板	m^3	0.208			
屋面及防水工程			**327 041**	**166.01**	**5.90%**
改性沥青防水卷材	m^2	0.469			
聚氯乙烯防水卷材	m^2	0.012			
防腐、隔热、保温工程			**296 645**	**150.58**	**5.35%**
屋面水泥珍珠岩保温	m^3	0.055			
屋面岩棉板保温	m^3	0.055			
外墙挤塑板保温	m^3	0.036			
外墙聚苯颗粒保温砂浆保温	m^2	0.405			
金属结构工程			**17 908**	**9.09**	**0.32%**
钢柱、钢梁	t	0.001			
施工措施项目			**1 065 366**	**540.78**	**19.22%**
安全文明施工	元	89.31			
夜间施工	元	2.73			
非夜间施工照明	元	1.08			

续表

项目名称	单位	每平方米工程量	分部位清单计价合计（元）	每平方米价格（元）	占清单计价合计比例
冬雨季施工	元	18.39			
脚手架工程	元	61.84			
混凝土模板及支架	元	302.86			
垂直运输	元	20.88			
施工排水、降水	元	16.43			
其他	元	27.26			
税金			**457 565**	**232.26**	**8.26%**
合计			**5 541 612**	**2 812.94**	**100.00%**

（6）装饰工程分部位构成比例及主要工程量分析。

项目名称	单位	每平方米工程量	分部位清单计价合计（元）	每平方米价格（元）	占清单计价合计比例
楼地面工程			**338 925**	**172.04**	**17.30%**
陶瓷地砖	m^2	0.794			
细石混凝土	m^2	0.060			
墙、柱面工程			**819 868**	**416.17**	**41.85%**
内墙主要做法					
刮腻子	m^2	1.416			
乳胶漆	m^2	1.416			
墙面砖	m^2	0.273			
外墙主要做法					
刮腻子	m^2	0.594			
真石漆	m^2	0.467			
铝合金装饰板	m^2	0.127			
天棚工程			**217 693**	**110.50**	**11.11%**
刮腻子	m^2	0.919			
乳胶漆	m^2	0.919			

续表

项目名称	单位	每平方米工程量	分部位清单计价合计（元）	每平方米价格（元）	占清单计价合计比例
铝塑板	m^2	0.139			
空腹 PVC 扣板	m^2	0.060			
门窗工程			**232 320**	**117.93**	**11.86%**
模压门	m^2	0.054			
塑料平开门	m^2	0.009			
成品模压防火门	m^2	0.015			
塑料平开窗	m^2	0.180			
塑料门联窗	m^2	0.008			
其他工程			**93 803**	**47.61**	**4.79%**
施工措施项目			**94 891**	**48.17**	**4.84%**
安全文明施工	元	20.67			
非夜间施工照明	元	0.64			
冬雨季施工	元	2.63			
脚手架工程	元	5.33			
垂直运输	元	10.50			
其他	元	8.40			
税金			**161 775**	**82.12**	**8.26%**
合计			**1 959 275**	**994.54**	**100.00%**

（7）安装工程分部位构成比例及主要工程量分析。

项目名称	单位	每平方米工程量	分部位清单计价合计（元）	每平方米价格（元）	占清单计价合计比例
给排水工程			**212 149**	**107.69**	**16.93%**
镀锌钢管	m	0.229 8	65 684	33.34	5.24%
塑料排水管	m	0.163 3	31 065	15.77	2.48%
管道支架	kg	0.089 3	5 602	2.84	0.45%

续表

项目名称	单位	每平方米工程量	分部位清单计价合计（元）	每平方米价格（元）	占清单计价合计比例
阀门	个	0.039 1	7 345	3.73	0.59%
卫生洁具	套	0.036 5	75 280	38.21	6.01%
地漏、地面扫除口	个	0.014 2	1 604	0.81	0.13%
施工措施项目			**7 782**	**3.95**	**0.62%**
脚手架搭拆			2 156	1.09	0.17%
安全文明施工			4 565	2.32	0.36%
非夜间施工增加			58	0.03	0.005%
冬季施工增加			912	0.46	0.07%
竣工验收存档资料编制			91	0.05	0.01%
税金			**17 517**	**8.89**	**1.40%**
采暖工程			**119 831**	**60.83**	**9.56%**
镀锌钢管	m	0.313 4	49 999	25.38	3.99%
管道支架	kg	0.036 3	2 963	1.50	0.24%
阀门	个	0.066 0	14 186	7.20	1.13%
散热器	组	0.031 0	32 098	16.29	2.56%
施工措施项目			**6 061**	**3.08**	**0.48%**
脚手架搭拆			1 683	1.09	0.17%
安全文明施工			3 552	2.32	0.36%
非夜间施工增加			45	0.03	0.005%
冬季施工增加			710	0.46	0.07%
竣工验收存档资料编制			71	0.05	0.01%
税金			**9 894**	**5.02**	**0.79%**
电气工程			**455 798**	**231.36**	**36.36%**
配电箱	台	0.013 2	57 503	29.19	4.59%
电力电缆	m	0.076 7	25 359	12.87	2.02%
电缆桥架	m	0.036 3	13 172	6.69	1.05%
电气配管	m	1.321 9	64 247	32.61	5.13%

续表

项目名称	单位	每平方米工程量	分部位清单计价合计（元）	每平方米价格（元）	占清单计价合计比例
电气配线	m	4.935 9	70 873	35.98	5.65%
照明灯具	套	0.102 5	26 853	13.63	2.14%
开关	个	0.057 9	8 363	4.25	0.67%
插座	个	0.092 4	8 109	4.12	0.65%
接线箱	个	0.008 1	17 813	9.04	1.42%
接线盒	个	0.002 0	54	0.03	0.004%
端子箱	台	0.018 8	27 591	14.01	2.20%
接地母线	m	0.056 5	5 541	2.81	0.44%
避雷网	m	0.167 0	6 270	3.18	0.50%
均压环	m	0.176 7	31 370	15.92	2.50%
施工措施项目			**21 004**	**10.66**	**1.68%**
脚手架搭拆			5 659	2.87	0.45%
安全文明施工			12 450	6.32	0.99%
非夜间施工增加			158	0.08	0.01%
冬季施工增加			2 488	1.26	0.20%
竣工验收存档资料编制			249	0.13	0.02%
税金			**37 635**	**19.10**	**3.00%**
通风空调工程			**465 626**	**236.35**	**37.15%**
空调器	台	0.001 5	150 551	76.42	12.01%
风机	台	0.018 3	148 094	75.17	11.82%
通风器	台	0.012 2	6 258	3.18	0.50%
风管	m^2	0.058 0	28 202	14.32	2.25%
风口	个	0.036 5	10 714	5.44	0.85%
静压箱	个	0.008 1	3 936	2.00	0.31%
铜管	m	0.512 7	56 433	28.65	4.50%
塑料给水管	m	0.121 8	10 237	5.20	0.82%
施工措施项目			**8 920**	**4.53**	**0.71%**

续表

项目名称	单位	每平方米工程量	分部位清单计价合计（元）	每平方米价格（元）	占清单计价合计比例
脚手架搭拆			2 475	1.26	0.20%
安全文明施工			5 229	2.65	0.42%
非夜间施工增加			66	0.03	0.01%
冬季施工增加			1 045	0.53	0.08%
竣工验收存档资料编制			105	0.05	0.01%
税金			**38 446**	**19.52**	**3.07%**
合计			**1 253 404**	**636.23**	**100.00%**

（8）建筑、装饰工程主要工、料消耗量分析。

项目名称	单位	建筑工程每平方米消耗量	装饰工程每平方米消耗量
人工	工日	4.070	1.705
水泥（综合）	kg	18.697	27.611
砂子	t	0.027	0.117
白灰	kg	6.124	16.103
钢筋	t	0.104	
玻璃	m^2		0.188
商品混凝土	m^3	1.044	0.023
预拌砂浆	t	0.108	0.146
页岩标砖	千块	0.018	
粉煤灰加气混凝土块	m^3	0.133	
SBS 改性沥青自粘卷材	m^2	1.085	
聚氯乙烯防水卷材	m^3	0.014	
胶粉聚苯颗粒保温浆料	m^3	0.014	
水泥珍珠岩	m^3	0.060	
岩棉板	m^3	0.051	
挤塑板	m^3	0.026	
陶瓷地面砖	m^2		0.814

续表

项目名称	单位	建筑工程每平方米消耗量	装饰工程每平方米消耗量
墙面砖	m^2		0.284
成品腻子粉	kg		10.745
乳胶漆	kg		0.649
H 型真石涂料	kg		2.333
铝合金条板	m^2		0.135
PVC 扣板	m^2		0.063
铝塑板	m^2		0.146

第二节　综　合　楼

内容提要

结构	檐高（m）	层数	建筑面积（m^2）	每平方米价格（元）
框架核心筒结构	150.50	地上 35 层，地下 2 层	70 072.34	7 948.90

一、框架核心筒结构

1. 综合楼 A

（1）工程概况。

结构类型：框架核心筒结构			建筑面积：70 072.34m²				
基本特征	檐高	层数	层高	基础类型	利润率		
	150.50m	地上 35 层，地下 2 层	3.60m	桩承台基础、满堂基础	建筑	装饰	安装
					7.76%	24.00%	20.71%

（2）工程主要特征。

项目名称		特征描述
建筑工程	基础工程	桩承台基础、满堂基础
	土方工程	机械挖土方
	打桩工程	钢筋混凝土钻孔灌注桩（$D=1\ 200$mm）
	砌筑工程	加气混凝土砌块墙、保温加气混凝土砌块墙
	混凝土及钢筋混凝土工程	现浇混凝土，AC50
	金属结构工程	钢柱、钢梁、钢板墙板、钢筋桁架楼承板
	屋面及防水工程	改性沥青卷材防水
	防腐、隔热、保温工程	屋面聚苯乙烯板保温
		外墙岩棉板保温、外墙聚苯颗粒保温砂浆保温
装饰工程	内墙	刮腻子、乳胶漆、面砖
	外墙	玻璃幕墙
	天棚	刮腻子、乳胶漆、铝合金方板、矿棉吸声板、石膏板、矿棉板
	楼地面	水泥砂浆、花岗岩、陶瓷地砖、铝质防静电地板
	门窗	木质门、钢质防火门、铝合金固定窗
安装工程	给排水工程	镀锌钢管、涂塑钢管、不锈钢管、铸铁管、UPVC 管、PE-RT 管
	电气工程	钢管、电线管
	通风空调工程	中央空调机组、风机盘管、镀锌薄钢板风管、铝合金风口、钢管
	消防工程	消火栓系统、喷淋系统、泡沫灭火系统、自动报警系统、钢管、不锈钢管、电线管

（3）工程造价各项费用分析表。

工程价格（元）（以2020年预算基价为依据）		每平方米价格（元）	各项费用所占比例（%）							
			人工费	材料费	机械费	管理费	规费	利润	税金	合计
556 998 023		**7 948.90**	**24.15**	**50.09**	**6.18**	**1.84**	**5.55**	**3.94**	**8.26**	**100.00**
建筑工程		5 283.96	25.27	48.52	8.68	1.71	4.19	3.37	8.26	100.00
装饰工程		1 652.19	25.34	47.09	1.66	2.04	9.54	6.07	8.26	100.00
安装工程		1 012.75	16.34	63.18	0.49	2.20	6.15	3.38	8.26	100.00
其中	给排水工程	49.12	16.77	62.55	0.39	2.24	6.31	3.48	8.26	100.00
	电气工程	438.74	9.17	75.48	0.47	1.26	3.46	1.90	8.26	100.00
	通风空调工程	301.69	20.43	56.04	0.59	2.75	7.69	4.24	8.26	100.00
	消防工程	223.20	24.78	48.77	0.43	3.29	9.33	5.14	8.26	100.00

（4）工程量清单计价汇总。

项目名称		造价（元/m²）	占总造价比例
建筑工程工程量清单计价合计		**5 283.96**	**66.47%**
其中施工措施项目		755.36	9.95%
装饰工程工程量清单计价合计		**1 652.19**	**20.79%**
其中施工措施项目		225.62	2.82%
安装工程工程量清单计价合计		**1 012.75**	**12.74%**
其中	给排水工程	49.12	0.62%
	其中施工措施项目	1.39	0.02%
	电气工程	438.74	5.52%
	其中施工措施项目	6.91	0.09%
	通风空调工程	301.69	3.79%
	其中施工措施项目	10.41	0.13%
	消防工程	223.20	2.81%
	其中施工措施项目	9.27	0.12%
总造价		**7 948.90**	**100.00%**

（5）建筑工程分部位构成比例及主要工程量分析。

项目名称	单位	每平方米工程量	分部位清单计价合计（元）	每平方米价格（元）	占清单计价合计比例
土方工程			**3 983 783**	**56.85**	**1.08%**
机械土方	m^3	1.448			
打桩工程			**69 745 112**	**995.33**	**18.84%**
钢筋混凝土钻孔灌注桩（D=1 200mm）	m^3	0.149			
砌筑工程			**6 471 382**	**92.35**	**1.75%**
加气混凝土砌块墙	m^3	0.050			
保温加气混凝土砌块墙	m^3	0.077			
混凝土及钢筋混凝土工程			**34 280 911**	**489.22**	**9.26%**
混凝土基础	m^3	0.105			
混凝土柱	m^3	0.062			
混凝土梁	m^3	0.012			
混凝土墙	m^3	0.226			
混凝土板	m^3	0.105			
金属结构工程			**162 333 440**	**2 316.66**	**43.84%**
钢柱	t	0.062			
钢梁	t	0.129			
钢板墙板	m^2	0.166			
钢筋桁架楼承板	m^2	0.838			
屋面及防水工程			**5 275 768**	**75.29**	**1.42%**
改性沥青卷材防水	m^2	0.023			
防腐、隔热、保温工程			**4 667 465**	**66.61**	**1.26%**
屋面聚苯乙烯板保温	m^2	0.021			
外墙岩棉板保温	m^2	0.241			
外墙聚苯颗粒保温砂浆保温	m^2	0.153			
施工措施项目			**52 929 816**	**755.36**	**14.29%**
安全文明施工	元	154.14			
夜间施工	元	6.97			

续表

项目名称	单位	每平方米工程量	分部位清单计价合计（元）	每平方米价格（元）	占清单计价合计比例
非夜间施工照明	元	2.76			
冬雨季施工	元	46.88			
脚手架工程	元	142.86			
混凝土模板及支架	元	63.57			
垂直运输	元	67.23			
超高施工增加	元	221.95			
大型机械设备进出场及安拆	元	4.95			
施工排水、降水	元	15.69			
其他	元	28.36			
税金			**30 571 890**	**436.29**	**8.26%**
合计			**370 259 567**	**5 283.96**	**100.00%**

（6）装饰工程分部位构成比例及主要工程量分析。

项目名称	单位	每平方米工程量	分部位清单计价合计（元）	每平方米价格（元）	占清单计价合计比例
楼地面工程			**18 852 830**	**269.05**	**16.28%**
水泥砂浆地面	m^2	0.210			
花岗岩地面	m^2	0.506			
陶瓷地砖地面	m^2	0.107			
铝质防静电地板地面	m^2	0.003			
墙、柱面工程			**60 128 865**	**858.10**	**51.94%**
内墙主要做法					
刮腻子	m^2	1.729			
乳胶漆	m^2	1.518			
面砖	m^2	0.066			
外墙主要做法					
玻璃幕墙	m^2	0.520			

续表

项目名称	单位	每平方米工程量	分部位清单计价合计（元）	每平方米价格（元）	占清单计价合计比例
天棚工程			**7 733 060**	**110.36**	**6.68%**
刮腻子	m^2	0.308			
乳胶漆	m^2	0.157			
装配式 T 形铝合金龙骨	m^2	0.069			
嵌入式铝合金方板龙骨	m^2	0.017			
装配式 U 形轻钢龙骨	m^2	0.433			
矿棉吸声板	m^2	0.013			
铝合金方板	m^2	0.017			
石膏板	m^2	0.433			
矿棉板	m^2	0.056			
门窗工程			**2 704 257**	**38.59**	**2.33%**
木质门	m^2	0.015			
钢质防火门	m^2	0.023			
铝合金固定窗	m^2	0.003			
其他工程			**984 317**	**14.05**	**0.85%**
施工措施项目			**15 809 714**	**225.62**	**13.66%**
安全文明施工	元	27.25			
非夜间施工照明	元	0.85			
冬雨季施工	元	3.47			
脚手架工程	元	30.13			
垂直运输	元	15.42			
超高施工增加	元	147.77			
其他	元	0.74			
税金			**9 559 147**	**136.42**	**8.26%**
合计			**115 772 190**	**1 652.19**	**100.00%**

（7）安装工程分部位构成比例及主要工程量分析。

项目名称	单位	每平方米工程量	分部位清单计价合计（元）	每平方米价格（元）	占清单计价合计比例
给排水工程			**3 442 269**	**49. 12**	**4. 85%**
水泵	台	0. 000 4	217 334	3. 10	0. 31%
一般铁构件	kg	0. 100 8	200 000	2. 85	0. 28%
管道支架	kg	0. 020 9	41 484	0. 59	0. 06%
镀锌钢管	m	0. 000 9	16 382	0. 23	0. 02%
涂塑钢管	m	0. 018 7	252 288	3. 60	0. 36%
不锈钢管	m	0. 133 5	763 476	10. 90	1. 08%
铸铁管	m	0. 019 8	183 153	2. 61	0. 26%
UPVC 管	m	0. 055 0	254 115	3. 63	0. 36%
PE-RT 管	m	0. 026 5	173 842	2. 48	0. 24%
阀门	个	0. 007 1	155 189	2. 21	0. 22%
卫生洁具	套	0. 008 0	258 939	3. 70	0. 36%
水表	组	0. 001 1	25 612	0. 37	0. 04%
地漏	个	0. 004 9	51 706	0. 74	0. 07%
热水器	台	0. 001 5	150 154	2. 14	0. 21%
施工措施项目			**97 162**	**1. 39**	**0. 14%**
脚手架搭拆			26 792	0. 38	0. 04%
安全文明施工			57 049	0. 81	0. 08%
非夜间施工增加			723	0. 01	0. 001%
冬季施工增加			11 459	0. 16	0. 02%
竣工验收存档资料编制			1 139	0. 02	0. 002%
税金			**284 224**	**4. 06**	**0. 40%**
电气工程			**3 0743 462**	**438. 74**	**43. 32%**
密集母线	m	0. 000 4	2 702 394	38. 57	3. 81%
配电箱	台	0. 001 5	6 084 170	86. 83	8. 57%
控制箱	台	0. 003 3	619 290	8. 84	0. 87%
UPS	个	0. 030 3	236 067	3. 37	0. 33%

续表

项目名称	单位	每平方米工程量	分部位清单计价合计（元）	每平方米价格（元）	占清单计价合计比例
开关	个	0.002 3	9 475	0.14	0.01%
插座	个	0.006 7	7 527	0.11	0.01%
电力电缆	m	0.009 9	11 243 175	160.45	15.84%
接地母线	m	0.096 0	153 553	2.19	0.22%
避雷网	m	0.005 4	134 977	1.93	0.19%
电气配管	m	0.242 8	2 379 031	33.95	3.35%
电气桥架	m	0.242 8	1 533 507	21.88	2.16%
电气配线	m	0.242 8	1 446 773	20.65	2.04%
接线盒	个	0.008 0	162 906	2.32	0.23%
灯具	套	0.003 7	816 577	11.65	1.15%
系统调试		0.012 2	180 789	2.58	0.25%
施工措施项目			**484 000**	**6.91**	**0.68%**
脚手架搭拆			130 766	1.87	0.18%
安全文明施工			286 365	4.09	0.40%
非夜间施工增加			3 631	0.05	0.01%
冬季施工增加			57 519	0.82	0.08%
竣工验收存档资料编制			5 719	0.08	0.01%
税金			**2 538 451**	**36.23**	**3.58%**
通风空调工程			**21 140 392**	**301.69**	**29.79%**
新风机组	台	0.000 1	269 451	3.85	0.38%
风机	台	0.003 8	1 237 307	17.66	1.74%
风管	m^2	0.325 4	7 229 354	103.17	10.19%
风口	个	0.014 8	514 360	7.34	0.72%
阀门	个	0.083 5	1 243 127	17.74	1.75%
无缝钢管	m	0.013 1	322 411	4.60	0.45%
管道支架	kg	0.093 7	174 498	2.49	0.25%
冷却塔	台	0.000 1	2 591 242	36.98	3.65%

续表

项目名称	单位	每平方米工程量	分部位清单计价合计（元）	每平方米价格（元）	占清单计价合计比例
镀锌钢管	m	0.407 7	2 131 981	30.43	3.00%
施工措施项目			**729 803**	**10.41**	**1.03%**
脚手架搭拆			200 398	2.86	0.28%
安全文明施工			429 186	6.12	0.60%
非夜间施工增加			5 442	0.08	0.01%
冬季施工增加			86 206	1.23	0.12%
竣工验收存档资料编制			8 571	0.12	0.01%
税金			**1 745 537**	**24.91**	**2.46%**
消防工程			**15 640 163**	**223.20**	**22.04%**
电气配管	m	1.137 6	1 583 592	22.60	2.23%
消防桥架	m	0.022 8	356 900	5.09	0.50%
配线	m	1.549 4	845 651	12.07	1.19%
喷头	个	0.112 5	518 173	7.39	0.73%
消火栓	套	0.004 8	449 771	6.42	0.63%
灭火器	具	0.016 0	79 999	1.14	0.11%
管道支架	kg	0.144 4	268 929	3.84	0.38%
气体灭火装置	套	0.000 03	1 020 000	14.56	1.44%
探测器	只	0.048 4	859 630	12.27	1.21%
报警按钮	只	0.008 9	217 893	3.11	0.31%
报警设备	只	0.017 1	246 282	3.51	0.35%
模块	只	0.020 1	1 086 278	15.50	1.53%
镀锌钢管	m	0.399 2	2 840 965	40.54	4.00%
不锈钢管	m	0.129 3	993 969	14.18	1.40%
阀门	个	0.005 4	255 807	3.65	0.36%
系统调试			187 947	2.68	0.26%
施工措施项目			**649 347**	**9.27**	**0.92%**
脚手架搭拆			179 843	2.57	0.25%

续表

项目名称	单位	每平方米工程量	分部位清单计价合计（元）	每平方米价格（元）	占清单计价合计比例
安全文明施工			380 624	5.43	0.54%
非夜间施工增加			4 827	0.07	0.01%
冬季施工增加			76 452	1.09	0.11%
竣工验收存档资料编制			7 601	0.11	0.01%
税金			**1 291 390**	**18.43**	**1.82%**
合计			**70 966 286**	**1 012.75**	**100.00%**

（8）建筑、装饰工程主要工、料消耗量分析。

项目名称	单位	建筑工程每平方米消耗量	装饰工程每平方米消耗量
人工	工日	4.160	2.188
水泥（综合）	kg	49.042	19.756
砂子	t	0.016	0.059
白灰	kg	0.113	0.161
钢筋	t	0.088	
钢材	t	0.203	
玻璃	m^2		0.011
热反射玻璃	m^2		0.532
商品混凝土	m^3	0.860	0.025
预拌砂浆	t	0.031	0.120
加气混凝土砌块	m^3	0.051	
保温轻质砂加气砌块	m^3	0.080	
钢板墙板	m^2	0.167	
钢筋桁架楼承板	m^2	0.843	
SBS 改性沥青防水卷材	m^2	0.053	
聚苯乙烯板	m^3	0.001	
岩棉板	m^3	0.025	
胶粉聚苯颗粒保温浆料	m^3	0.005	

续表

项目名称	单位	建筑工程每平方米消耗量	装饰工程每平方米消耗量
花岗岩板	m^2		0.516
陶瓷地面砖	m^2		0.110
铝质防静电地板	m^2		0.003
成品腻子粉	kg		4.175
苯丙乳胶漆	kg		0.468
墙面砖	m^2		0.068
铝合金龙骨	m^2		0.070
铝合金龙骨	m		0.022
轻钢龙骨	m^2		0.440
铝合金嵌入式方板	m^2		0.017
矿棉吸声板	m^2		0.014
石膏板	m^2		0.455
矿棉板	m^2		0.059

第三章　文教、卫生项目

第一节　教　学　楼

内容提要

结构	檐高（m）	层数	建筑面积（m^2）	每平方米价格（元）
框架剪力墙结构	18.00	地上4层，地下1层	19 963.75	5 669.91
	18.00	地上4层，地下1层	12 830.09	5 290.44
装配式混凝土结构	18.00	地上4层	16 732.00	6 227.56

一、框架剪力墙结构

1. 教学楼 A

（1）工程概况。

结构类型：框架剪力墙结构			建筑面积：19 963.75m^2				
基本特征	檐高	层数	层高	基础类型	利润率		
	18.00m	地上 4 层，地下 1 层	4.00m	桩承台基础、满堂基础	建筑	装饰	安装
					7.76%	24.00%	20.71%

（2）工程主要特征。

项目名称		特征描述
建筑工程	基础工程	桩承台基础、满堂基础
	土方工程	机械挖土方
	打桩工程	钢筋混凝土钻孔灌注桩（D=600mm）、双轴水泥搅拌桩（D=700mm）
	砌筑工程	加气混凝土砌块墙
	混凝土及钢筋混凝土工程	现浇混凝土，AC40
	金属结构工程	钢柱、钢桁架、钢檩条
	屋面及防水工程	改性沥青卷材防水
	防腐、隔热、保温工程	屋面聚苯乙烯板保温、屋面水泥岩棉夹芯板保温
		内墙 FTC 自调温相变蓄能材料保温
		外墙聚苯乙烯板保温、外墙 FTC 自调温相变蓄能材料保温
		天棚 FTC 自调温相变蓄能材料保温、天棚聚苯乙烯板保温
装饰工程	内墙	刮腻子、乳胶漆、面砖、石膏板、岩棉吸声板
	外墙	弹性涂料、真石漆
	天棚	刮腻子、乳胶漆、矿棉吸音板、PVC 扣板、石膏板、铝格栅、铝扣板、钙塑板
	楼地面	水泥砂浆、陶瓷地砖、橡胶卷材、防静电活动地板、杉木地板
	门窗	木质门、钢质防火门、断桥隔热铝合金窗

续表

项目名称		特征描述
安装工程	给排水工程	不锈钢管、镀锌钢管、铸铁管、PPR 管、UPVC 管
	采暖工程	镀锌钢管、无缝钢管
	电气工程	综合布线系统、网络监控系统、数字广播系统、声光报警系统、LED 显示屏系统、能耗管理系统、五方对讲系统、多媒体教学系统、报告厅会议扩声及视频系统、计算机教室网络系统、门禁系统、闭路电视系统、钢管、电线管
	通风空调工程	多联机空调器、镀锌薄钢板风管、塑料风管、铝合金风口、UPVC 排水管
	消防工程	消火栓系统、喷淋系统、自动报警系统、钢管、电线管

（3）工程造价各项费用分析表。

工程价格（元）（以 2020 年预算基价为依据）		每平方米价格（元）	各项费用所占比例（%）							
			人工费	材料费	机械费	管理费	规费	利润	税金	合计
113 192 665		**5 669.91**	**20.54**	**52.09**	**3.77**	**2.58**	**7.36**	**5.40**	**8.26**	**100.00**
建筑工程		3 087.94	20.89	47.90	5.55	3.03	7.86	6.51	8.26	100.00
装饰工程		1 557.33	21.70	54.83	2.26	1.81	6.80	4.34	8.26	100.00
安装工程		1 024.64	17.74	60.56	0.68	2.41	6.68	3.67	8.26	100.00
其中	给排水工程	91.90	17.24	61.47	0.63	2.34	6.49	3.57	8.26	100.00
	采暖工程	104.60	20.16	56.56	0.55	2.71	7.59	4.17	8.26	100.00
	电气工程	446.20	15.14	64.89	0.79	2.08	5.70	3.14	8.26	100.00
	通风空调工程	212.68	16.22	63.46	0.42	2.18	6.10	3.36	8.26	100.00
	消防工程	169.26	25.27	47.49	0.82	3.41	9.51	5.24	8.26	100.00

（4）工程量清单计价汇总。

项目名称	造价（元/m^2）	占总造价比例
建筑工程工程量清单计价合计	**3 087.94**	**54.46%**
其中施工措施项目	609.47	10.75%

续表

项目名称		造价（元/m²）	占总造价比例
装饰工程工程量清单计价合计		**1 557.33**	**27.47%**
其中施工措施项目		90.02	1.59%
安装工程工程量清单计价合计		**1 024.64**	**18.07%**
其中	给排水工程	91.90	1.62%
	其中施工措施项目	2.69	0.05%
	采暖工程	104.60	1.84%
	其中施工措施项目	3.56	0.06%
	电气工程	446.20	7.87%
	其中施工措施项目	11.60	0.20%
	通风空调工程	212.68	3.75%
	其中施工措施项目	5.81	0.10%
	消防工程	169.26	2.99%
	其中施工措施项目	7.24	0.13%
总造价		**5 669.91**	**100.00%**

（5）建筑工程分部位构成比例及主要工程量分析。

项目名称	单位	每平方米工程量	分部位清单计价合计（元）	每平方米价格（元）	占清单计价合计比例
土方工程			**1 864 469**	**93.39**	**3.02%**
机械土方	m^3	0.900			
打桩工程			**10 828 152**	**542.39**	**17.56%**
钢筋混凝土钻孔灌注桩（D=600mm）	m^3	0.273			
双轴水泥搅拌桩（D=700mm）	m^3	0.081			
砌筑工程			**3 165 404**	**158.56**	**5.13%**
加气混凝土砌块墙	m^3	0.203			
混凝土及钢筋混凝土工程			**21 118 371**	**1 057.84**	**34.26%**
混凝土基础	m^3	0.103			
混凝土柱	m^3	0.080			

续表

项目名称	单位	每平方米工程量	分部位清单计价合计（元）	每平方米价格（元）	占清单计价合计比例
混凝土墙	m^3	0.053			
混凝土板	m^3	0.268			
金属结构工程			**1 716 625**	**85.99**	**2.78%**
钢柱	t	0.001			
钢桁架	t	0.001			
钢檩条	t	0.003			
屋面及防水工程			**2 467 972**	**123.62**	**4.01%**
改性沥青卷材防水	m^2	0.312			
防腐、隔热、保温工程			**3 228 382**	**161.71**	**5.24%**
屋面聚苯乙烯板保温	m^2	0.240			
屋面水泥岩棉夹芯板保温	m^2	0.036			
内墙 FTC 自调温相变蓄能材料保温	m^2	0.178			
外墙 FTC 自调温相变蓄能材料保温	m^2	0.331			
外墙聚苯乙烯板保温	m^2	0.099			
天棚聚苯乙烯板保温	m^2	0.032			
天棚 FTC 自调温相变蓄能材料保温	m^2	0.078			
施工措施项目			**12 167 390**	**609.47**	**19.74%**
安全文明施工	元	97.06			
夜间施工	元	3.13			
非夜间施工照明	元	1.24			
冬雨季施工	元	21.02			
脚手架工程	元	57.44			
混凝土模板及支架	元	344.03			
垂直运输	元	37.13			
大型机械设备进出场及安拆	元	21.14			
施工排水、降水	元	6.36			
其他	元	20.93			
税金			**5 090 109**	**254.97**	**8.26%**
合计			**61 646 874**	**3 087.94**	**100.00%**

（6）装饰工程分部位构成比例及主要工程量分析。

项目名称	单位	每平方米工程量	分部位清单计价合计（元）	每平方米价格（元）	占清单计价合计比例
楼地面工程			**6 485 226**	**324.85**	**20.86%**
水泥砂浆地面	m^2	0.091			
陶瓷地砖地面	m^2	0.644			
橡胶卷材地面	m^2	0.051			
防静电活动地板地面	m^2	0.020			
杉木地板地面	m^2	0.035			
墙、柱面工程			**13 173 407**	**659.87**	**42.37%**
内墙主要做法					
刮腻子	m^2	0.889			
乳胶漆	m^2	0.889			
面砖	m^2	0.554			
石膏板	m^2	0.043			
岩棉吸声板	m^2	0.030			
外墙主要做法					
弹性涂料	m^2	0.021			
真石漆	m^2	0.509			
天棚工程			**2 722 340**	**136.36**	**8.76%**
刮腻子	m^2	0.548			
乳胶漆	m^2	0.548			
装配式 U 形轻钢龙骨	m^2	0.432			
装配式 T 形铝合金龙骨	m^2	0.031			
矿棉吸音板	m^2	0.331			
PVC 扣板	m^2	0.049			
石膏板	m^2	0.047			
铝格栅	m^2	0.031			
铝扣板	m^2	0.005			
钙塑板	m^2	0.008			

续表

项目名称	单位	每平方米工程量	分部位清单计价合计（元）	每平方米价格（元）	占清单计价合计比例
门窗工程			**3 488 529**	**174.74**	**11.22%**
木质门	m^2	0.027			
钢质防火门	m^2	0.023			
断桥隔热铝合金窗	m^2	0.129			
其他工程			**856 441**	**42.90**	**2.75%**
施工措施项目			**1 797 166**	**90.02**	**5.78%**
安全文明施工	元	28.86			
非夜间施工照明	元	0.90			
冬雨季施工	元	3.67			
脚手架工程	元	36.64			
垂直运输	元	11.91			
其他	元	8.04			
税金			**2 567 079**	**128.59**	**8.26%**
合计			**31 090 188**	**1 557.33**	**100.00%**

（7）安装工程分部位构成比例及主要工程量分析。

项目名称	单位	每平方米工程量	分部位清单计价合计（元）	每平方米价格（元）	占清单计价合计比例
给排水工程			**1 834 651**	**91.90**	**8.97%**
不锈钢管	m	0.004 7	16 500	0.83	0.08%
管道支架	kg	0.073 9	35 287	1.77	0.17%
镀锌钢管	m	0.104 2	339 805	17.02	1.66%
铸铁管	m	0.001 5	13 467	0.67	0.07%
PPR 管	m	0.068 2	70 502	3.53	0.34%
UPVC 管	m	0.106 7	131 885	6.61	0.64%
阀门	个	0.014 3	78 745	3.94	0.38%
水表	组	0.000 7	10 382	0.52	0.05%

续表

项目名称	单位	每平方米工程量	分部位清单计价合计（元）	每平方米价格（元）	占清单计价合计比例
卫生洁具	套	0.023 8	415 550	20.82	2.03%
地漏	个	0.004 4	5 541	0.28	0.03%
供水设备	套	0.000 1	280 785	14.06	1.37%
施工措施项目			**53 722**	**2.69**	**0.26%**
脚手架搭拆			14 669	0.73	0.07%
安全文明施工			31 661	1.59	0.15%
非夜间施工增加			401	0.02	0.002%
冬季施工增加			6 359	0.32	0.03%
竣工验收存档资料编制			632	0.03	0.003%
税金			**151 485**	**7.59**	**0.74%**
采暖工程			**2 088 224**	**104.60**	**10.21%**
风机	台	0.000 9	46 094	2.31	0.23%
镀锌钢管	m	0.159 6	260 202	13.03	1.27%
无缝钢管	m	0.023 5	65 753	3.29	0.32%
管道支架	kg	0.109 6	52 140	2.61	0.25%
阀门	个	0.089 1	183 676	9.20	0.90%
地板辐射采暖	m^2	0.610 5	1 086 802	54.44	5.31%
施工措施项目			**71 038**	**3.56**	**0.35%**
脚手架搭拆			19 530	0.98	0.10%
安全文明施工			41 757	2.09	0.20%
非夜间施工增加			530	0.03	0.003%
冬季施工增加			8 387	0.42	0.04%
竣工验收存档资料编制			834	0.04	0.004%
税金			**172 422**	**8.64**	**0.84%**
电气工程			**8 907 889**	**446.20**	**43.55%**
配电箱	台	0.009 9	1 750 183	87.67	8.56%
控制箱	台	0.003 1	228 471	11.44	1.12%

续表

项目名称	单位	每平方米工程量	分部位清单计价合计（元）	每平方米价格（元）	占清单计价合计比例
壁扇	台	0.013 1	104 711	5.25	0.51%
开关	个	0.044 4	83 380	4.18	0.41%
插座	个	0.058 0	56 829	2.85	0.28%
电力电缆	m	0.376 4	938 711	47.02	4.59%
电力电缆头	个	0.010 2	50 775	2.54	0.25%
接地母线	m	0.180 3	49 336	2.47	0.24%
避雷网	m	0.118 7	169 280	8.48	0.83%
电气配管	m	2.240 3	894 404	44.80	4.37%
电力桥架	m	0.160 5	617 703	30.94	3.02%
电气配线	m	8.428 5	651 542	32.64	3.19%
照明灯具	套	0.156 0	620 815	31.10	3.03%
交换机	台	0.001 2	141 427	7.08	0.69%
网络电缆	m	1.180 8	134 936	6.76	0.66%
扩声设备	台	0.007 5	198 193	9.93	0.97%
UPS 电源箱	台	0.000 3	118 196	5.92	0.58%
系统调试			236 321	11.84	1.16%
施工措施项目			**231 501**	**11.60**	**1.13%**
脚手架搭拆			62 511	3.13	0.31%
安全文明施工			136 999	6.86	0.67%
非夜间施工增加			1 737	0.09	0.01%
冬季施工增加			27 518	1.38	0.13%
竣工验收存档资料编制			2 736	0.14	0.01%
税金			**735 514**	**36.84**	**3.60%**
通风空调工程			**4 245 902**	**212.68**	**20.75%**
空调设备	台	0.007 9	1 421 161	71.19	6.95%
空气净化设备	台	0.002 8	378 441	18.96	1.85%
风机	台	0.006 9	546 139	27.36	2.67%
风管	m^2	0.197 6	755 918	37.86	3.70%
阀门	个	0.010 4	74 640	3.74	0.36%

续表

项目名称	单位	每平方米工程量	分部位清单计价合计（元）	每平方米价格（元）	占清单计价合计比例
风口	个	0. 036 1	132 595	6. 64	0. 65%
冷媒管	m	0. 064 6	165 669	8. 30	0. 81%
施工措施项目			**116 081**	**5. 81**	**0. 57%**
脚手架搭拆			31 944	1. 60	0. 16%
安全文明施工			68 209	3. 42	0. 33%
非夜间施工增加			865	0. 04	0. 004%
冬季施工增加			13 701	0. 69	0. 07%
竣工验收存档资料编制			1 362	0. 07	0. 01%
税金			**350 579**	**17. 56**	**1. 71%**
消防工程			**3 379 077**	**169. 26**	**16. 52%**
电气配线	m	0. 917 2	122 988	6. 16	0. 60%
电气配管	m	0. 445 3	179 234	8. 98	0. 88%
防火桥架	m	0. 020 5	72 564	3. 63	0. 35%
风机	台	0. 000 6	113 658	5. 69	0. 56%
风管	m^2	0. 026 6	89 316	4. 47	0. 44%
阀门	个	0. 011 3	182 465	9. 14	0. 89%
镀锌钢管	m	0. 311 6	617 295	30. 92	3. 02%
喷头	个	0. 050 7	68 748	3. 44	0. 34%
消火栓	套	0. 003 7	142 468	7. 14	0. 70%
水泵接合器	套	0. 000 2	11 514	0. 58	0. 06%
灭火器	具	0. 009 2	10 497	0. 53	0. 05%
管道支架	kg	0. 293 3	158 542	7. 94	0. 78%
消防报警设备	台	0. 040 4	457 477	22. 92	2. 24%
消防报警按钮	只	0. 006 5	43 611	2. 18	0. 21%
控制器	台	0. 003 0	103 469	5. 18	0. 51%
系统调试			105 607	5. 29	0. 52%
施工措施项目			**144 594**	**7. 24**	**0. 71%**

续表

项目名称	单位	每平方米工程量	分部位清单计价合计（元）	每平方米价格（元）	占清单计价合计比例
脚手架搭拆			39 599	1.98	0.19%
安全文明施工			85 119	4.26	0.42%
非夜间施工增加			1 079	0.05	0.01%
冬季施工增加			17 097	0.86	0.08%
竣工验收存档资料编制			1 700	0.09	0.01%
税金			**279 006**	**13.98**	**1.36%**
合计			**20 455 743**	**1 024.64**	**100.00%**

（8）建筑、装饰工程主要工、料消耗量分析。

项目名称	单位	建筑工程每平方米消耗量	装饰工程每平方米消耗量
人工	工日	4.620	1.892
水泥（综合）	kg	31.150	33.853
砂子	t	0.010	0.111
白灰	kg	9.799	0.052
钢筋	t	0.114	
玻璃	m^2		0.117
商品混凝土	m^3	0.954	
预拌砂浆	t	0.062	0.137
加气混凝土砌块	m^3	0.207	
SBS 改性沥青防水卷材	m^2	0.361	
聚苯乙烯泡沫塑料板	m^3	0.017	
水泥岩棉夹芯板	m^3	0.004	
FTC 自调温相变蓄能保温材料	m^3	0.027	
陶瓷地面砖	m^2		0.670
再生橡胶卷材	m^2		0.056
铝质防静电地板	m^2		0.021
杉木地板	m^2		0.036

续表

项目名称	单位	建筑工程每平方米消耗量	装饰工程每平方米消耗量
成品腻子粉	kg		6.165
苯丙乳胶漆	kg		0.568
墙面砖	m^2		0.576
穿孔石膏板	m^2		0.045
岩棉吸声板	m^2		0.031
弹性外墙涂料	kg		0.011
H 型真石涂料	kg		2.550
轻钢龙骨	m^2		0.439
铝合金龙骨	m^2		0.032
矿棉板	m^2		0.347
PVC 扣板	m^2		0.051
石膏板	m^2		0.049
铝格栅	m^2		0.032
铝扣板	m^2		0.006
铝塑板	m^2		0.008

2. 教学楼 B

（1）工程概况。

结构类型：框架剪力墙结构			建筑面积：12 830.09m^2				
基本特征	檐高	层数	层高	基础类型	利润率		
	18.00m	地上4层，地下1层	4.00m	桩承台基础、满堂基础	建筑	装饰	安装
					7.76%	24.00%	20.71%

（2）工程主要特征。

项目名称		特征描述
建筑工程	基础工程	桩承台基础、满堂基础
	土方工程	机械挖土方
	打桩工程	钢筋混凝土钻孔灌注桩（$D=600$mm）
	砌筑工程	页岩标砖基础、蒸压粉煤灰加气混凝土砌块墙、蒸压加气混凝土砌块墙
	混凝土及钢筋混凝土工程	现浇混凝土，AC30，AC40，BC40P8
	金属结构工程	钢柱
	屋面及防水工程	改性沥青防水卷材
	防腐、隔热、保温工程	屋面水泥珍珠岩板保温、屋面 FTC 自调温相变蓄能材料保温
		外墙沥青珍珠岩板保温
		天棚聚苯乙烯板保温
装饰工程	内墙	刮腻子、乳胶漆、水泥砂浆、超细玻璃棉板、墙面砖、胶合板、木丝板
	外墙	刮腻子、乳胶漆、大理石板、镀锌薄钢板
	天棚	乳胶漆、刮腻子、铝扣板、石膏板、矿棉吸声板、石膏吸声板
	楼地面	水泥砂浆、陶瓷地砖、大理石、水磨石、铝质防静电地板、长条复合地板
	门窗	钢质防火门、断桥隔热铝合金门窗
安装工程	给排水工程	钢塑复合管、镀锌钢管、铸铁管、PPR 管、UPVC 管、PE 给水管
	采暖工程	热镀锌钢管、无缝钢管
	电气工程	综合布线系统、安全防范系统、能源监控系统、钢管、电线管、塑料管
	通风空调工程	多联机空调器、镀锌薄钢板风管、铝合金风口、钢管
	消防工程	消火栓系统、喷淋系统、自动报警系统、钢管、电线管

（3）工程造价各项费用分析表。

工程价格（元）（以2020年预算基价为依据）		每平方米价格（元）	各项费用所占比例（%）							
			人工费	材料费	机械费	管理费	规费	利润	税金	合计
67 876 821		**5 290.44**	**20.24**	**53.74**	**2.00**	**2.51**	**7.62**	**5.63**	**8.26**	**100.00**
建筑工程		2 532.40	19.87	52.72	2.52	2.56	7.48	6.59	8.26	100.00
装饰工程		1 779.62	23.40	49.25	2.02	2.66	8.81	5.60	8.26	100.00
安装工程		978.42	15.46	64.54	0.61	2.10	5.82	3.21	8.26	100.00
其中	给排水工程	76.29	16.40	62.38	1.10	2.29	6.17	3.40	8.26	100.00
	采暖工程	75.13	20.05	56.89	0.43	2.68	7.55	4.14	8.26	100.00
	电气工程	472.71	9.19	75.69	0.26	1.24	3.46	1.90	8.26	100.00
	通风空调工程	222.45	21.01	54.40	1.18	2.90	7.91	4.34	8.26	100.00
	消防工程	131.84	25.42	47.30	0.77	3.42	9.57	5.26	8.26	100.00

（4）工程量清单计价汇总。

项目名称		造价（元/m²）	占总造价比例
建筑工程工程量清单计价合计		**2 532.40**	**47.87%**
其中施工措施项目		481.24	9.10%
装饰工程工程量清单计价合计		**1 779.62**	**33.64%**
其中施工措施项目		82.41	1.56%
安装工程工程量清单计价合计		**978.42**	**18.49%**
其中	给排水工程	76.29	7.80%
	其中施工措施项目	2.17	0.22%
	采暖工程	75.13	7.68%
	其中施工措施项目	2.53	0.26%
	电气工程	472.71	48.31%
	其中施工措施项目	7.33	0.75%
	通风空调工程	222.45	22.74%
	其中施工措施项目	8.05	0.82%
	消防工程	131.84	13.47%
	其中施工措施项目	5.67	0.58%
总造价		**5 290.44**	**100.00%**

（5）建筑工程分部位构成比例及主要工程量分析。

项目名称	单位	每平方米工程量	分部位清单计价合计（元）	每平方米价格（元）	占清单计价合计比例
土方工程			**265 041**	**20.66**	**0.81%**
机械土方	m^3	0.580			
打桩工程			**3 398 450**	**264.88**	**10.46%**
钢筋混凝土钻孔灌注桩（D=600mm）	m^3	0.189			
砌筑工程			**2 357 312**	**183.73**	**7.26%**
页岩标砖基础	m^3	0.014			
蒸压粉煤灰加气混凝土砌块墙	m^3	0.097			
蒸压加气混凝土砌块墙	m^3	0.158			
混凝土及钢筋混凝土工程			**13 326 820**	**1 038.72**	**41.02%**
混凝土基础	m^3	0.047			
混凝土柱	m^3	0.125			
混凝土梁	m^3	0.055			
混凝土墙	m^3	0.030			
混凝土板	m^3	0.290			
屋面及防水工程			**2 925 252**	**228.00**	**9.00%**
改性沥青卷材防水	m^2	0.776			
防腐、隔热、保温工程			**1 149 655**	**89.61**	**3.54%**
屋面水泥珍珠岩保温	m^3	0.102			
屋面 FTC 自调温相变蓄能材料保温	m^2	0.010			
外墙沥青珍珠岩板保温	m^2	0.478			
天棚聚苯乙烯板保温	m^2	0.104			
金属结构工程			**211 184**	**16.46**	**0.65%**
钢柱	t	0.002			
施工措施项目			**6 174 330**	**481.24**	**19.00%**
安全文明施工	元	81.36			
夜间施工	元	2.16			
非夜间施工照明	元	0.86			

续表

项目名称	单位	每平方米工程量	分部位清单计价合计（元）	每平方米价格（元）	占清单计价合计比例
冬雨季施工	元	14.55			
脚手架工程	元	69.99			
混凝土模板及支架	元	266.97			
垂直运输	元	20.88			
大型机械设备进出场及安拆	元	9.03			
其他	元	15.44			
税金			**2 682 724**	**209.10**	**8.26%**
合计			**32 490 768**	**2 532.40**	**100.00%**

（6）装饰工程分部位构成比例及主要工程量分析。

项目名称	单位	每平方米工程量	分部位清单计价合计（元）	每平方米价格（元）	占清单计价合计比例
楼地面工程			**3 339 613**	**260.30**	**14.63%**
水泥砂浆地面	m^2	0.048			
陶瓷地砖地面	m^2	0.046			
大理石地面	m^2	0.057			
水磨石地面	m^2	0.679			
铝质防静电地板地面	m^2	0.036			
长条复合地板地面	m^2	0.063			
墙、柱面工程			**10 964 186**	**854.57**	**48.02%**
内墙主要做法					
刮腻子	m^2	1.868			
乳胶漆	m^2	1.868			
水泥砂浆	m^2	0.316			
超细玻璃棉板	m^2	0.016			
墙面砖	m^2	0.149			
胶合板	m^2	0.295			

续表

项目名称	单位	每平方米工程量	分部位清单计价合计（元）	每平方米价格（元）	占清单计价合计比例
木丝板	m^2	0.011			
外墙主要做法					
刮腻子	m^2	0.451			
乳胶漆	m^2	0.036			
大理石	m^2	0.426			
镀锌薄钢板	m^2	0.025			
天棚工程			**1 969 816**	**153.53**	**8.62%**
刮腻子	m^2	0.631			
乳胶漆	m^2	0.401			
装配式 T 形铝合金龙骨	m^2	0.300			
装配式 U 形轻钢龙骨	m^2	0.334			
铝扣板	m^2	0.042			
石膏板	m^2	0.208			
矿棉吸声板	m^2	0.258			
石膏吸声板	m^2	0.126			
门窗工程			**2 491 644**	**194.20**	**10.91%**
钢质防火门	m^2	0.010			
断桥隔热铝合金门窗	m^2	0.172			
其他工程			**1 124 752**	**87.67**	**4.93%**
施工措施项目			**1 057 295**	**82.41**	**4.63%**
安全文明施工	元	34.96			
非夜间施工照明	元	1.09			
冬雨季施工	元	4.45			
脚手架工程	元	20.04			
垂直运输	元	20.98			
其他	元	0.89			
税金			**1 885 258**	**146.94**	**8.26%**
合计			**22 832 564**	**1 779.62**	**100.00%**

（7）安装工程分部位构成比例及主要工程量分析。

项目名称	单位	每平方米工程量	分部位清单计价合计（元）	每平方米价格（元）	占清单计价合计比例
给排水工程			**978 783**	**76.29**	**7.80%**
排污泵	台	0.000 9	40 471	3.15	0.32%
钢塑复合管	m	0.014 2	21 616	1.68	0.17%
镀锌钢管	m	0.048 9	72 849	5.68	0.58%
铸铁管	m	0.002 7	5 699	0.44	0.05%
PPR 管	m	0.083 5	72 883	5.68	0.58%
UPVC 管	m	0.068 6	62 903	4.90	0.50%
PE 给水管	m	0.076 0	143 441	11.18	1.14%
管道支架	kg	0.026 7	9 396	0.73	0.07%
阀门	个	0.015 1	31 958	2.49	0.25%
卫生洁具	套	0.018 1	301 997	23.54	2.41%
地漏	个	0.007 2	5 972	0.47	0.05%
施工措施项目			**27 852**	**2.17**	**0.22%**
脚手架搭拆			7 442	0.58	0.06%
安全文明施工			16 546	1.29	0.13%
非夜间施工增加			330	0.03	0.003%
冬季施工增加			210	0.02	0.002%
竣工验收存档资料编制			3 324	0.26	0.03%
税金			**80 817**	**6.30**	**0.64%**
采暖工程			**963 922**	**75.13**	**7.68%**
热镀锌钢管	m	0.270 7	233 640	18.21	1.86%
无缝钢管	m	0.030 2	28 093	2.19	0.22%
管道支架	kg	0.033 5	11 778	0.92	0.09%
阀门	个	0.059 5	85 399	6.66	0.68%
散热器	组	0.024 2	450 454	35.11	3.59%
施工措施项目			**32 469**	**2.53**	**0.26%**
脚手架搭拆			8 965	0.70	0.07%

续表

项目名称	单位	每平方米工程量	分部位清单计价合计（元）	每平方米价格（元）	占清单计价合计比例
安全文明施工			19 054	1.49	0.15%
非夜间施工增加			381	0.03	0.003%
冬季施工增加			242	0.02	0.002%
竣工验收存档资料编制			3 827	0.30	0.03%
税金			**79 590**	**6.20**	**0.63%**
电气工程			**6 064 890**	**472.71**	**48.31%**
箱式变电站	台	0.000 2	1 500 000	116.91	11.95%
配电箱	台	0.011 2	655 984	51.13	5.23%
开关	个	0.041 1	28 902	2.25	0.23%
插座	个	0.050 5	36 397	2.84	0.29%
电力电缆	m	0.431 2	998 927	77.86	7.96%
控制电缆	m	0.008 9	540 200	42.10	4.30%
电力电缆头	个	0.010 1	29 772	2.32	0.24%
接地母线	m	0.070 8	36 392	2.84	0.29%
避雷网	m	0.196 9	73 664	5.74	0.59%
端子箱	台	0.002 8	36 565	2.85	0.29%
电气配管	m	1.346 5	407 121	31.73	3.24%
电力桥架	m	0.069 4	248 780	19.39	1.98%
电气配线	m	6.331 4	345 816	26.95	2.75%
接线盒	个	0.286 8	40 593	3.16	0.32%
灯具	套	0.174 5	426 709	33.26	3.40%
施工措施项目			**94 084**	**7.33**	**0.75%**
脚手架搭拆			25 851	2.01	0.21%
安全文明施工			55 316	4.31	0.44%
非夜间施工增加			1 105	0.09	0.01%
冬季施工增加			701	0.05	0.01%
竣工验收存档资料编制			11 111	0.87	0.09%

续表

项目名称	单位	每平方米工程量	分部位清单计价合计（元）	每平方米价格（元）	占清单计价合计比例
税金			**500 771**	**39.03**	**3.99%**
通风空调工程			**2 854 056**	**222.45**	**22.74%**
空调设备	台	0.013 6	779 426	60.75	6.21%
通风设备	台	0.008 0	366 098	28.53	2.92%
风管	m^2	0.254 5	753 979	58.77	6.01%
阀门	个	0.012 5	78 931	6.15	0.63%
风口	个	0.059 4	116 576	9.09	0.93%
镀锌钢管	m	0.100 3	82 023	6.39	0.65%
铜管	m	0.246 7	261 041	20.35	2.08%
施工措施项目			**103 233**	**8.05**	**0.82%**
脚手架搭拆			27 796	2.17	0.22%
安全文明施工			61 156	4.77	0.49%
非夜间施工增加			1 221	0.10	0.01%
冬季施工增加			776	0.06	0.006%
竣工验收存档资料编制			12 284	0.96	0.10%
税金			**235 656**	**18.37**	**1.88%**
消防工程			**1 691 521**	**131.84**	**13.47%**
电气配管	m	0.394 6	104 779	8.17	0.83%
消防桥架	m	0.064 3	133 341	10.39	1.06%
电气配线	m	0.844 1	71 602	5.58	0.57%
热镀锌钢管	m	0.136 0	238 542	18.59	1.90%
喷头	个	0.021 1	22 206	1.73	0.18%
消火栓	套	0.004 1	57 770	4.50	0.46%
管道支架	kg	0.052 8	18 570	1.45	0.15%
探测器	只	0.027 7	105 605	8.23	0.84%
消防按钮	只	0.006 2	30 780	2.40	0.25%
消防报警设备	台	0.008 6	136 146	10.61	1.08%

续表

项目名称	单位	每平方米工程量	分部位清单计价合计（元）	每平方米价格（元）	占清单计价合计比例
模块	只	0.016 4	150 133	11.70	1.20%
钢塑复合管	m	0.018 7	31 382	2.45	0.25%
阀门	个	0.005 1	44 066	3.43	0.35%
系统调试			172 784	13.47	1.38%
施工措施项目			**72 690**	**5.67**	**0.58%**
脚手架搭拆			19 944	1.55	0.16%
安全文明施工			42 761	3.33	0.34%
非夜间施工增加			854	0.07	0.01%
冬季施工增加			542	0.04	0.004%
竣工验收存档资料编制			8 589	0.67	0.07%
税金			**139 667**	**10.89**	**1.11%**
合计			**12 553 172**	**978.42**	**100.00%**

（8）建筑、装饰工程主要工、料消耗量分析。

项目名称	单位	建筑工程每平方米消耗量	装饰工程每平方米消耗量
人工	工日	3.593	2.774
水泥（综合）	kg	32.422	40.660
砂子	t	0.058	0.168
白灰	kg	4.425	4.673
钢筋	t	0.109	
钢材	t	0.002	
玻璃	m^2		0.129
商品混凝土	m^3	0.580	0.008
预拌砂浆	t	0.073	0.229
页岩标砖	千块	0.007	
粉煤灰加气混凝土砌块	m^3	0.091	
加气混凝土砌块	m^3	0.161	

续表

项目名称	单位	建筑工程每平方米消耗量	装饰工程每平方米消耗量
SBS 改性沥青防水卷材	m^2	0. 897	
珍珠岩	m^3	0. 157	
FTC 自调温相变蓄能保温材料	m^3	0. 001	
沥青珍珠岩板	m^3	0. 025	
聚苯乙烯泡沫塑料板	m^3	0. 010	
陶瓷地面砖	m^2		0. 047
大理石板	m^2		0. 493
彩色石子	kg		21. 367
铝质防静电地板	m^2		0. 037
复合地板	m^2		0. 065
成品腻子粉	kg		10. 725
苯丙乳胶漆	kg		0. 641
超细玻璃棉板	m^2		0. 018
墙面砖	m^2		0. 155
胶合板	m^2		0. 325
木丝板	m^2		0. 012
镀锌薄钢板	m^2		0. 029
铝合金龙骨	m^2		0. 321
轻钢龙骨	m^2		0. 339
铝扣板	m^2		0. 043
石膏板	m^2		0. 218
矿棉吸声板	m^2		0. 271
石膏吸声板	m^2		0. 132

二、装配式混凝土结构

1. 教学楼 C

(1) 工程概况。

结构类型：装配式混凝土结构			建筑面积：16 732.00m²				
基本特征	檐高	层数	层高	基础类型	利润率		
	18.00m	地上 4 层	4.00m	满堂基础	建筑	装饰	安装
					7.76%	24.00%	20.71%

(2) 工程主要特征。

项目名称		特征描述
建筑工程	基础工程	满堂基础
	土方工程	机械挖土方
	打桩工程	预制钢筋混凝土管桩（D=400mm）
	砌筑工程	页岩标砖基础、蒸压加气混凝土板墙
	混凝土及钢筋混凝土工程	现浇混凝土，AC20，AC35，AC40
	装配式工程	预制混凝土叠合板、预制混凝土楼梯
	金属结构工程	钢柱、钢檩条、钢屋架、钢梁、压型钢板墙板
	屋面及防水工程	改性沥青卷材防水、聚合物水泥涂料防水
	防腐、隔热、保温工程	外墙岩棉板保温、外墙挤塑聚苯板保温、外墙无机轻集料保温砂浆保温
装饰工程	内墙	刮腻子、乳胶漆、面砖、石膏板、超细玻璃棉板、木制饰面板、大理石、瓷板、幕墙
	外墙	真石漆、玻璃幕墙、铝板幕墙
	天棚	刮腻子、乳胶漆、石膏板、铝格栅、矿棉板
	楼地面	杉木地板、环氧砂浆、水泥砂浆、硬木地板、大理石、陶瓷地砖、花岗岩、铝质防静电活动地板
	门窗	木质门、实木复合门、断桥隔热铝合金门、断桥隔热铝合金窗
安装工程	给排水工程	衬塑钢管、镀锌钢管、不锈钢管、铸铁排水管、PPR 管、UPVC 管、HDPE 塑料管
	采暖工程	焊接钢管、PE-RT 管、直埋式预制保温管
	电气工程	钢管、电线管
	通风空调工程	分体式空调器、镀锌薄钢板风管、铝合金风口
	消防工程	消火栓系统、喷淋系统、自动报警系统、钢管、电线管

（3）工程造价各项费用分析表。

工程价格（元）（以2020年预算基价为依据）	每平方米价格（元）	各项费用所占比例（%）							
		人工费	材料费	机械费	管理费	规费	利润	税金	合计
104 199 534	**6 227.56**	**19.61**	**54.69**	**2.26**	**2.38**	**7.26**	**5.54**	**8.26**	**100.00**
建筑工程	2 875.49	18.87	53.20	3.72	2.50	6.84	6.61	8.26	100.00
装饰工程	2 019.21	21.41	53.70	1.28	2.15	8.06	5.14	8.26	100.00
安装工程	1 332.86	18.50	59.39	0.59	2.48	6.96	3.82	8.26	100.00
其中：给排水工程	107.72	14.52	66.41	0.39	1.95	5.47	3.00	8.26	100.00
其中：采暖工程	117.78	23.95	50.37	0.40	3.07	9.01	4.94	8.26	100.00
其中：电气工程	395.18	17.28	61.25	0.76	2.36	6.50	3.59	8.26	100.00
其中：通风空调工程	478.06	13.32	68.31	0.57	1.78	5.01	2.75	8.26	100.00
其中：消防工程	234.12	30.22	39.33	0.55	4.02	11.37	6.25	8.26	100.00

（4）工程量清单计价汇总。

项目名称	造价（元/m^2）	占总造价比例
建筑工程工程量清单计价合计	**2 875.49**	**46.17%**
其中施工措施项目	454.39	7.30%
装饰工程工程量清单计价合计	**2 019.21**	**32.42%**
其中施工措施项目	86.70	1.39%
安装工程工程量清单计价合计	**1 332.86**	**21.40%**
其中：给排水工程	107.72	1.73%
其中施工措施项目	2.64	0.04%
其中：采暖工程	117.78	1.89%
其中施工措施项目	4.72	0.08%
其中：电气工程	395.18	6.35%
其中施工措施项目	11.66	0.19%
其中：通风空调工程	478.06	7.68%
其中施工措施项目	10.86	0.17%
其中：消防工程	234.12	3.76%
其中施工措施项目	11.86	0.19%
总造价	**6 227.56**	**100.00%**

（5）建筑工程分部位构成比例及主要工程量分析。

项目名称	单位	每平方米工程量	分部位清单计价合计（元）	每平方米价格（元）	占清单计价合计比例
土方工程			**153 125**	**9.15**	**0.32%**
机械土方	m^3	0.238			
打桩工程			**3 235 489**	**193.37**	**6.72%**
预制钢筋混凝土管桩（$D=400mm$）	m	0.979			
砌筑工程			**6 617 902**	**395.52**	**13.76%**
页岩标砖基础	m^3	0.056			
蒸压加气混凝土板墙	m^3	0.200			
混凝土及钢筋混凝土工程			**12 965 937**	**774.92**	**26.95%**
混凝土基础	m^3	0.094			
混凝土柱	m^3	0.072			
混凝土梁	m^3	0.147			
混凝土墙	m^3	0.028			
混凝土板	m^3	0.039			
装配式工程			**3 655 622**	**218.48**	**7.60%**
预制混凝土叠合板	m^3	0.036			
预制混凝土直行楼梯	m^3	0.002			
屋面及防水工程			**3 040 710**	**181.74**	**6.32%**
改性沥青卷材防水	m^2	0.296			
聚合物水泥涂料防水	m^2	0.305			
金属结构工程			**3 218 880**	**192.38**	**6.69%**
钢柱	t	0.005			
钢檩条	t	0.001			
钢屋架	t	0.008			
钢梁	t	0.002			
压型钢板墙板	m^2	0.041			
防腐、隔热、保温工程			**3 649 370**	**218.11**	**7.58%**
外墙岩棉板保温	m^2	0.067			

续表

项目名称	单位	每平方米工程量	分部位清单计价合计（元）	每平方米价格（元）	占清单计价合计比例
外墙挤塑聚苯板保温	m^2	0.809			
外墙无机轻集料保温砂浆保温	m^2	0.235			
施工措施项目			**7 602 926**	**454.39**	**15.80%**
安全文明施工	元	96.80			
夜间施工	元	2.40			
非夜间施工照明	元	0.95			
冬雨季施工	元	16.12			
脚手架工程	元	71.35			
混凝土模板及支架	元	187.52			
垂直运输	元	20.88			
大型机械设备进出场及安拆	元	41.29			
其他	元	17.08			
税金			**3 972 597**	**237.43**	**8.26%**
合计			**48 112 558**	**2 875.49**	**100.00%**

（6）装饰工程分部位构成比例及主要工程量分析。

项目名称	单位	每平方米工程量	分部位清单计价合计（元）	每平方米价格（元）	占清单计价合计比例
楼地面工程			**8 592 461**	**513.53**	**25.43%**
杉木地板	m^2	0.054			
环氧砂浆地面	m^2	0.036			
水泥砂浆地面	m^2	0.027			
硬木地板地面	m^2	0.017			
大理石板地面	m^2	0.005			
陶瓷地砖地面	m^2	0.649			
花岗岩板地面	m^2	0.029			
铝质防静电活动地板	m^2	0.033			

续表

项目名称	单位	每平方米工程量	分部位清单计价合计（元）	每平方米价格（元）	占清单计价合计比例
墙、柱面工程			**11 940 636**	**713.64**	**35.35%**
内墙主要做法					
刮腻子	m^2	0.004			
乳胶漆	m^2	1.258			
面砖	m^2	0.206			
石膏板	m^2	0.015			
超细玻璃棉板	m^2	0.062			
木制饰面板	m^2	0.004			
大理石	m^2	0.025			
瓷板	m^2	0.015			
铝板幕墙	m^2	0.005			
外墙主要做法					
真石漆	m^2	1.138			
铝板幕墙	m^2	0.014			
玻璃幕墙	m^2	0.039			
天棚工程			**3 598 848**	**215.09**	**10.65%**
刮腻子	m^2	0.122			
乳胶漆	m^2	0.825			
装配式 U 形轻钢龙骨	m^2	0.020			
石膏板	m^2	0.222			
铝格栅	m^2	0.046			
矿棉板	m^2	0.206			
门窗工程			**4 428 921**	**264.70**	**13.11%**
木质门	樘	0.015			
实木复合门	m^2	0.036			
断桥隔热铝合金门	m^2	0.006			
断桥隔热铝合金窗	m^2	0.141			
其他工程			**984 271**	**58.83**	**2.91%**

续表

项目名称	单位	每平方米工程量	分部位清单计价合计（元）	每平方米价格（元）	占清单计价合计比例
施工措施项目			**1 450 719**	**86.70**	**4.29%**
安全文明施工	元	35.40			
非夜间施工照明	元	1.10			
冬雨季施工	元	4.51			
脚手架工程	元	26.25			
垂直运输	元	18.54			
其他	元	0.90			
税金			**2 789 626**	**166.72**	**8.26%**
合计			**33 785 482**	**2 019.21**	**100.00%**

（7）安装工程分部位构成比例及主要工程量分析。

项目名称	单位	每平方米工程量	分部位清单计价合计（元）	每平方米价格（元）	占清单计价合计比例
给排水工程			**1 802 441**	**107.72**	**8.08%**
衬塑钢管	m	0.048 5	98 673	5.90	0.44%
镀锌钢管	m	0.001 0	1 529	0.09	0.01%
不锈钢管	m	0.010 8	17 776	1.06	0.08%
铸铁排水管	m	0.006 6	28 671	1.71	0.13%
PPR 管	m	0.110 3	94 726	5.66	0.42%
UPVC 排水管	m	0.106 1	116 095	6.94	0.52%
HDPE 塑料管	m	0.044 6	149 070	8.91	0.67%
管道支架	kg	0.013 3	6 247	0.37	0.03%
阀门	个	0.014 9	33 218	1.99	0.15%
卫生洁具	套	0.026 5	757 768	45.29	3.40%
地漏、地面扫除口	个	0.007 9	15 880	0.95	0.07%
施工措施项目			**44 154**	**2.64**	**0.20%**
脚手架搭拆			12 141	0.73	0.05%

续表

项目名称	单位	每平方米工程量	分部位清单计价合计（元）	每平方米价格（元）	占清单计价合计比例
安全文明施工			25 953	1.55	0.12%
非夜间施工增加			329	0.02	0.001%
冬季施工增加			5 213	0.31	0.02%
竣工验收存档资料编制			518	0.03	0.002%
税金			**148 825**	**8.89**	**0.67%**
采暖工程			**1 970 771**	**117.78**	**8.83%**
焊接钢管	m	0.145 4	183 786	10.98	0.82%
PE-RT 管	m	1.774 1	519 487	31.05	2.33%
直埋式预制保温管	m	0.017 0	43 646	2.61	0.20%
管道支架	kg	0.016 7	7 822	0.47	0.04%
阀门	个	0.083 0	227 985	13.63	1.02%
散热器	组	0.000 5	8 566	0.51	0.04%
边界保温带	m	0.228 1	36 292	2.17	0.16%
地板辐射采暖	m^2	0.421 7	270 541	16.17	1.21%
聚苯乙烯板	m^2	0.421 7	164 978	9.86	0.74%
分集水器	台	0.007 5	40 411	2.42	0.18%
施工措施项目			**79 033**	**4.72**	**0.35%**
脚手架搭拆			21 897	1.31	0.10%
安全文明施工			46 320	2.77	0.21%
非夜间施工增加			587	0.04	0.003%
冬季施工增加			9 304	0.56	0.04%
竣工验收存档资料编制			925	0.06	0.004%
税金			**162 724**	**9.73**	**0.73%**
电气工程			**6 612 095**	**395.18**	**29.65%**
配电箱	台	0.011 1	1 098 125	65.63	4.92%
开关	个	0.037 5	143 427	8.57	0.64%
插座	个	0.033 1	32 830	1.96	0.15%
电机检查接线	台	0.021 0	62 389	3.73	0.28%

续表

项目名称	单位	每平方米工程量	分部位清单计价合计（元）	每平方米价格（元）	占清单计价合计比例
电力电缆	m	0.463 4	907 565	54.24	4.07%
接线母线	m	0.245 2	157 910	9.44	0.71%
电气配管	m	2.292 3	1056 824	63.16	4.74%
电缆桥架	m	0.122 4	544 375	32.53	2.44%
电气配线	m	7.905 3	591 698	35.36	2.65%
端子箱	个	0.002 9	39 510	2.36	0.18%
接线盒	个	0.280 2	55 424	3.31	0.25%
照明灯具	套	0.209 7	732 998	43.81	3.29%
系统调试			92 061	5.50	0.41%
施工措施项目			**195 014**	**11.66**	**0.87%**
脚手架搭拆			52 970	3.17	0.24%
安全文明施工			115 154	6.88	0.52%
非夜间施工增加			1 460	0.09	0.01%
冬季施工增加			23 130	1.38	0.10%
竣工验收存档资料编制			2 300	0.14	0.01%
税金			**545 953**	**32.63**	**2.45%**
通风空调工程			**7 998 980**	**478.06**	**35.87%**
空调器	台	0.015 1	4 022 712	240.42	18.04%
风机盘管	台	0.003 1	183 829	10.99	0.82%
风机	台	0.000 5	82 378	4.92	0.37%
风管	m^2	0.295 2	1 052 136	62.88	4.72%
软风管	m	0.012 0	12 393	0.74	0.06%
阀门	个	0.014 2	159 291	9.52	0.71%
风口	个	0.037 0	120 383	7.19	0.54%
消声器	个	0.003 5	75 868	4.53	0.34%
铜管	m	0.373 4	358 009	21.40	1.61%
冷凝水管	m	0.138 1	106 045	6.34	0.48%
金属软管	根	0.002 3	4 527	0.27	0.02%
管道支架	kg	0.437 2	151 992	9.08	0.68%
分岐器	个	0.030 1	75 212	4.50	0.34%
施工措施项目			**181 740**	**10.86**	**0.81%**

续表

项目名称	单位	每平方米工程量	分部位清单计价合计（元）	每平方米价格（元）	占清单计价合计比例
脚手架搭拆			49 406	2.95	0.22%
安全文明施工			107 283	6.41	0.48%
非夜间施工增加			1 360	0.08	0.01%
冬季施工增加			21 549	1.29	0.10%
竣工验收存档资料编制			2 142	0.13	0.01%
税金			**660 466**	**39.47**	**2.96%**
消防工程			**3 917 315**	**234.12**	**17.57%**
控制电缆	m	0.026 5	34 108	2.04	0.15%
电气配线	m	0.591 7	222 410	13.29	1.00%
消防槽盒	m	0.063 8	213 663	12.77	0.96%
电气配线	m	0.973 4	83 047	4.96	0.37%
接线箱	个	0.000 4	5 240	0.31	0.02%
接线盒	个	0.047 5	9 385	0.56	0.04%
镀锌钢管	m	0.618 6	1 063 887	63.58	4.77%
喷头	个	0.140 4	141 001	8.43	0.63%
消火栓	套	0.004 2	100 480	6.01	0.45%
管道支架	kg	0.178 5	83 749	5.01	0.38%
消防报警探测器	个	0.043 7	317 450	18.97	1.42%
模块	个	0.020 7	231 471	13.83	1.04%
阀门	个	0.006 6	66 665	3.98	0.30%
波纹补偿器	个	0.003 7	31 243	1.87	0.14%
施工措施项目			**198 407**	**11.86**	**0.89%**
脚手架搭拆			54 919	3.28	0.25%
安全文明施工			116 325	6.95	0.52%
非夜间施工增加			1 475	0.09	0.01%
冬季施工增加			23 365	1.40	0.10%
竣工验收存档资料编制			2 323	0.14	0.01%
税金			**323 448**	**19.33**	**1.45%**
合计			**22 301 602**	**1 332.86**	**100.00%**

（8）建筑、装饰工程主要工、料消耗量分析。

项目名称	单位	建筑工程每平方米消耗量	装饰工程每平方米消耗量
人工	工日	3.717	2.939
水泥（综合）	kg	5.968	23.042
砂子	t	0.010	0.067
白灰	kg	2.037	26.346
钢筋	t	0.076	
钢材	t	0.017	
玻璃	m^2		0.137
热反射玻璃	m^2		0.037
商品混凝土	m^3	0.497	0.098
预拌砂浆	t	0.064	0.204
预制钢筋混凝土管桩	m	0.979	
页岩标砖	千块	0.030	
蒸压加气混凝土板材墙	m^3	0.203	
SBS 改性沥青防水卷材	m^2	0.342	
防水涂料	kg	0.962	
彩色压型钢板	m^2	0.054	
岩棉板	m^3	0.073	
挤塑聚苯板	m^3	0.016	
膨胀玻化微珠保温浆料	m^3	0.007	
预制混凝土叠合板	m^3	0.036	
预制混凝土楼梯段	m^3	0.002	
杉木地板	m^2		0.057
硬木地板	m^2		0.018
大理石板拼花	m^2		0.005
陶瓷地面砖	m^2		0.675
花岗岩板	m^2		0.029
铝质防静电地板	m^2		0.034
成品腻子粉	kg		6.940

续表

项目名称	单位	建筑工程每平方米消耗量	装饰工程每平方米消耗量
苯丙乳胶漆	kg		0.852
超细玻璃棉板	m^2		0.068
墙面砖	m^2		0.214
石膏板	m^2		0.249
桦木夹板	m^2		0.004
大理石板	m^2		0.025
瓷板	m^2		0.016
铝单板	m^2		0.019
H 型真石涂料	kg		5.689
轻钢龙骨	m^2		0.021
铝格栅	m^2		0.047
矿棉板	m^2		0.216

第二节 学校餐厅

内容提要

结构	檐高（m）	层数	建筑面积（m^2）	每平方米价格（元）
框架结构	15.90	地上3层	4 458.07	5 246.14

一、框架结构

1. 学校餐厅 A

(1) 工程概况。

结构类型：框架结构			建筑面积：4 458.07m²				
基本特征	檐高	层数	层高	基础类型	利润率		
	15.90m	地上 3 层	5.00m	桩承台基础、满堂基础	建筑	装饰	安装
					7.76%	24.00%	20.71%

(2) 工程主要特征。

项目名称		特征描述
建筑工程	基础工程	桩承台基础、满堂基础
	土方工程	人工挖土方、机械挖土方
	打桩工程	预制钢筋混凝土方桩（450mm×450mm）
	砌筑工程	加气混凝土砌块墙
	混凝土及钢筋混凝土工程	现浇混凝土，AC20，AC25，AC30，AC40，AC50
	金属结构工程	钢柱、钢梁、钢桁架
	屋面及防水工程	改性沥青卷材防水、聚合物水泥涂料防水
	防腐、隔热、保温工程	屋面聚苯乙烯板保温
		外墙岩棉保温板保温
装饰工程	内墙	石膏砂浆
	外墙	真石漆、大理石、玻璃幕墙、铝板幕墙
	天棚	乳胶漆、铝合金吸声板
	楼地面	混凝土、水泥砂浆
	门窗	钢质防火门、铝合金窗
安装工程	给排水工程	不锈钢管、铸铁管、PPR 管、HDPE 排水管、钢塑复合压力管
	采暖工程	焊接钢管
	电气工程	钢管
	通风空调工程	多联机空调器、镀锌薄钢板风管、不锈钢风管、铝合金风管、铝合金风口、钢管
	消防工程	消火栓系统、喷淋系统、自动报警系统、钢管

（3）工程造价各项费用分析表。

<table>
<tr><th colspan="2" rowspan="2">工程价格（元）（以2020年预算基价为依据）</th><th rowspan="2">每平方米价格（元）</th><th colspan="8">各项费用所占比例（%）</th></tr>
<tr><th>人工费</th><th>材料费</th><th>机械费</th><th>管理费</th><th>规费</th><th>利润</th><th>税金</th><th>合计</th></tr>
<tr><td colspan="2">23 387 659</td><td>5 246.14</td><td>17.96</td><td>57.98</td><td>2.06</td><td>2.25</td><td>6.76</td><td>4.73</td><td>8.26</td><td>100.00</td></tr>
<tr><td colspan="2">建筑工程</td><td>2 596.50</td><td>15.00</td><td>61.24</td><td>3.02</td><td>2.05</td><td>5.65</td><td>4.78</td><td>8.26</td><td>100.00</td></tr>
<tr><td colspan="2">装饰工程</td><td>1 463.16</td><td>20.18</td><td>55.80</td><td>1.30</td><td>2.03</td><td>7.59</td><td>4.84</td><td>8.26</td><td>100.00</td></tr>
<tr><td colspan="2">安装工程</td><td>1 186.48</td><td>21.69</td><td>53.53</td><td>0.90</td><td>2.95</td><td>8.17</td><td>4.50</td><td>8.26</td><td>100.00</td></tr>
<tr><td rowspan="5">其中</td><td>给排水工程</td><td>135.14</td><td>12.62</td><td>69.27</td><td>0.73</td><td>1.75</td><td>4.75</td><td>2.62</td><td>8.26</td><td>100.00</td></tr>
<tr><td>采暖工程</td><td>31.33</td><td>28.57</td><td>42.55</td><td>0.19</td><td>3.77</td><td>10.76</td><td>5.90</td><td>8.26</td><td>100.00</td></tr>
<tr><td>电气工程</td><td>307.36</td><td>22.70</td><td>51.85</td><td>0.86</td><td>3.08</td><td>8.55</td><td>4.70</td><td>8.26</td><td>100.00</td></tr>
<tr><td>通风空调工程</td><td>494.22</td><td>19.37</td><td>57.36</td><td>1.04</td><td>2.67</td><td>7.29</td><td>4.01</td><td>8.26</td><td>100.00</td></tr>
<tr><td>消防工程</td><td>218.43</td><td>30.15</td><td>39.10</td><td>0.84</td><td>4.06</td><td>11.35</td><td>6.24</td><td>8.26</td><td>100.00</td></tr>
</table>

（4）工程量清单计价汇总。

<table>
<tr><th colspan="2">项目名称</th><th>造价（元/m^2）</th><th>占总造价比例</th></tr>
<tr><td colspan="2">建筑工程工程量清单计价合计</td><td>2 596.50</td><td>49.49%</td></tr>
<tr><td colspan="2">其中施工措施项目</td><td>465.61</td><td>8.88%</td></tr>
<tr><td colspan="2">装饰工程工程量清单计价合计</td><td>1 463.16</td><td>27.89%</td></tr>
<tr><td colspan="2">其中施工措施项目</td><td>94.56</td><td>1.80%</td></tr>
<tr><td colspan="2">安装工程工程量清单计价合计</td><td>1 186.48</td><td>22.62%</td></tr>
<tr><td rowspan="10">其中</td><td>给排水工程</td><td>135.14</td><td>2.58%</td></tr>
<tr><td>其中施工措施项目</td><td>2.94</td><td>0.06%</td></tr>
<tr><td>采暖工程</td><td>31.33</td><td>0.60%</td></tr>
<tr><td>其中施工措施项目</td><td>1.49</td><td>0.03%</td></tr>
<tr><td>电气工程</td><td>307.36</td><td>5.86%</td></tr>
<tr><td>其中施工措施项目</td><td>11.86</td><td>0.23%</td></tr>
<tr><td>通风空调工程</td><td>494.22</td><td>9.42%</td></tr>
<tr><td>其中施工措施项目</td><td>16.46</td><td>0.31%</td></tr>
<tr><td>消防工程</td><td>218.43</td><td>4.16%</td></tr>
<tr><td>其中施工措施项目</td><td>11.12</td><td>0.21%</td></tr>
<tr><td colspan="2">总造价</td><td>5 246.14</td><td>100.00%</td></tr>
</table>

（5）建筑工程分部位构成比例及主要工程量分析。

项目名称	单位	每平方米工程量	分部位清单计价合计（元）	每平方米价格（元）	占清单计价合计比例
土方工程			**277 920**	**62.34**	**2.40%**
人工土方	m^3	0.074			
机械土方	m^3	0.505			
打桩工程			**1 833 396**	**411.25**	**15.84%**
预制钢筋混凝土方桩（450mm×450mm）	m^3	0.250			
砌筑工程			**634 248**	**142.27**	**5.48%**
加气混凝土砌块墙	m^3	0.165			
混凝土及钢筋混凝土工程			**4 531 455**	**1 016.46**	**39.14%**
混凝土基础	m^3	0.204			
混凝土柱	m^3	0.056			
混凝土梁	m^3	0.040			
混凝土墙	m^3	0.062			
混凝土板	m^3	0.251			
金属结构工程			**367 760**	**82.49**	**3.18%**
钢柱	t	0.002			
钢梁	t	0.003			
钢桁架	t	0.001			
屋面及防水工程			**488 530**	**109.58**	**4.22%**
改性沥青卷材防水	m^2	0.433			
聚合物水泥涂料防水	m^2	0.052			
防腐、隔热、保温工程			**410 640**	**92.11**	**3.55%**
屋面聚苯乙烯板保温	m^2	0.575			
外墙岩棉板保温	m^2	0.502			
施工措施项目			**2 075 700**	**465.61**	**17.93%**
安全文明施工	元	88.52			
夜间施工	元	1.77			
非夜间施工照明	元	0.70			

续表

项目名称	单位	每平方米工程量	分部位清单计价合计（元）	每平方米价格（元）	占清单计价合计比例
冬雨季施工	元	11.93			
脚手架工程	元	76.54			
混凝土模板及支架措施	元	191.19			
垂直运输	元	20.88			
大型机械设备设备进出场及安拆	元	46.45			
施工排水、降水	元	2.83			
其他	元	24.80			
税金			**955 769**	**214.39**	**8.26%**
合计			**11 575 418**	**2 596.50**	**100.00%**

（6）装饰工程分部位构成比例及主要工程量分析。

项目名称	单位	每平方米工程量	分部位清单计价合计（元）	每平方米价格（元）	占清单计价合计比例
楼地面工程			**746 926**	**167.54**	**11.45%**
混凝土地面	m^2	0.790			
水泥砂浆地面	m^2	0.080			
墙、柱面工程			**3 887 581**	**872.03**	**59.60%**
内墙主要做法					
石膏砂浆	m^2	1.192			
外墙主要做法					
真石漆	m^2	0.005			
大理石	m^2	0.536			
玻璃幕墙	m^2	0.320			
铝板幕墙	m^2	0.061			
天棚工程			**699 219**	**156.84**	**10.72%**
乳胶漆	m^2	0.072			
铝合金轻型方板龙骨	m^2	0.725			

续表

项目名称	单位	每平方米工程量	分部位清单计价合计（元）	每平方米价格（元）	占清单计价合计比例
铝合金吸声板	m^2	0.725			
门窗工程			**212 605**	**47.69**	**3.26%**
钢质防火门	m^2	0.026			
铝合金窗	m^2	0.068			
其他工程			**16 437**	**3.69**	**0.25%**
施工措施项目			**421 561**	**94.56**	**6.46%**
安全文明施工	元	24.30			
非夜间施工照明	元	0.76			
冬雨季施工	元	3.09			
脚手架工程	元	49.88			
垂直运输	元	15.92			
其他	元	0.61			
税金			**538 590**	**120.81**	**8.26%**
合计			**6 522 919**	**1 463.16**	**100.00%**

（7）安装工程分部位构成比例及主要工程量分析。

项目名称	单位	每平方米工程量	分部位清单计价合计（元）	每平方米价格（元）	占清单计价合计比例
给排水工程			**602 444**	**135.14**	**11.39%**
不锈钢管	m	0.057 2	24 774	5.56	0.47%
铸铁管	m	0.089 5	125 629	28.18	2.38%
PPR 管	m	0.051 8	7 342	1.65	0.14%
HDPE 排水管	m	0.028 3	29 112	6.53	0.55%
钢塑复合压力管	m	0.081 2	31 242	7.01	0.59%
管道支架	kg	0.028 9	3 507	0.79	0.07%
阀门	个	0.031 4	16 145	3.62	0.31%
卫生洁具	套	0.004 0	38 308	8.59	0.72%

续表

项目名称	单位	每平方米工程量	分部位清单计价合计（元）	每平方米价格（元）	占清单计价合计比例
太阳能集热板	套	0. 001 8	51 554	11. 56	0. 97%
隔油设备	台	0. 000 2	81 336	18. 24	1. 54%
热水供应设备	台	0. 002 9	18 064	4. 05	0. 34%
施工措施项目			**13 115**	**2. 94**	**0. 25%**
脚手架搭拆			3 526	0. 79	0. 07%
安全文明施工			7 774	1. 74	0. 15%
非夜间施工增加			99	0. 02	0. 002%
冬季施工增加			1 561	0. 35	0. 03%
竣工验收存档资料编制			155	0. 03	0. 003%
税金			**49 743**	**11. 16**	**0. 94%**
采暖工程			**139 650**	**31. 33**	**2. 64%**
焊接钢管	m	0. 190 9	51 157	11. 48	0. 97%
管道支架	kg	0. 004 8	579	0. 13	0. 01%
阀门	个	0. 041 7	10 188	2. 29	0. 19%
散热器	组	0. 135 3	33 770	7. 58	0. 64%
施工措施项目			**6 634**	**1. 49**	**0. 13%**
脚手架搭拆			1 852	0. 42	0. 04%
安全文明施工			3 877	0. 87	0. 07%
非夜间施工增加			49	0. 01	0. 001%
冬季施工增加			779	0. 17	0. 01%
竣工验收存档资料编制			77	0. 02	0. 001%
税金			**11 531**	**2. 59**	**0. 22%**
电气工程			**1 370 235**	**307. 36**	**25. 91%**
配电箱	台	0. 007 6	286 917	64. 36	5. 42%
电力电缆	m	3. 009 6	395 870	88. 80	7. 48%
金属线槽	m	0. 244 7	139 528	31. 30	2. 64%
接地母线	m	0. 123 6	21 604	4. 85	0. 41%

续表

项目名称	单位	每平方米工程量	分部位清单计价合计（元）	每平方米价格（元）	占清单计价合计比例
避雷网	m	0.069 6	40 615	9.11	0.77%
电气配管	m	2.131 1	241 325	54.13	4.56%
开关盒、接线盒	个	0.255 9	13 736	3.08	0.26%
灯具	套	0.016 6	8 478	1.90	0.16%
电力桥架	kg	0.220 9	24 117	5.41	0.46%
系统调试			9 669	2.17	0.18%
施工措施项目			**52 883**	**11.86**	**1.00%**
脚手架搭拆			14 428	3.24	0.27%
安全文明施工			31 175	6.99	0.59%
非夜间施工增加			395	0.09	0.01%
冬季施工增加			6 262	1.40	0.12%
竣工验收存档资料编制			623	0.14	0.01%
税金			**113 139**	**25.38**	**2.14%**
通风空调工程			**2 203 264**	**494.22**	**41.65%**
空调设备	台	0.002 5	126 350	28.34	2.39%
风机	台	0.024 2	452 489	101.50	8.55%
空气净化机	台	0.000 9	131 648	29.53	2.49%
风管	m^2	0.557 7	536 095	120.25	10.14%
风管阀门	个	0.020 6	51 158	11.48	0.97%
风口	个	0.059 2	68 072	15.27	1.29%
镀锌钢管	m	0.508 6	193 288	43.36	3.65%
管道支架	kg	0.225 2	27 302	6.12	0.52%
阀门	个	0.153 7	164 340	36.86	3.11%
保温板	m^3	0.016 5	140 034	31.41	2.65%
施工措施项目			**73 363**	**16.46**	**1.39%**
脚手架搭拆			19 787	4.44	0.37%
安全文明施工			43 434	9.74	0.82%

续表

项目名称	单位	每平方米工程量	分部位清单计价合计（元）	每平方米价格（元）	占清单计价合计比例
非夜间施工增加			551	0.12	0.01%
冬季施工增加			8 724	1.96	0.16%
竣工验收存档资料编制			867	0.19	0.02%
税金			**181 921**	**40.81**	**3.44%**
消防工程			**973 782**	**218.43**	**18.41%**
电气配线	m	1.761 4	35 524	7.97	0.67%
电气配管	m	0.85 81	94 772	21.26	1.79%
线槽	m	0.027 1	11 150	2.50	0.21%
接线盒	个	0.100 0	5 383	1.21	0.10%
桥架支架	kg	0.032 2	3 520	0.79	0.07%
热浸镀锌钢管	m	0.490 7	230 128	51.62	4.35%
消防喷头	个	0.100 5	30 878	6.93	0.58%
探测器	只	0.046 2	61 752	13.85	1.17%
消防报警设备	台	0.031 0	47 985	10.76	0.91%
模块	只	0.030 3	76 017	17.05	1.44%
阀门	个	0.014 4	27 321	6.13	0.52%
系统调试			93 370	20.94	1.77%
施工措施项目			**49 561**	**11.12**	**0.94%**
脚手架搭拆			13 619	3.05	0.26%
安全文明施工			29 138	6.54	0.55%
非夜间施工增加			369	0.08	0.01%
冬季施工增加			5 853	1.31	0.11%
竣工验收存档资料编制			582	0.13	0.01%
税金			**80 404**	**18.04**	**1.52%**
合计			**5 289 375**	**1 186.48**	**100.00%**

（8）建筑、装饰工程主要工、料消耗量分析。

项目名称	单位	建筑工程每平方米消耗量	装饰工程每平方米消耗量
人工	工日	2.763	1.959
水泥（综合）	kg	3.614	5.391
砂子	t	0.006	0.018
白灰	kg	3.428	29.114
钢筋	t	0.087	
钢材	t	0.006	
玻璃	m^2		0.051
热反射玻璃	m^2		0.327
商品混凝土	m^3	0.652	0.114
预拌砂浆	t	0.048	0.040
预制钢筋混凝土方桩	m^3	0.250	
加气混凝土砌块	m^3	0.169	
SBS 改性沥青防水卷材	m^2	0.501	
防水涂料	kg	0.115	
聚苯乙烯泡沫塑料板	m^3	0.029	
岩棉板	m^3	0.026	
石膏粉	kg		6.660
H 型真石涂料	kg		0.025
大理石板	m^2		0.546
苯丙乳胶漆	kg		0.029
铝合金龙骨	m		3.197
铝单板	m^2		0.062
铝合金吸声板	m^2		0.740

第三节 学生公寓

内容提要

结构	檐高（m）	层数	建筑面积（m^2）	每平方米价格（元）
框架结构	10.70	地上3层	3 740.80	4 403.89
	21.00	地上5层	2 600.00	4 577.40

一、框架结构

1. 学生公寓 A

（1）工程概况。

结构类型：框架结构			建筑面积：3 740.80m^2				
基本特征	檐高	层数	层高	基础类型	利润率		
	10.70m	地上 3 层	2.90m	桩承台基础	建筑	装饰	安装
					7.76%	24.00%	20.71%

（2）工程主要特征。

项目名称		特征描述
建筑工程	基础工程	桩承台基础
	土方工程	机械挖土方
	打桩工程	预制钢筋混凝土管桩（D=400mm）
	砌筑工程	加气混凝土砌块墙、页岩标砖墙
	混凝土及钢筋混凝土工程	现浇混凝土，AC30
	屋面及防水工程	高聚物改性沥青自粘卷材防水
	防腐、隔热、保温工程	屋面挤塑聚苯乙烯板保温、屋面岩棉板保温
		外墙岩棉板保温、外墙聚苯颗粒保温砂浆保温
装饰工程	内墙	刮腻子、乳胶漆、面砖、803 涂料
	外墙	刮腻子、真石漆
	天棚	刮腻子、803 涂料、钙塑板、铝扣板
	楼地面	花岗岩、陶瓷地砖、防尘涂料、水泥砂浆
	门窗	木质门、钢质防火门、断桥隔热铝合金门窗
安装工程	给排水工程	内外涂环氧复合管、薄壁不锈钢管、直埋保温管、离心机制铸铁管、PPR 管
	采暖工程	镀锌钢管
	电气工程	综合布线系统、安防监控系统、数字电视系统、公共广播系统、宿舍智能用电 系统、智能化电力能耗监控系统、电线管、塑料管
	通风空调工程	中央空调机组、风机盘管、镀锌薄钢板风管、铝合金风口
	消防工程	消火栓系统、自动报警系统、钢管、电线管

（3）工程造价各项费用分析表。

工程价格（元）（以2020年预算基价为依据）		每平方米价格（元）	各项费用所占比例（%）							
			人工费	材料费	机械费	管理费	规费	利润	税金	合计
16 474 072		**4 403.89**	**19.55**	**54.36**	**2.55**	**2.42**	**7.36**	**5.50**	**8.26**	**100.00**
建筑工程		1 917.80	18.80	52.26	4.36	2.63	7.08	6.61	8.26	100.00
装饰工程		1 697.56	21.70	52.98	1.43	2.26	8.17	5.20	8.26	100.00
安装工程		788.53	16.73	62.41	0.57	2.26	6.30	3.47	8.26	100.00
其中	给排水工程	198.70	14.37	66.91	0.16	1.90	5.41	2.99	8.26	100.00
	采暖工程	102.70	19.07	58.77	0.25	2.52	7.18	3.95	8.26	100.00
	电气工程	241.81	17.35	61.11	0.78	2.37	6.53	3.60	8.26	100.00
	通风空调工程	201.07	16.08	63.27	0.81	2.21	6.05	3.32	8.26	100.00
	消防工程	44.25	21.47	53.86	0.93	2.94	8.09	4.45	8.26	100.00

（4）工程量清单计价汇总。

项目名称		造价（元/m^2）	占总造价比例
建筑工程工程量清单计价合计		**1 917.80**	**43.55%**
其中施工措施项目		343.83	7.81%
装饰工程工程量清单计价合计		**1 697.56**	**38.55%**
其中施工措施项目		61.64	1.40%
安装工程工程量清单计价合计		**788.53**	**17.91%**
其中	给排水工程	198.70	4.51%
	其中施工措施项目	4.17	0.09%
	采暖工程	102.70	2.33%
	其中施工措施项目	2.86	0.06%
	电气工程	241.81	5.49%
	其中施工措施项目	6.26	0.14%
	通风空调工程	201.07	4.57%
	其中施工措施项目	4.84	0.11%
	消防工程	44.25	1.00%
	其中施工措施项目	1.42	0.03%
总造价		**4 403.89**	**100.00%**

（5）建筑工程分部位构成比例及主要工程量分析。

项目名称	单位	每平方米工程量	分部位清单计价合计（元）	每平方米价格（元）	占清单计价合计比例
土方工程			**166 223**	**44.44**	**2.32%**
机械土方	m^3	0.398			
打桩工程			**864 084**	**230.99**	**12.04%**
预制钢筋混凝土管桩（D=400mm）	m	0.871			
砌筑工程			**709 707**	**189.72**	**9.89%**
加气混凝土砌块墙	m^3	0.234			
页岩标砖墙	m^3	0.019			
混凝土及钢筋混凝土工程			**2 579 106**	**689.45**	**35.95%**
混凝土基础	m^3	0.065			
混凝土柱	m^3	0.078			
混凝土梁	m^3	0.034			
混凝土板	m^3	0.192			
屋面及防水工程			**242 592**	**64.85**	**3.38%**
高聚物改性沥青自粘卷材防水	m^2	0.318			
防腐、隔热、保温工程			**733 834**	**196.17**	**10.23%**
屋面挤塑聚苯乙烯板保温	m^2	0.285			
屋面岩棉板保温	m^2	0.035			
外墙岩棉板保温	m^2	0.566			
外墙聚苯颗粒保温砂浆保温	m^2	0.427			
施工措施项目			**1 286 188**	**343.83**	**17.93%**
安全文明施工	元	85.62			
夜间施工	元	1.69			
非夜间施工照明	元	0.67			
冬雨季施工	元	11.34			
脚手架工程	元	61.84			
混凝土模板及支架	元	108.37			
垂直运输	元	20.88			

续表

项目名称	单位	每平方米工程量	分部位清单计价合计（元）	每平方米价格（元）	占清单计价合计比例
大型机械设备进出场及安拆	元	39.95			
施工排水、降水	元	4.69			
其他	元	8.78			
税金			**592 356**	**158.35**	**8.26%**
合计			**7 174 090**	**1 917.80**	**100.00%**

（6）装饰工程分部位构成比例及主要工程量分析。

项目名称	单位	每平方米工程量	分部位清单计价合计（元）	每平方米价格（元）	占清单计价合计比例
楼地面工程			**1 136 049**	**303.69**	**17.89%**
花岗岩地面	m^2	0.160			
防尘涂料	m^2	0.007			
水泥砂浆地面	m^2	0.004			
陶瓷地砖地面	m^2	0.703			
墙、柱面工程			**29 232 89**	**781.46**	**46.03%**
内墙主要做法					
刮腻子	m^2	1.884			
乳胶漆	m^2	1.884			
803 涂料	m^2	0.172			
面砖	m^2	0.267			
外墙主要做法					
刮腻子	m^2	0.472			
真石漆	m^2	1.143			
天棚工程			**443 558**	**118.57**	**6.98%**
刮腻子	m^2	0.602			
803 涂料	m^2	0.602			
装配式 T 形铝合金龙骨	m^2	0.308			

续表

项目名称	单位	每平方米工程量	分部位清单计价合计（元）	每平方米价格（元）	占清单计价合计比例
钙塑板	m^2	0.202			
铝扣板	m^2	0.106			
门窗工程			**910 960**	**243.52**	**14.35%**
木质门	m^2	0.063			
钢质防火门	m^2	0.020			
断桥隔热铝合金窗	m^2	0.150			
断桥隔热铝合金门	m^2	0.014			
其他工程			**181 476**	**48.51**	**2.86%**
施工措施项目			**230 576**	**61.64**	**3.63%**
安全文明施工	元	30.36			
非夜间施工照明	元	0.41			
冬雨季施工	元	3.87			
脚手架工程	元	11.38			
垂直运输	元	15.26			
其他	元	0.36			
税金			**524 332**	**140.17**	**8.26%**
合计			**6 350 240**	**1 697.56**	**100.00%**

（7）安装工程分部位构成比例及主要工程量分析。

项目名称	单位	每平方米工程量	分部位清单计价合计（元）	每平方米价格（元）	占清单计价合计比例
给排水工程			**743 279**	**198.70**	**25.20%**
内外涂环氧复合管	m	0.107 5	71 947	19.23	2.44%
薄壁不锈钢管	m	0.052 8	72 853	19.48	2.47%
直埋保温管	m	0.008 8	4 840	1.29	0.16%
离心机制铸铁管	m	0.160 8	131 555	35.17	4.46%
PPR 管	m	0.205 1	46 968	12.56	1.59%

续表

项目名称	单位	每平方米工程量	分部位清单计价合计（元）	每平方米价格（元）	占清单计价合计比例
管道支架	kg	0.058 5	5 725	1.53	0.19%
阀门	个	0.027 8	26 316	7.03	0.89%
地漏、清扫口	个	0.019 8	5 673	1.52	0.19%
卫生洁具	套	0.024 1	79 252	21.19	2.69%
不锈钢盥洗槽	m	0.031 1	214 807	57.42	7.28%
施工措施项目			**15 598**	**4.17**	**0.53%**
脚手架搭拆			4 959	1.33	0.17%
安全文明施工			10 431	2.79	0.35%
非夜间施工增加			132	0.04	0.004%
冬季施工增加			2 095	0.56	0.07%
竣工验收存档资料编制			208	0.06	0.01%
税金			**61 372**	**16.41**	**2.08%**
采暖工程			**384 187**	**102.70**	**13.02%**
镀锌钢管	m	0.368 7	130 935	35.00	4.44%
支架	kg	0.079 1	7 739	2.07	0.26%
阀门	个	0.108 8	39 078	10.45	1.32%
铜铝复合散热器	组	0.027 5	158 716	42.43	5.38%
施工措施项目			**10 710**	**2.86**	**0.36%**
脚手架搭拆			3 400	0.91	0.12%
安全文明施工			7 167	1.92	0.24%
非夜间施工增加			91	0.02	0.003%
冬季施工增加			1 440	0.38	0.05%
竣工验收存档资料编制			143	0.04	0.005%
税金			**31 722**	**8.48**	**1.08%**
电气工程			**904 559**	**241.81**	**30.67%**
配电箱	台	0.030 2	210 946	56.39	7.15%
开关	个	0.062 6	25 570	6.84	0.87%

续表

项目名称	单位	每平方米工程量	分部位清单计价合计（元）	每平方米价格（元）	占清单计价合计比例
插座	个	0.112 5	14 773	3.95	0.50%
电机检查接线	台	0.032 1	9 334	2.50	0.32%
电力电缆	m	0.201 4	135 605	36.25	4.60%
接地网	m	0.087 5	23 340	6.24	0.79%
避雷网	m	0.162 2	16 597	4.44	0.56%
电气配管	m	1.481 4	102 978	27.53	3.49%
防火桥架	m	0.070 5	62 581	16.73	2.12%
电气配线	m	7.028 4	108 535	29.01	3.68%
接线盒、开关盒	个	0.272 4	12 020	3.21	0.41%
照明灯具	套	0.090 9	45 866	12.26	1.55%
系统调试			9 712	2.60	0.33%
施工措施项目			**23 428**	**6.26**	**0.79%**
脚手架搭拆			7 277	1.95	0.25%
安全文明施工			15 835	4.23	0.54%
非夜间施工增加			201	0.05	0.01%
冬季施工增加			3 081	0.82	0.10%
竣工验收存档资料编制			316	0.08	0.01%
税金			**74 688**	**19.97**	**2.53%**
通风空调工程			**752 146**	**201.07**	**25.50%**
空调机组	台	0.002 9	224 461	60.00	7.61%
风机盘管	台	0.021 9	117 287	31.35	3.98%
风管	m^2	0.127 9	88 584	23.68	3.00%
风管阀门	个	0.026 2	23 374	6.25	0.79%
风口	个	0.045 2	25 478	6.81	0.86%
紫铜管	m	0.326 1	149 194	39.88	5.06%
UPVC 管	m	0.101 8	14 101	3.77	0.48%
管道支架	kg	0.016 8	1 644	0.44	0.06%

续表

项目名称	单位	每平方米工程量	分部位清单计价合计（元）	每平方米价格（元）	占清单计价合计比例
分支器	个	0. 020 3	8 830	2. 36	0. 30%
施工措施项目			**18 117**	**4. 84**	**0. 61%**
脚手架搭拆			5 607	1. 50	0. 19%
安全文明施工			12 265	3. 28	0. 42%
非夜间施工增加			155	0. 04	0. 005%
冬季施工增加			2 466	0. 66	0. 08%
竣工验收存档资料编制			245	0. 07	0. 01%
税金			**62 104**	**16. 60**	**2. 11%**
消防工程			**165 540**	**44. 25**	**5. 61%**
电气配管	m	0. 153 0	52 443	14. 02	1. 78%
电气配线	m	0. 281 2	4 146	1. 11	0. 14%
接线盒	个	0. 011 2	404	0. 11	0. 01%
消火栓	套	0. 004 0	15 709	4. 20	0. 53%
管道支架	kg	0. 078 3	7 271	1. 94	0. 25%
探测器	个	0. 006 1	24 250	6. 48	0. 82%
按钮	个	0. 004 0	5 921	1. 58	0. 20%
模块	个	0. 001 1	5 408	1. 45	0. 18%
阀门	个	0. 003 2	5 161	1. 38	0. 17%
消防报警设备	套	0. 000 5	12 857	3. 44	0. 44%
施工措施项目			**5 300**	**1. 42**	**0. 18%**
脚手架搭拆			1 647	0. 44	0. 06%
安全文明施工			3 581	0. 96	0. 12%
非夜间施工增加			45	0. 01	0. 002%
冬季施工增加			719	0. 19	0. 02%
竣工验收存档资料编制			72	0. 02	0. 002%
税金			**13 669**	**3. 65**	**0. 46%**
合计			**2 949 711**	**788. 53**	**100. 00%**

（8）建筑、装饰工程主要工、料消耗量分析。

项目名称	单位	建筑工程每平方米消耗量	装饰工程每平方米消耗量
人工	工日	2.565	2.495
水泥（综合）	kg	4.966	54.411
砂子	t	0.018	0.191
白灰	kg	2.468	18.447
钢筋	t	0.065	
玻璃	m^2		0.159
商品混凝土	m^3	0.412	0.030
预拌砂浆	t	0.053	0.220
预制钢筋混凝土管桩	m	0.871	
加气混凝土砌块	m^3	0.239	
页岩标砖	千块	0.012	
高聚物改性沥青自粘卷材	m^2	0.735	
挤塑聚苯乙烯泡沫板	m^3	0.043	
岩棉板	m^3	0.051	
胶粉聚苯颗粒保温浆料	m^3	0.016	
花岗岩板	m^2		0.179
陶瓷地面砖	m^2		0.731
成品腻子粉	kg		9.899
苯丙乳胶漆	kg		0.757
墙面砖	m^2		0.278
H 型真石涂料	kg		5.715
803 涂料	kg		0.320
铝合金龙骨	m^2		0.313
钙塑板	m^2		0.212
铝扣板	m^2		0.108

2. 学生公寓 B

（1）工程概况。

结构类型：框架结构			建筑面积：2 600.00m^2				
基本特征	檐高	层数	层高	基础类型	利润率		
					建筑	装饰	安装
	21.00m	地上 5 层	4.00m	桩承台基础	7.76%	24.00%	20.71%

（2）工程主要特征。

项目名称		特征描述
建筑工程	基础工程	桩承台基础
	土方工程	人工挖土方、机械挖土方
	打桩工程	钢筋混凝土钻孔灌注桩（D=600mm）
	砌筑工程	蒸压砂加气混凝土砌块墙
	混凝土及钢筋混凝土工程	现浇混凝土，AC30
	屋面及防水工程	高分子自粘胶膜卷材防水
	防腐、隔热、保温工程	屋面水泥珍珠岩保温、屋面挤塑聚苯乙烯板保温
		外墙岩棉板保温
		天棚 FTC 自调温相变蓄能材料保温
装饰工程	内墙	刮腻子、防霉涂料、面砖
	外墙	刮腻子、弹性涂料
	天棚	乳胶漆、矿棉板、铝合金条板
	楼地面	细石混凝土、陶瓷地砖、木质防静电活动地板、橡胶板
	门窗	钢质门、木质门、钢质防火门、铝合金窗
安装工程	给排水工程	不锈钢管、铸铁排水管、PPR 给水管、衬塑钢管
	采暖工程	焊接钢管
	电气工程	钢管、电线管
	通风空调工程	镀锌薄钢板风管、铝合金风口
	消防工程	消火栓系统、钢管

（3）工程造价各项费用分析表。

工程价格（元）（以2020年预算基价为依据）		每平方米价格（元）	各项费用所占比例（%）							
			人工费	材料费	机械费	管理费	规费	利润	税金	合计
11 901 240		**4 577.40**	**20.60**	**53.06**	**2.23**	**2.49**	**7.75**	**5.61**	**8.26**	**100.00**
建筑工程		2 577.86	20.73	51.27	3.20	2.73	7.80	6.01	8.26	100.00
装饰工程		1 293.82	22.97	51.04	1.64	2.11	8.54	5.44	8.26	100.00
安装工程		705.72	25.02	47.97	0.92	3.36	9.33	5.14	8.26	100.00
其中	给排水工程	143.51	15.02	65.78	0.20	1.99	5.65	3.10	8.26	100.00
	采暖工程	87.70	20.15	56.72	0.42	2.69	7.58	4.18	8.26	100.00
	电气工程	399.21	14.49	66.17	0.63	1.98	5.46	3.01	8.26	100.00
	通风空调工程	35.39	9.52	75.10	0.28	1.27	3.59	1.98	8.26	100.00
	消防工程	39.91	10.60	73.02	0.48	1.45	3.98	2.21	8.26	100.00

（4）工程量清单计价汇总。

项目名称		造价（元/m^2）	占总造价比例
建筑工程工程量清单计价合计		**2 577.86**	**56.32%**
其中施工措施项目		608.18	13.29%
装饰工程工程量清单计价合计		**1 293.82**	**28.27%**
其中施工措施项目		124.20	2.71%
安装工程工程量清单计价合计		**705.72**	**15.42%**
其中	给排水工程	143.51	3.14%
	其中施工措施项目	3.60	0.08%
	采暖工程	87.70	1.92%
	其中施工措施项目	2.97	0.06%
	电气工程	399.21	8.72%
	其中施工措施项目	9.87	0.22%
	通风空调工程	35.39	0.77%
	其中施工措施项目	0.57	0.01%
	消防工程	39.91	0.87%
	其中施工措施项目	0.72	0.02%
总造价		**4 577.40**	**100.00%**

（5）建筑工程分部位构成比例及主要工程量分析。

项目名称	单位	每平方米工程量	分部位清单计价合计（元）	每平方米价格（元）	占清单计价合计比例
土方工程			**157 572**	**60.60**	**2.35%**
人工土方	m^3	0.042			
机械土方	m^3	0.209			
打桩工程			**551 319**	**212.05**	**8.23%**
钢筋混凝土钻孔灌注桩（D=600mm）	m^3	0.720			
砌筑工程			**505 545**	**194.44**	**7.54%**
蒸压砂加气混凝土砌块墙	m^3	0.233			
混凝土及钢筋混凝土工程			**2 553 563**	**982.14**	**38.10%**
混凝土基础	m^3	0.072			
混凝土柱	m^3	0.109			
混凝土梁	m^3	0.035			
混凝土墙	m^3	0.016			
混凝土板	m^3	0.207			
屋面及防水工程			**221 847**	**85.33**	**3.31%**
高分子自粘胶膜卷材防水	m^2	0.291			
防腐、隔热、保温工程			**577 892**	**222.27**	**8.62%**
屋面水泥珍珠岩保温	m^3	0.015			
屋面挤塑聚苯乙烯板保温	m^3	0.019			
外墙岩棉板保温	m^2	0.617			
天棚 FTC 自调温相变蓄能材料保温	m^2	0.182			
施工措施项目			**1 581 280**	**608.18**	**23.59%**
安全文明施工	元	85.44			
夜间施工	元	2.35			
非夜间施工照明	元	0.93			
冬雨季施工	元	15.84			
脚手架工程	元	79.74			
混凝土模板及支架	元	287.12			

续表

项目名称	单位	每平方米工程量	分部位清单计价合计（元）	每平方米价格（元）	占清单计价合计比例
垂直运输	元	37.13			
超高施工增加	元	29.24			
大型机械设备进出场及安拆	元	47.72			
施工排水、降水	元	8.25			
其他	元	14.42			
税金			**553 412**	**212.85**	**8.26%**
合计			**6 702 430**	**2 577.86**	**100.00%**

（6）装饰工程分部位构成比例及主要工程量分析。

项目名称	单位	每平方米工程量	分部位清单计价合计（元）	每平方米价格（元）	占清单计价合计比例
楼地面工程			**698 393**	**268.61**	**20.76%**
细石混凝土地面	m^2	0.017			
陶瓷地砖地面	m^2	0.677			
木质防静电活动地板地面	m^2	0.055			
橡胶板地面	m^2	0.020			
墙、柱面工程			**985 600**	**379.08**	**29.30%**
内墙主要做法					
刮腻子	m^2	2.147			
防霉涂料	m^2	2.038			
面砖	m^2	0.331			
外墙主要做法					
刮腻子	m^2	0.602			
弹性涂料	m^2	0.602			
天棚工程			**330 973**	**127.30**	**9.84%**
乳胶漆	m^2	0.290			
装配式 U 形轻钢龙骨	m^2	0.194			

续表

项目名称	单位	每平方米工程量	分部位清单计价合计（元）	每平方米价格（元）	占清单计价合计比例
铝合金条板龙骨	m^2	0.099			
矿棉板	m^2	0.590			
铝合金条板	m^2	0.099			
门窗工程			**501 924**	**193.05**	**14.92%**
钢质门	m^2	0.005			
木质门	m^2	0.052			
钢质防火门	m^2	0.044			
铝合金窗	m^2	0.173			
其他工程			**246 337**	**94.75**	**7.32%**
施工措施项目			**322 913**	**124.20**	**9.60%**
安全文明施工	元	22.54			
非夜间施工照明	元	0.70			
冬雨季施工	元	2.87			
脚手架工程	元	31.91			
垂直运输	元	15.73			
超高施工增加	元	42.25			
其他	元	8.20			
税金			**277 753**	**106.83**	**8.26%**
合计			**3 363 893**	**1 293.82**	**100.00%**

（7）安装工程分部位构成比例及主要工程量分析。

项目名称	单位	每平方米工程量	分部位清单计价合计（元）	每平方米价格（元）	占清单计价合计比例
给排水工程			**373 127**	**143.51**	**20.33%**
不锈钢管	m	0.096 5	16 259	6.25	0.89%
铸铁排水管	m	0.155 4	96 459	37.10	5.26%
PPR 给水管	m	0.115 4	13 436	5.17	0.73%

续表

项目名称	单位	每平方米工程量	分部位清单计价合计（元）	每平方米价格（元）	占清单计价合计比例
衬塑钢管	m	0.125 4	37 459	14.41	2.04%
管道支架	kg	0.077 7	5 494	2.11	0.30%
卫生洁具	套	0.039 2	12 107	4.66	0.66%
地漏、地面扫除口	个	0.015 8	3 338	1.28	0.18%
施工措施项目			**9 358**	**3.60**	**0.51%**
脚手架搭拆			2 600	1.00	0.14%
安全文明施工			5 479	2.11	0.30%
非夜间施工增加			1 101	0.42	0.06%
冬季施工增加			109	0.04	0.01%
竣工验收存档资料编制			69	0.03	0.004%
税金			**30 809**	**11.85**	**1.68%**
采暖工程			**228 029**	**87.70**	**12.43%**
焊接钢管	m	0.385 4	57 387	22.07	3.13%
管道支架	kg	0.029 6	2 093	0.81	0.11%
抗震支架	个	0.004 6	12 000	4.62	0.65%
阀门	个	0.108 8	25 993	10.00	1.42%
散热器	组	0.043 8	82 535	31.74	4.50%
施工措施项目			**7 714**	**2.97**	**0.42%**
脚手架搭拆			2 131	0.82	0.12%
安全文明施工			4 527	1.74	0.25%
非夜间施工增加			909	0.35	0.05%
冬季施工增加			90	0.03	0.003%
竣工验收存档资料编制			57	0.02	0.005%
税金			**18 828**	**7.24**	**1.03%**
电气工程			**1 037 947**	**399.21**	**56.57%**
配电箱	台	0.014 2	339 850	130.71	18.52%
开关	个	0.035 4	3 572	1.37	0.19%
插座	个	0.165 0	19 255	7.41	1.05%

续表

项目名称	单位	每平方米工程量	分部位清单计价合计（元）	每平方米价格（元）	占清单计价合计比例
电力电缆	m	0.098 1	87 073	33.49	4.75%
避雷网	m	0.141 2	25 713	9.89	1.40%
端子箱	个	0.005 4	9 701	3.73	0.53%
电气配管	m	2.453 8	140 410	54.00	7.65%
线槽	m	0.067 3	38 042	14.63	2.07%
电气配线	m	9.457 3	127 967	49.22	6.97%
接线盒	个	0.328 1	10 330	3.97	0.56%
一般铁构件	kg	0.099 2	6 309	2.43	0.34%
接线端子	个	0.023 1	1 182	0.45	0.06%
照明灯具	套	0.123 1	44 579	17.15	2.43%
系统调试			18 109	6.97	0.99%
施工措施项目			**25 674**	**9.87**	**1.40%**
脚手架搭拆			6 974	2.68	0.38%
安全文明施工			15 160	5.83	0.83%
非夜间施工增加			3 045	1.17	0.17%
冬季施工增加			303	0.12	0.02%
竣工验收存档资料编制			192	0.07	0.01%
税金			**85 702**	**32.96**	**4.67%**
通风空调工程			**92 019**	**35.39**	**5.01%**
风机	台	0.001 5	47 835	18.40	2.61%
风扇	台	0.009 6	9 625	3.70	0.52%
风管	m^2	0.013 8	8 784	3.38	0.48%
金属软管	m	0.004 2	195	0.08	0.01%
阀门	个	0.012 7	7 353	2.83	0.40%
风口	个	0.003 8	1 799	0.69	0.10%
抗震支架	个	0.002 7	7 000	2.69	0.38%
施工措施项目			**1 480**	**0.57**	**0.08%**
脚手架搭拆			406	0.16	0.02%

续表

项目名称	单位	每平方米工程量	分部位清单计价合计（元）	每平方米价格（元）	占清单计价合计比例
安全文明施工			871	0.34	0.05%
非夜间施工增加			175	0.07	0.01%
冬季施工增加			17	0.01	0.001%
竣工验收存档资料编制			11	0.00	0.001%
税金			**7 598**	**2.92**	**0.41%**
消防工程			**103 772**	**39.91**	**5.66%**
消火栓	套	0.003 8	10 589	4.07	0.58%
消防水泵结合器	套	0.003 8	43 057	16.56	2.35%
灭火器	具	0.052 7	12 868	4.95	0.70%
镀锌钢管	m	0.034 6	8 273	3.18	0.45%
管道支架	kg	0.025 8	1 819	0.70	0.10%
阀门	个	0.002 3	3 389	1.30	0.18%
抗震支架	个	0.001 2	3 000	1.15	0.16%
施工措施项目			**1 877**	**0.72**	**0.10%**
脚手架搭拆			510	0.20	0.03%
安全文明施工			1 108	0.43	0.06%
非夜间施工增加			223	0.09	0.01%
冬季施工增加			22	0.01	0.001%
竣工验收存档资料编制			14	0.01	0.001%
税金			**8 568**	**3.30**	**0.47%**
合计			**1 834 894**	**705.72**	**100.00%**

（8）建筑、装饰工程主要工、料消耗量分析。

项目名称	单位	建筑工程每平方米消耗量	装饰工程每平方米消耗量
人工	工日	3.836	1.828
水泥（综合）	kg	8.527	28.945
砂子	t	0.016	0.089

续表

项目名称	单位	建筑工程每平方米消耗量	装饰工程每平方米消耗量
白灰	kg	36.839	
钢筋	t	0.094	
玻璃	m^2		0.173
商品混凝土	m^3	0.491	0.027
预拌砂浆	t	0.035	0.202
保温轻质砂加气砌块	m^3	0.242	
高分子自粘胶膜卷材	m^2	0.337	
珍珠岩	m^3	0.024	
挤塑聚苯乙烯泡沫板	m^3	0.019	
岩棉板	m^3	0.063	
FTC 自调温相变蓄能保温材料	m^3	0.008	
陶瓷地面砖	m^2		0.744
木质活动地板	m^2		0.057
橡胶板	m^2		0.021
成品腻子粉	kg		6.226
苯丙乳胶漆	kg		0.081
防霉涂料	kg		0.917
墙面砖	m^2		0.344
弹性外墙涂料	kg		0.301
轻钢龙骨	m^2		0.197
铝合金条板龙骨	m		0.190
矿棉板	m^2		0.620
铝合金条板	m^2		0.087

第四节 医 院

内容提要

结构	檐高 (m)	层数	建筑面积 (m^2)	每平方米 价格 (元)
钢结构	63.15	地上14层，地下1层	62 732.90	6 457.25
框架结构	18.00	地上4层	3 972.00	5 079.97

一、钢 结 构

1. 医院 A

(1) 工程概况。

结构类型：钢结构			建筑面积：62 732.90m²				
基本特征	檐高	层数	层高	基础类型	利润率		
	63.15m	地上14层，地下1层	4.50m	桩承台基础、满堂基础	建筑	装饰	安装
					7.76%	24.00%	20.71%

(2) 工程主要特征。

项目名称		特征描述
建筑工程	基础工程	桩承台基础、满堂基础
	土方工程	机械挖土方
	打桩工程	钢筋混凝土钻孔灌注桩（$D=800$mm）、水泥搅拌桩（$D=850$mm）
	砌筑工程	加气混凝土砌块墙、蒸压加气混凝土墙板、轻钢龙骨石膏板墙
	混凝土及钢筋混凝土工程	现浇混凝土，AC40，AC50
	金属结构工程	钢柱、钢梁、钢承板
	屋面及防水工程	改性沥青卷材防水、耐根穿刺改性沥青卷材防水
	防腐、隔热、保温工程	屋面聚苯乙烯板保温
		外墙聚苯乙烯板保温、外墙岩棉板保温
装饰工程	内墙	水泥砂浆、刮腻子、乳胶漆、面砖、铝合金穿孔吸音板、不锈钢板、电化铝板、树脂板、铝合金复合板
	外墙	弹性涂料、格栅幕墙、铝板幕墙、玻璃幕墙
	天棚	乳胶漆、钙塑板、铝合金方板、铝合金穿孔吸音板、不锈钢板、铝板、铝合金扣板
	楼地面	水泥砂浆、花岗岩、陶瓷地砖、PVC 塑胶、橡胶、地毯、防静电金属地板
	门窗	木质门、钢质防火门、断桥隔热铝合金窗

续表

项目名称		特征描述
安装工程	给排水工程	不锈钢管、PVC-C管、钢塑复合管、镀锌钢管、铸铁排水管
	采暖工程	热镀锌钢管
	电气工程	钢管、电线管
	通风空调工程	中央空调机组、风机盘管、多联机空调器、镀锌薄钢板风管、铝合金风口
	消防工程	消火栓系统、喷淋系统、气体灭火系统、自动报警系统、钢管

（3）工程造价各项费用分析表。

工程价格（元）（以2020年预算基价为依据）		每平方米价格（元）	各项费用所占比例（%）							
			人工费	材料费	机械费	管理费	规费	利润	税金	合计
405 082 019		**6 457.25**	**19.26**	**51.92**	**5.16**	**2.63**	**7.02**	**5.75**	**8.26**	**100.00**
建筑工程		4 184.30	18.12	50.39	7.35	2.87	6.67	6.34	8.26	100.00
装饰工程		1 584.67	20.89	55.79	1.25	1.82	7.32	4.67	8.26	100.00
安装工程		688.28	22.47	52.30	0.84	3.02	8.46	4.65	8.26	100.00
其中	给排水工程	62.35	20.02	56.66	0.67	2.71	7.54	4.14	8.26	100.00
	采暖工程	27.91	21.53	54.37	0.50	2.79	8.10	4.45	8.26	100.00
	电气工程	144.58	16.54	62.81	0.48	2.23	6.23	3.45	8.26	100.00
	通风空调工程	288.73	23.31	50.52	1.17	3.13	8.77	4.84	8.26	100.00
	消防工程	164.71	27.28	44.19	0.68	3.66	10.27	5.66	8.26	100.00

（4）工程量清单计价汇总。

项目名称	造价（元/m^2）	占总造价比例
建筑工程工程量清单计价合计	**4 184.30**	**64.80%**
其中施工措施项目	509.61	7.89%
装饰工程工程量清单计价合计	**1 584.67**	**24.54%**
其中施工措施项目	99.01	1.53%
安装工程工程量清单计价合计	**688.28**	**10.66%**

续表

项目名称		造价 （元/m^2）	占总造价比例
其中	给排水工程	62.35	0.97%
	其中施工措施项目	0.39	0.01%
	采暖工程	27.91	0.43%
	其中施工措施项目	1.01	0.02%
	电气工程	144.58	2.24%
	其中施工措施项目	4.04	0.06%
	通风空调工程	288.73	4.47%
	其中施工措施项目	11.54	0.18%
	消防工程	164.71	2.55%
	其中施工措施项目	7.57	0.12%
总造价		**6 457.25**	**100.00%**

（5）建筑工程分部位构成比例及主要工程量分析。

项目名称	单位	每平方米工程量	分部位清单计价合计（元）	每平方米价格（元）	占清单计价合计比例
土方工程			**9 587 427**	**152.83**	**3.65%**
机械土方	m^3	2.055			
打桩工程			**41 507 193**	**661.65**	**15.81%**
钢筋混凝土钻孔灌注桩（D=800mm）	m^3	0.261			
水泥搅拌桩（D=850mm）	m^3	0.203			
砌筑工程			**11 946 341**	**190.43**	**4.55%**
加气混凝土砌块墙	m^3	0.032			
蒸压加气混凝土墙板	m^3	0.092			
轻钢龙骨石膏板隔墙	m^2	0.591			
混凝土及钢筋混凝土工程			**70 821 966**	**1 128.94**	**26.99%**
混凝土基础	m^3	0.173			
混凝土柱	m^3	0.028			
混凝土梁	m^3	0.003			
混凝土墙	m^3	0.091			

续表

项目名称	单位	每平方米工程量	分部位清单计价合计（元）	每平方米价格（元）	占清单计价合计比例
混凝土板	m^3	0.209			
金属结构工程			**60 297 711**	**961.18**	**22.97%**
钢柱	t	0.034			
钢梁	t	0.046			
钢承板	m^2	0.556			
屋面及防水工程			**11 713 158**	**186.71**	**4.46%**
改性沥青卷材防水	m^2	0.104			
耐根穿刺改性沥青卷材防水	m^2	0.025			
防腐、隔热、保温工程			**2 977 394**	**47.46**	**1.13%**
屋面聚苯乙烯板保温	m^2	0.128			
外墙岩棉板保温	m^2	0.235			
外墙聚苯乙烯板保温	m^2	0.042			
施工措施项目			**31 969 027**	**509.61**	**12.18%**
安全文明施工	元	123.96			
夜间施工	元	4.08			
非夜间施工照明	元	1.62			
冬雨季施工	元	27.44			
脚手架工程	元	27.61			
混凝土模板及支架	元	150.05			
垂直运输	元	47.62			
超高施工增加	元	76.79			
大型机械设备进出场及安拆	元	7.07			
施工排水、降水	元	13.95			
其他	元	29.42			
税金			**21 673 819**	**345.49**	**8.26%**
合计			**262 494 036**	**4 184.30**	**100.00%**

（6）装饰工程分部位构成比例及主要工程量分析。

项目名称	单位	每平方米工程量	分部位清单计价合计（元）	每平方米价格（元）	占清单计价合计比例
楼地面工程			**11 881 339**	**189.40**	**11.95%**
水泥砂浆地面	m^2	0.144			
花岗岩地面	m^2	0.011			
陶瓷地砖地面	m^2	0.265			
PVC 塑胶地面	m^2	0.216			
橡胶地面	m^2	0.146			
地毯地面	m^2	0.006			
防静电金属地板	m^2	0.002			
墙、柱面工程			**51 245 043**	**816.88**	**51.54%**
内墙主要做法					
水泥砂浆	m^2	0.240			
刮腻子	m^2	0.164			
乳胶漆	m^2	0.385			
面砖	m^2	0.067			
铝合金穿孔吸音板	m^2	0.148			
电化铝板	m^2	0.019			
不锈钢面板	m^2	0.267			
树脂板	m^2	0.027			
铝合金复合板	m^2	0.030			
外墙主要做法					
弹性涂料	m^2	0.080			
格栅幕墙	m^2	0.153			
铝板幕墙	m^2	0.131			
玻璃幕墙	m^2	0.059			
天棚工程			**8 943 668**	**142.57**	**9.00%**
乳胶漆	m^2	0.194			
铝合金轻型方板龙骨	m^2	0.004			

续表

项目名称	单位	每平方米工程量	分部位清单计价合计（元）	每平方米价格（元）	占清单计价合计比例
装配式 U 形轻钢龙骨	m^2	0.586			
钙塑板	m^2	0.472			
铝合金方板	m^2	0.004			
铝合金穿孔吸音板	m^2	0.070			
不锈钢板	m^2	0.009			
铝板	m^2	0.016			
铝合金扣板	m^2	0.020			
门窗工程			**12 204 657**	**194.55**	**12.28%**
钢质防火门	m^2	0.035			
断桥隔热铝合金窗	m^2	0.085			
其他工程			**716 669**	**11.42**	**0.72%**
施工措施项目			**6 211 028**	**99.01**	**6.25%**
安全文明施工	元	25.36			
非夜间施工照明	元	0.79			
冬雨季施工	元	3.23			
脚手架工程	元	17.89			
垂直运输	元	12.07			
超高施工增加	元	36.30			
其他	元	3.37			
税金			**8 208 216**	**130.84**	**8.26%**
合计			**99 410 620**	**1 584.67**	**100.00%**

（7）安装工程分部位构成比例及主要工程量分析。

项目名称	单位	每平方米工程量	分部位清单计价合计（元）	每平方米价格（元）	占清单计价合计比例
给排水工程			**3 911 464**	**62.35**	**9.06%**
不锈钢管	m	0.119 3	994 553	15.85	2.30%

续表

项目名称	单位	每平方米工程量	分部位清单计价合计（元）	每平方米价格（元）	占清单计价合计比例
PVC-C 管	m	0.051 4	131 271	2.09	0.30%
钢塑复合管	m	0.002 7	18 795	0.30	0.04%
镀锌钢管	m	0.017 0	244 467	3.90	0.57%
铸铁排水管	m	0.090 0	1 445 772	23.05	3.35%
管道支架	kg	0.094 7	161 630	2.58	0.37%
阀门	个	0.021 3	130 453	2.08	0.30%
水表	组	0.001 4	37 453	0.60	0.09%
卫生洁具	套	0.003 4	114 647	1.83	0.27%
施工措施项目			**24 286**	**0.39**	**0.06%**
脚手架搭拆			6 657	0.11	0.02%
安全文明施工			14 292	0.23	0.03%
非夜间施工增加			181	0.00	0.000 4%
冬季施工增加			2 871	0.05	0.01%
竣工验收存档资料编制费			285	0.01	0.001%
税金			**322 965**	**5.15**	**0.75%**
采暖工程			**1 750 995**	**27.91**	**4.05%**
热镀锌钢管	m	0.110 1	497 972	7.94	1.15%
管道支架	kg	0.013 5	20 895	0.33	0.05%
阀门	个	0.012 2	70 845	1.13	0.16%
散热器	组	0.005 4	215 689	3.44	0.50%
地板辐射采暖	m^2	0.026 9	592 809	9.45	1.37%
分集水器	台	0.000 2	5 564	0.09	0.01%
系统调试			39 159	0.62	0.09%
施工措施项目			**63 393**	**1.01**	**0.15%**
脚手架搭拆			17 482	0.28	0.04%
安全文明施工			37 220	0.59	0.09%

续表

项目名称	单位	每平方米工程量	分部位清单计价合计（元）	每平方米价格（元）	占清单计价合计比例
非夜间施工增加			472	0.01	0.001%
冬季施工增加			7 476	0.12	0.02%
竣工验收存档资料编制			743	0.01	0.002%
税金			**144 578**	**2.30**	**0.33%**
电气工程			**9 069 883**	**144.58**	**21.01%**
配电箱	台	0.007 0	2 721 419	43.38	6.30%
开关	个	0.004 4	11 608	0.19	0.03%
插座	个	0.043 9	122 406	1.95	0.28%
电力电缆	m	0.111 0	395 643	6.31	0.92%
控制电缆	m	0.033 7	36 983	0.59	0.09%
电缆头	个	0.003 4	28 547	0.46	0.07%
T 接箱	台	0.002 7	74 839	1.19	0.17%
避雷网	m	0.073 6	207 116	3.30	0.48%
接地母线	m	0.003 7	74 019	1.18	0.17%
电气配管	m	1.447 5	1 697 210	27.05	3.93%
电力桥架	m	0.042 3	780 294	12.44	1.81%
电气配线	m	2.950 2	815 351	13.00	1.89%
接线盒	个	0.108 4	90 259	1.44	0.21%
灯具	套	0.039 4	760 317	12.12	1.76%
系统调试			94 619	1.51	0.22%
施工措施项目			**253 600**	**4.04**	**0.59%**
脚手架搭拆			69 617	1.11	0.16%
安全文明施工			149 154	2.38	0.35%
非夜间施工增加			1 891	0.03	0.004%
冬季施工增加			29 959	0.48	0.07%
竣工验收存档资料编制			2 979	0.05	0.01%

续表

项目名称	单位	每平方米工程量	分部位清单计价合计（元）	每平方米价格（元）	占清单计价合计比例
税金			**748 889**	**11.94**	**1.73%**
通风空调工程			**18 112 853**	**288.73**	**41.95%**
水泵	台	0.000 1	168 493	2.69	0.39%
冷却塔	台	0.000 05	463 100	7.38	1.07%
空调设备	台	0.001 5	1 343 123	21.41	3.11%
风机	台	0.022 7	1 918 572	30.58	4.44%
风管	m^2	0.348 2	4 646 464	74.07	10.76%
阀门	个	0.077 1	1 364 985	21.76	3.16%
风口	个	0.052 3	1 168 737	18.63	2.71%
消音器	个	0.000 5	36 567	0.58	0.08%
钢管	m	0.357 2	1 955 377	31.17	4.53%
铜管	m	0.011 7	54 732	0.87	0.13%
管道支架	kg	0.088 3	136 497	2.18	0.32%
系统调试			309 813	4.94	0.72%
施工措施项目			**723 954**	**11.54**	**1.68%**
脚手架搭拆			195 727	3.12	0.45%
安全文明施工			428 231	6.83	0.99%
非夜间施工增加			5 430	0.09	0.01%
冬季施工增加			86 014	1.37	0.20%
竣工验收存档资料编制			8 552	0.14	0.02%
税金			**1 495 557**	**23.84**	**3.46%**
消防工程			**10 332 525**	**164.71**	**23.93%**
水泵	台	0.000 1	31 940	0.51	0.07%
电气配管	m	0.671 9	956 283	15.24	2.21%
消防桥架	m	0.035 5	296 088	4.72	0.69%
电气配线	m	1.869 2	623 629	9.94	1.44%

续表

项目名称	单位	每平方米工程量	分部位清单计价合计（元）	每平方米价格（元）	占清单计价合计比例
接线盒	个	0.049 3	36 628	0.58	0.08%
喷头	只	0.095 4	369 999	5.90	0.86%
无缝钢管	m	0.006 8	39 933	0.64	0.09%
消火栓	套	0.004 4	289 788	4.62	0.67%
灭火器	个	0.003 7	311 059	4.96	0.72%
探测器	只	0.029 3	375 858	5.99	0.87%
按钮	只	0.011 4	126 390	2.01	0.29%
模块	只	0.034 1	1 029 277	16.41	2.38%
报警设备	台	0.012 9	356 602	5.68	0.83%
镀锌钢管	m	0.377 7	2 904 463	46.30	6.73%
管道支架	kg	0.149 2	252 030	4.02	0.58%
阀门	个	0.004 1	209 206	3.33	0.48%
系统调试			227 527	3.63	0.53%
施工措施项目			**474 971**	**7.57**	**1.10%**
脚手架搭拆			130 798	2.08	0.30%
安全文明施工			279 019	4.45	0.65%
非夜间施工增加			3 538	0.06	0.01%
冬季施工增加			56 044	0.89	0.13%
竣工验收存档资料编制			5 572	0.09	0.01%
税金			**853 144**	**13.60**	**1.98%**
合计			**43 177 720**	**688.28**	**100.00%**

（8）建筑、装饰工程主要工、料消耗量分析。

项目名称	单位	建筑工程每平方米消耗量	装饰工程每平方米消耗量
人工	工日	5.293	1.891
水泥（综合）	kg	100.852	10.385
砂子	t	0.014	0.047

续表

项目名称	单位	建筑工程每平方米消耗量	装饰工程每平方米消耗量
白灰	kg	7.381	0.057
钢筋	t	0.125	
钢材	t	0.084	
玻璃	m^2		0.064
热反射玻璃	m^2		0.061
商品混凝土	m^3	1.160	0.053
预拌砂浆	t	0.058	0.072
加气混凝土砌块	m^3	0.031	
蒸压加气混凝土墙板	m^3	0.092	
石膏板隔墙	m^2	0.620	
SBS 改性沥青防水卷材	m^2	0.120	
耐根穿刺防水卷材	m^2	0.028	
聚苯板	m^3	0.009	
岩棉板	m^3	0.012	
钢承板	m^2	0.568	
花岗岩板	m^2		0.011
陶瓷地面砖	m^2		0.271
塑料地板卷材	m^2		0.237
再生橡胶卷材	m^2		0.161
地毯	m^2		0.006
铝质防静电地板	m^2		0.002
成品腻子粉	kg		1.649
苯丙乳胶漆	kg		0.155
墙面砖	m^2		0.069
铝合金穿孔吸音板	m^2		0.156
电化铝装饰板	m^2		0.020
不锈钢板	m^2		0.309
树脂板	m^2		0.030

续表

项目名称	单位	建筑工程每平方米消耗量	装饰工程每平方米消耗量
铝合金复合板	m^2		0.034
弹性外墙涂料	kg		0.040
铝格栅	m^2		0.156
铝单板	m^2		0.134
铝合金龙骨	m		0.018
轻钢龙骨	m^2		0.595
钙塑板	m^2		0.496
铝合金方板	m^2		0.004
铝合金穿孔吸音板	m^2		0.074
镜面不锈钢板	m^2		0.009
铝板	m^2		0.016
铝合金扣板	m^2		0.020

二、框架结构

1. 医院 B

(1) 工程概况。

结构类型：框架结构			建筑面积：3 972.00m²				
基本特征	檐高	层数	层高	基础类型	利润率		
	18.00m	地上 4 层	4.20m	桩承台基础、满堂基础	建筑	装饰	安装
					7.76%	24.00%	20.71%

(2) 工程主要特征。

项目名称		特征描述
建筑工程	基础工程	桩承台基础、满堂基础
	土方工程	机械挖土方
	打桩工程	预制钢筋混凝土方桩（400mm×400mm）
	砌筑工程	加气混凝土砌块墙、蒸压加气混凝土条板
	混凝土及钢筋混凝土工程	现浇混凝土，AC20，AC25，AC30，BC30P8，AC35，AC40，AC45
	屋面及防水工程	改性沥青卷材防水
	防腐、隔热、保温工程	屋面聚苯乙烯板保温、屋面聚苯颗粒保温砂浆保温
		内墙聚苯颗粒保温砂浆保温
		外墙聚苯乙烯板保温、外墙聚苯颗粒保温砂浆保温
装饰工程	内墙	水泥砂浆、刮腻子、乳胶漆、面砖、防霉涂料
	外墙	刮腻子、弹性涂料、铝板幕墙、玻璃幕墙
	天棚	刮腻子、乳胶漆、防霉涂料、矿棉板、铝扣板、石膏板
	楼地面	橡胶板、水泥砂浆、细石混凝土、陶瓷地砖、铝质防静电活动地板
	门窗	木质门、钢质门、钢质防火门、断桥隔热铝合金窗
安装工程	给排水工程	钢塑复合管、镀锌钢管、PPR 管、UPVC 管
	采暖工程	无缝钢管
	电气工程	监控系统、网络系统、有线电视系统、能耗监控系统、钢管、电线管
	通风空调工程	镀锌薄钢板风管、铝合金风口
	消防工程	消火栓系统、喷淋系统、自动报警系统、钢管、电线管

（3）工程造价各项费用分析表。

工程价格（元）（以2020年预算基价为依据）		每平方米价格（元）	各项费用所占比例（%）							
			人工费	材料费	机械费	管理费	规费	利润	税金	合计
20 177 641		**5 079.97**	**20.60**	**53.06**	**2.23**	**2.49**	**7.75**	**5.61**	**8.26**	**100.00**
建筑工程		2 369.65	19.53	49.68	5.68	2.89	7.35	6.61	8.26	100.00
装饰工程		1 807.12	22.87	54.90	0.95	1.85	6.82	4.35	8.26	100.00
安装工程		903.20	25.02	47.97	0.92	3.36	9.33	5.14	8.26	100.00
其中	给排水工程	113.70	15.02	65.78	0.20	1.99	5.65	3.10	8.26	100.00
	采暖工程	119.93	20.15	56.72	0.42	2.69	7.58	4.18	8.26	100.00
	电气工程	306.47	14.49	66.17	0.63	1.98	5.46	3.01	8.26	100.00
	通风空调工程	65.74	9.52	75.10	0.28	1.27	3.59	1.98	8.26	100.00
	消防工程	297.36	10.60	73.02	0.48	1.45	3.98	2.21	8.26	100.00

（4）工程量清单计价汇总。

项目名称		造价（元/m^2）	占总造价比例
建筑工程工程量清单计价合计		**2 369.65**	**46.65%**
其中施工措施项目		476.74	9.38%
装饰工程工程量清单计价合计		**1 807.12**	**35.57%**
其中施工措施项目		76.42	1.50%
安装工程工程量清单计价合计		**903.20**	**17.78%**
其中	给排水工程	113.70	2.24%
	其中施工措施项目	5.58	0.11%
	采暖工程	119.93	2.36%
	其中施工措施项目	4.62	0.09%
	电气工程	306.47	6.03%
	其中施工措施项目	12.92	0.25%
	通风空调工程	65.74	1.29%
	其中施工措施项目	2.86	0.06%
	消防工程	297.36	5.85%
	其中施工措施项目	13.95	0.27%
总造价		**5 079.97**	**100.00%**

（5）建筑工程分部位构成比例及主要工程量分析。

项目名称	单位	每平方米工程量	分部位清单计价合计（元）	每平方米价格（元）	占清单计价合计比例
土方工程			**243 775**	**61.37**	**2.59%**
机械土方	m^3	0.862			
打桩工程			**658 257**	**165.72**	**6.99%**
预制钢筋混凝土方桩（400mm×400mm）	m^3	0.105			
砌筑工程			**906 099**	**228.12**	**9.63%**
加气混凝土砌块墙	m^3	0.125			
蒸压加气混凝土条板	m^3	0.158			
混凝土及钢筋混凝土工程			**4 062 117**	**1 022.69**	**43.16%**
混凝土基础	m^3	0.123			
混凝土柱	m^3	0.083			
混凝土梁	m^3	0.013			
混凝土墙	m^3	0.034			
混凝土板	m^3	0.215			
钢筋桁架楼承板	m^2	0.646			
屋面及防水工程			**458 831**	**115.52**	**4.87%**
改性沥青卷材防水	m^2	0.190			
防腐、隔热、保温工程			**412 420**	**103.83**	**4.38%**
屋面聚苯乙烯板保温	m^2	0.190			
屋面聚苯颗粒保温砂浆保温	m^2	0.163			
内墙聚苯颗粒保温砂浆保温	m^2	0.084			
外墙聚苯乙烯板保温	m^2	0.516			
外墙聚苯颗粒保温砂浆保温	m^2	0.017			
施工措施项目			**1 893 617**	**476.74**	**20.12%**
安全文明施工	元	74.71			
夜间施工	元	2.29			
非夜间施工照明	元	0.91			
冬雨季施工	元	15.37			

续表

项目名称	单位	每平方米工程量	分部位清单计价合计（元）	每平方米价格（元）	占清单计价合计比例
脚手架工程	元	61.84			
混凝土模板及支架	元	226.71			
垂直运输	元	20.88			
大型机械设备进出场及安拆	元	48.88			
施工排水、降水	元	5.63			
其他	元	19.52			
税金			**777 160**	**195.66**	**8.26%**
合计			**9 412 276**	**2 369.65**	**100.00%**

（6）装饰工程分部位构成比例及主要工程量分析。

项目名称	单位	每平方米工程量	分部位清单计价合计（元）	每平方米价格（元）	占清单计价合计比例
楼地面工程			**1 173 638**	**295.48**	**16.35%**
橡胶板地面	m^2	0.548			
水泥砂浆地面	m^2	0.007			
细石混凝土地面	m^2	0.060			
陶瓷地砖地面	m^2	0.181			
铝质防静电活动地板地面	m^2	0.020			
墙、柱面工程			**3 539 231**	**891.05**	**49.30%**
内墙主要做法					
水泥砂浆	m^2	0.127			
刮腻子	m^2	0.119			
乳胶漆	m^2	1.622			
面砖	m^2	0.232			
防霉涂料	m^2	0.035			
外墙主要做法					
刮腻子	m^2	0.563			

续表

项目名称	单位	每平方米工程量	分部位清单计价合计（元）	每平方米价格（元）	占清单计价合计比例
弹性涂料	m^2	0.563			
铝板幕墙	m^2	0.559			
玻璃幕墙	m^2	0.123			
天棚工程			**688 687**	**173.39**	**9.59%**
刮腻子	m^2	0.779			
乳胶漆	m^2	0.725			
防霉涂料	m^2	0.659			
装配式 U 形轻钢龙骨	m^2	0.667			
矿棉板	m^2	0.062			
铝扣板	m^2	0.062			
石膏板	m^2	0.593			
门窗工程			**807 910**	**203.40**	**11.26%**
木质门	m^2	0.063			
钢质门	m^2	0.018			
钢质防火门	m^2	0.013			
断桥隔热铝合金窗	m^2	0.208			
其他工程			**72 161**	**18.17**	**1.01%**
施工措施项目			**303 542**	**76.42**	**4.23%**
安全文明施工	元	33.28			
非夜间施工照明	元	1.03			
冬雨季施工	元	4.24			
脚手架工程	元	24.96			
垂直运输	元	12.07			
其他	元	0.84			
税金			**592 665**	**149.21**	**8.26%**
合计			**7 177 834**	**1 807.12**	**100.00%**

（7）安装工程分部位构成比例及主要工程量分析。

项目名称	单位	每平方米工程量	分部位清单计价合计（元）	每平方米价格（元）	占清单计价合计比例
给排水工程			**451 631**	**113.70**	**12.59%**
热水器	个	0.018 1	30 330	7.64	0.85%
钢塑复合管	m	0.238 8	75 296	18.96	2.10%
镀锌钢管	m	0.008 9	5 548	1.40	0.15%
PPR 管	m	0.055 0	10 166	2.56	0.28%
UPVC 管	m	0.291 7	100 123	25.21	2.79%
管道支架	kg	0.030 5	2 934	0.74	0.08%
阀门	个	0.070 2	24 991	6.29	0.70%
卫生洁具	套	0.037 0	75 043	18.89	2.09%
地漏	个	0.023 4	5 499	1.38	0.15%
施工措施项目			**22 150**	**5.58**	**0.62%**
脚手架搭拆			6 139	1.55	0.17%
安全文明施工			12 980	3.27	0.36%
非夜间施工增加			165	0.04	0.005%
冬季施工增加			2 607	0.66	0.07%
竣工验收存档资料编制			259	0.07	0.007%
税金			**37 291**	**9.39**	**1.04%**
采暖工程			**476 353**	**119.93**	**13.28%**
无缝钢管	m	0.482 5	170 575	42.94	4.75%
管道支架	kg	0.070 5	6 784	1.71	0.19%
阀门	个	0.093 4	49 361	12.43	1.38%
散热器	组	0.046 6	154 903	39.00	4.32%
施工措施项目			**18 354**	**4.62**	**0.51%**
脚手架搭拆			5 076	1.28	0.14%
安全文明施工			10 764	2.71	0.30%
非夜间施工增加			137	0.03	0.004%
冬季施工增加			2 162	0.54	0.06%

续表

项目名称	单位	每平方米工程量	分部位清单计价合计（元）	每平方米价格（元）	占清单计价合计比例
竣工验收存档资料编制			215	0.05	0.006%
税金			**39 332**	**9.90**	**1.10%**
电气工程			**1 217 283**	**306.47**	**33.93%**
配电箱	台	0.013 6	146 513	36.89	4.08%
开关	个	0.056 4	8 783	2.21	0.25%
插座	个	0.163 1	25 090	6.32	0.70%
电力电缆	m	0.399 1	186 293	46.90	5.19%
接地母线	m	0.188 1	32 089	8.08	0.89%
避雷网	m	0.138 2	47 279	11.90	1.32%
端子箱	台	0.016 6	43 284	10.90	1.21%
电气配管	m	2.316 8	200 259	50.42	5.58%
强电桥架	m	0.085 1	63 822	16.07	1.78%
电气配线	m	9.190 5	165 103	41.57	4.60%
开关盒、接线盒	个	0.419 4	20 939	5.27	0.58%
灯具	套	0.181 8	97 828	24.63	2.73%
系统调试			23 010	5.79	0.64%
施工措施项目			**51 337**	**12.92**	**1.43%**
脚手架搭拆			14 114	3.55	0.39%
安全文明施工			30 176	7.60	0.84%
非夜间施工增加			383	0.10	0.01%
冬季施工增加			6 061	1.53	0.17%
竣工验收存档资料编制			603	0.15	0.02%
税金			**100 510**	**25.30**	**2.80%**
通风空调工程			**261 126**	**65.74**	**7.28%**
风机	台	0.012 1	53 674	13.51	1.50%
风管	m^2	0.138 5	127 019	31.98	3.54%
阀门	个	0.014 6	28 415	7.15	0.79%

续表

项目名称	单位	每平方米工程量	分部位清单计价合计（元）	每平方米价格（元）	占清单计价合计比例
风口	个	0.009 6	10 001	2.52	0.28%
静压箱	个	0.000 8	8 401	2.12	0.23%
施工措施项目			**11 360**	**2.86**	**0.32%**
脚手架搭拆			3 082	0.78	0.09%
安全文明施工			6 711	1.69	0.19%
非夜间施工增加			85	0.02	0.002%
冬季施工增加			1 348	0.34	0.04%
竣工验收存档资料编制			134	0.03	0.004%
税金			**21 561**	**5.43**	**0.60%**
消防工程			**1 181 100**	**297.36**	**32.92%**
电气配管	m	0.611 4	52 427	13.20	1.46%
消防桥架	m	0.013 2	8 847	2.23	0.25%
电气配线	m	0.987 2	23 879	6.01	0.67%
镀锌钢管	m	0.362 9	124 582	31.37	3.47%
喷头	只	0.099 7	38 784	9.76	1.08%
消火栓	套	0.005 0	26 856	6.76	0.75%
管道支架	kg	0.058 9	6 692	1.68	0.19%
探测器	只	0.057 7	77 170	19.43	2.15%
消防按钮	只	0.007 0	9 678	2.44	0.27%
模块	只	0.044 1	126 063	31.74	3.51%
消防报警设备	台	0.014 9	132 820	33.44	3.70%
监控器	台	0.001 3	37 826	9.52	1.05%
镀锌钢管	m	0.125 7	83 022	20.90	2.31%
阀门	个	0.013 3	33 038	8.32	0.92%
稳压设备	套	0.000 5	40 504	10.20	1.13%
消防水箱	台	0.000 5	45 002	11.33	1.25%
系统调试			22 392	5.64	0.62%

续表

项目名称	单位	每平方米工程量	分部位清单计价合计（元）	每平方米价格（元）	占清单计价合计比例
施工措施项目			**55 427**	**13.95**	**1.55%**
脚手架搭拆			15 322	3.86	0.43%
安全文明施工			32 513	8.19	0.91%
非夜间施工增加			413	0.10	0.01%
冬季施工增加			6 530	1.64	0.18%
竣工验收存档资料编制			649	0.16	0.02%
税金			**97 522**	**24.55**	**2.72%**
合计			**3 587 493**	**903.20**	**100.00%**

（8）建筑、装饰工程主要工、料消耗量分析。

项目名称	单位	建筑工程每平方米消耗量	装饰工程每平方米消耗量
人工	工日	3.513	1.959
水泥（综合）	kg	3.091	22.611
砂子	t	0.008	0.055
白灰	kg	35.626	13.240
钢筋	t	0.096	
玻璃	m^2		0.217
热反射玻璃	m^2		0.118
商品混凝土	m^3	0.556	0.068
预拌砂浆	t	0.064	0.094
预制钢筋混凝土方桩	m^3	0.105	
加气混凝土砌块	m^3	0.128	
蒸压加气混凝土条板	m^3	0.161	
钢筋桁架楼承板	m^2	0.685	
SBS 改性沥青防水卷材	m^2	0.220	
聚苯乙烯泡沫塑料板	m^3	0.036	

续表

项目名称	单位	建筑工程每平方米消耗量	装饰工程每平方米消耗量
胶粉聚苯颗粒保温浆料	m^3	0.011	
橡胶板	m^2		0.575
陶瓷地面砖	m^2		0.186
铝质防静电地板	m^2		0.020
成品腻子粉	kg		7.866
苯丙乳胶漆	kg		0.843
墙面砖	m^2		0.242
防霉涂料	kg		0.337
弹性外墙涂料	kg		0.282
铝单板	m^2		0.570
轻钢龙骨	m^2		0.677
矿棉板	m^2		0.065
铝扣板	m^2		0.063
石膏板	m^2		0.623

第五节　幼　儿　园

内容提要

结构	檐高（m）	层数	建筑面积（m^2）	每平方米价格（元）
框架结构	12.70	地上3层	2 932.97	3 660.76
	13.80	地上3层，地下1层	5 950.00	4 960.11
装配式混凝土结构	12.15	地上3层	3 999.53	4 466.91
	14.45	地上3层，地下1层	3 899.06	4 995.37
钢结构	13.20	地上3层	4 170.00	5 602.36

一、框架结构

1. 幼儿园 A

(1) 工程概况。

结构类型：框架结构			建筑面积：2 932.97m²				
基本特征	檐高	层数	层高	基础类型	利润率		
					建筑	装饰	安装
	12.70m	地上 3 层	3.90m	桩承台基础	7.76%	24.00%	20.71%

(2) 工程主要特征。

项目名称		特征描述
建筑工程	基础工程	桩承台基础
	土方工程	机械挖土方
	砌筑工程	加气混凝土砌块墙
	混凝土及钢筋混凝土工程	现浇混凝土，AC30
	屋面及防水工程	改性沥青卷材防水
	防腐、隔热、保温工程	屋面聚苯乙烯板保温、屋面岩棉板保温
		外墙岩棉板保温、外墙聚苯颗粒保温砂浆保温
装饰工程	内墙	乳胶漆、面砖、刮腻子
	外墙	刮腻子、弹性涂料
	天棚	刮腻子
	楼地面	水泥砂浆、陶瓷地砖、复合木地板
	门窗	木质门、钢质防火门、断桥隔热铝合金窗
安装工程	给排水工程	钢塑复合管、PPR 管、UPVC 管、聚乙烯复合管
	采暖工程	镀锌钢管、直埋保温管
	电气工程	电铃系统、电视系统、监控系统、能耗监测系统、综合布线系统、钢管、电线管、塑料管
	消防工程	消火栓系统、喷淋系统、自动报警系统、钢管、电线管

(3) 工程造价各项费用分析表。

工程价格（元）（以2020年预算基价为依据）		每平方米价格（元）	各项费用所占比例（%）							
			人工费	材料费	机械费	管理费	规费	利润	税金	合计
10 736 899		**3 660.76**	**23.82**	**47.89**	**2.16**	**2.86**	**8.96**	**6.05**	**8.26**	**100.00**
建筑工程		1 743.66	23.44	46.29	3.50	3.09	8.82	6.60	8.26	100.00
装饰工程		1 213.87	26.24	45.70	1.05	2.58	9.87	6.30	8.26	100.00
安装工程		703.23	20.58	55.63	0.74	2.78	7.75	4.26	8.26	100.00
其中	给排水工程	113.13	17.49	60.51	1.10	2.43	6.59	3.62	8.26	100.00
	采暖工程	91.91	17.05	61.82	0.67	2.25	6.42	3.53	8.26	100.00
	电气工程	306.56	21.52	54.10	0.65	2.90	8.10	4.47	8.26	100.00
	消防工程	191.63	22.60	52.22	0.69	3.05	8.51	4.67	8.26	100.00

(4) 工程量清单计价汇总。

项目名称		造价（元/m^2）	占总造价比例
建筑工程工程量清单计价合计		**1 743.66**	**47.63%**
其中施工措施项目		462.40	12.63%
装饰工程工程量清单计价合计		**1 213.87**	**33.16%**
其中施工措施项目		80.80	2.21%
安装工程工程量清单计价合计		**703.23**	**19.21%**
其中	给排水工程	113.13	3.09%
	其中施工措施项目	3.42	0.09%
	采暖工程	91.91	2.51%
	其中施工措施项目	2.67	0.07%
	电气工程	306.56	8.37%
	其中施工措施项目	11.16	0.30%
	消防工程	191.63	5.23%
	其中施工措施项目	7.32	0.20%
总造价		**3 660.76**	**100.00%**

（5）建筑工程分部位构成比例及主要工程量分析。

项目名称	单位	每平方米工程量	分部位清单计价合计（元）	每平方米价格（元）	占清单计价合计比例
土方工程			**55 982**	**19.09**	**1.09%**
机械土方	m^3	0.370			
砌筑工程			**509 843**	**173.83**	**9.97%**
加气混凝土砌块墙	m^3	0.197			
混凝土及钢筋混凝土工程			**2 040 993**	**695.88**	**39.91%**
混凝土基础	m^3	0.047			
混凝土柱	m^3	0.055			
混凝土板	m^3	0.178			
屋面及防水工程			**244 125**	**83.23**	**4.77%**
改性沥青卷材防水	m^2	0.405			
防腐、隔热、保温工程			**484 705**	**165.26**	**9.48%**
屋面聚苯乙烯板保温	m^2	0.405			
屋面岩棉板保温	m^2	0.039			
外墙岩棉板保温	m^2	0.489			
外墙聚苯颗粒保温砂浆保温	m^2	0.415			
施工措施项目			**1 356 196**	**462.40**	**26.52%**
安全文明施工	元	49.17			
夜间施工	元	1.80			
非夜间施工照明	元	0.71			
冬雨季施工	元	12.12			
脚手架工程	元	61.84			
混凝土模板及支架	元	286.58			
垂直运输	元	20.88			
大型机械设备进出场及安拆	元	3.96			
施工排水、降水	元	13.90			
其他	元	11.44			
税金			**422 266**	**143.97**	**8.26%**
合计			**5 114 110**	**1 743.66**	**100.00%**

（6）装饰工程分部位构成比例及主要工程量分析。

项目名称	单位	每平方米工程量	分部位清单计价合计（元）	每平方米价格（元）	占清单计价合计比例
楼地面工程			**1 081 719**	**368.81**	**30.38%**
水泥砂浆地面	m^2	0.012			
陶瓷地砖地面	m^2	0.151			
复合木地板地面	m^2	0.694			
墙、柱面工程			**1 165 492**	**397.38**	**32.74%**
内墙主要做法					
刮腻子	m^2	1.651			
乳胶漆	m^2	1.651			
面砖	m^2	0.633			
外墙主要做法					
刮腻子	m^2	0.924			
弹性涂料	m^2	0.924			
天棚工程			**121 485**	**41.42**	**3.41%**
刮腻子	m^2	1.100			
门窗工程			**566 816**	**193.26**	**15.92%**
木质门	m^2	0.049			
钢质防火门	m^2	0.009			
断桥隔热铝合金窗	m^2	0.192			
其他工程			**93 762**	**31.97**	**2.63%**
施工措施项目			**236 993**	**80.80**	**6.66%**
安全文明施工	元	25.61			
非夜间施工照明	元	0.80			
冬雨季施工	元	3.26			
脚手架工程	元	8.26			
垂直运输	元	9.00			
其他	元	33.87			
税金			**293 964**	**100.23**	**8.26%**
合计			**3 560 231**	**1 213.87**	**100.00%**

(7) 安装工程分部位构成比例及主要工程量分析。

项目名称	单位	每平方米工程量	分部位清单计价合计(元)	每平方米价格(元)	占清单计价合计比例
给排水工程			**331 797**	**113.13**	**16.09%**
水泵接合器	套	0.001 4	9 488	3.23	0.46%
水表	个	0.002 7	8 714	2.97	0.42%
阀门	个	0.046 0	24 902	8.49	1.21%
钢塑复合管	m	0.077 6	31 905	10.88	1.55%
PPR 管	m	0.211 0	33 099	11.29	1.60%
UPVC 管	m	0.058 7	17 120	5.84	0.83%
聚乙烯复合管	m	0.280 5	140 550	47.92	6.81%
管道支架	kg	0.041 6	3 336	1.14	0.16%
卫生洁具	套	0.011 3	3 218	1.10	0.16%
施工措施项目			**10 039**	**3.42**	**0.49%**
脚手架搭拆			2 690	0.92	0.13%
安全文明施工			5 957	2.03	0.29%
非夜间施工增加			76	0.03	0.004%
冬季施工增加			1 197	0.41	0.06%
竣工验收存档资料编制			119	0.04	0.006%
税金			**27 396**	**9.34**	**1.33%**
采暖工程			**269 581**	**91.91**	**13.07%**
管道支架	kg	0.088 3	7 081	2.41	0.34%
镀锌钢管	m	0.262 5	70 525	24.05	3.42%
直埋保温管	m	0.026 6	14 187	4.84	0.69%
阀门	个	0.033 4	21 546	7.35	1.04%
地板辐射采暖	m^2	0.654 1	95 925	32.71	4.65%
分集水器	台	0.007 2	7 125	2.43	0.35%
系统调试			4 773	1.63	0.23%
施工措施项目			**7 821**	**2.67**	**0.38%**
脚手架搭拆			2 131	0.73	0.10%

续表

项目名称	单位	每平方米工程量	分部位清单计价合计（元）	每平方米价格（元）	占清单计价合计比例
安全文明施工			4 613	1.57	0.22%
非夜间施工增加			59	0.02	0.003%
冬季施工增加			926	0.32	0.04%
竣工验收存档资料编制			92	0.03	0.004%
税金			**22 259**	**7.59**	**1.08%**
电气工程			**899 124**	**306.56**	**43.59%**
配电箱	台	0.010 9	161 557	55.08	7.83%
开关	个	0.064 1	11 460	3.91	0.56%
插座	个	0.074 0	10 905	3.72	0.53%
电力电缆	m	0.330 3	67 291	22.94	3.26%
电力桥架	m	0.124 3	50 306	17.15	2.44%
电力电缆头	个	0.019 1	7 214	2.46	0.35%
接地母线	m	0.055 0	6 447	2.20	0.31%
避雷网	m	0.320 0	44 510	15.18	2.16%
电气配管	m	1.917 1	128 919	43.96	6.25%
电气配线	m	6.955 6	97 104	33.11	4.71%
接线盒	个	0.269 4	8 089	2.76	0.39%
灯具	套	0.131 9	66 403	22.64	3.22%
一般铁构件	kg	0.438 4	31 582	10.77	1.53%
摄像机	台	0.013 0	49 248	16.79	2.39%
系统调试			9 804	3.34	0.48%
施工措施项目			**32 718**	**11.16**	**1.59%**
脚手架搭拆			8 976	3.06	0.44%
安全文明施工			19 248	6.56	0.93%
非夜间施工增加			244	0.08	0.01%
冬季施工增加			3 866	1.32	0.19%
竣工验收存档资料编制			384	0.13	0.02%

续表

项目名称	单位	每平方米工程量	分部位清单计价合计（元）	每平方米价格（元）	占清单计价合计比例
税金			**74 240**	**25.31**	**3.60%**
消防工程			**562 052**	**191.63**	**27.25%**
配电箱	台	0.002 7	60 397	20.59	2.93%
一般铁构件	kg	0.350 8	26 425	9.01	1.28%
电气配管	m	0.468 4	22 162	7.56	1.07%
电气配线	m	0.441 7	7 573	2.58	0.37%
通信线缆	m	0.134 8	3 490	1.19	0.17%
喷头	个	0.081 8	12 214	4.16	0.59%
消火栓	套	0.005 5	16 988	5.79	0.82%
探测器	只	0.034 1	23 778	8.11	1.15%
消防按钮	只	0.007 8	6 339	2.16	0.31%
消防报警设备	台	0.013 6	38 649	13.18	1.87%
模块	只	0.011 6	24 779	8.45	1.20%
镀锌钢管	m	0.393 4	138 393	47.19	6.71%
阀门	个	0.011 3	31 253	10.66	1.52%
系统调试			56 205	19.16	2.73%
施工措施项目			**21 479**	**7.32**	**1.04%**
脚手架搭拆			5 892	2.01	0.29%
安全文明施工			12 637	4.31	0.61%
非夜间施工增加			160	0.05	0.01%
冬季施工增加			2 538	0.87	0.12%
竣工验收存档资料编制			252	0.09	0.01%
税金			**46 408**	**15.82**	**2.25%**
合计			**2 062 554**	**703.23**	**100.00%**

（8）建筑、装饰工程主要工、料消耗量分析。

项目名称	单位	建筑工程每平方米消耗量	装饰工程每平方米消耗量
人工	工日	2.966	2.181
水泥（综合）	kg	6.089	19.242
砂子	t	0.016	0.068
白灰	kg	4.256	12.553
钢筋	t	0.061	
玻璃	m^2		0.181
商品混凝土	m^3	0.401	0.038
预拌砂浆	t	0.076	0.155
加气混凝土砌块	m^3	0.202	
SBS 改性沥青防水卷材	m^2	0.469	
聚苯乙烯泡沫塑料板	m^3	0.022	
岩棉板	m^3	0.044	
胶粉聚苯颗粒保温浆料	m^3	0.014	
陶瓷地面砖	m^2		0.155
复合木地板	m^2		0.729
成品腻子粉	kg		7.568
苯丙乳胶漆	kg		0.774
墙面砖	m^2		0.658
弹性外墙涂料	kg		0.462

2. 幼儿园 B

(1) 工程概况。

结构类型：框架结构			建筑面积：5 950.00m²				
基本特征	檐高	层数	层高	基础类型	利润率		
	13.80m	地上 3 层，地下 1 层	3.90m	桩承台基础、满堂基础	建筑	装饰	安装
					7.76%	24.00%	20.71%

(2) 工程主要特征。

项目名称		特征描述
建筑工程	基础工程	桩承台基础、满堂基础
	土方工程	机械挖土方
	打桩工程	钢筋混凝土钻孔灌注桩（$D=800$mm）、双轴水泥土搅拌桩（$D=800$mm）
	砌筑工程	混凝土空心砌块墙、页岩多孔砖墙
	混凝土及钢筋混凝土工程	现浇混凝土，AC20，AC35，AC40
	金属结构工程	钢柱、钢梁
	屋面及防水工程	高聚物改性沥青自粘卷材防水
	防腐、隔热、保温工程	屋面挤塑聚苯乙烯板保温、屋面真空绝缘热板保温
		内墙聚苯颗粒保温砂浆保温
		外墙真空绝热板保温、外墙聚苯颗粒保温砂浆保温
装饰工程	内墙	水泥砂浆、乳胶漆
	外墙	刮腻子、水泥砂浆、弹性涂料
	天棚	水泥砂浆
	楼地面	细石混凝土、水泥砂浆、花岗岩
	门窗	木质防火门、钢质防火门窗、玻璃天窗、断桥隔热铝合金门窗
安装工程	给排水工程	衬塑钢管、镀锌钢管、铸铁管、PVC 管
	采暖工程	钢管
	电气工程	钢管、电线管
	通风空调工程	分体式空调器、镀锌薄钢板风管、铝合金风口
	消防工程	消火栓系统、喷淋系统、自动报警系统、钢管、电线管

（3）工程造价各项费用分析表。

工程价格（元）（以2020年预算基价为依据）		每平方米价格（元）	各项费用所占比例（%）							
			人工费	材料费	机械费	管理费	规费	利润	税金	合计
29 512 655		**4 960.11**	**19.75**	**51.58**	**4.51**	**2.77**	**7.43**	**5.70**	**8.26**	**100.00**
建筑工程		3 056.16	19.36	49.02	6.67	2.98	7.29	6.42	8.26	100.00
装饰工程		849.90	21.53	53.23	1.52	2.18	8.10	5.18	8.26	100.00
安装工程		1 054.05	19.44	57.67	0.67	2.61	7.32	4.03	8.26	100.00
其中	给排水工程	106.29	22.69	52.03	0.72	3.06	8.54	4.70	8.26	100.00
	采暖工程	119.31	23.49	50.71	0.76	3.07	8.84	4.87	8.26	100.00
	电气工程	364.71	16.77	62.45	0.47	2.26	6.31	3.48	8.26	100.00
	通风空调工程	158.69	16.19	63.24	0.69	2.16	6.09	3.37	8.26	100.00
	消防工程	305.05	21.60	53.76	0.84	2.94	8.13	4.47	8.26	100.00

（4）工程量清单计价汇总。

项目名称		造价（元/m^2）	占总造价比例
建筑工程工程量清单计价合计		**3 056.16**	**61.62%**
其中施工措施项目		540.16	10.87%
装饰工程工程量清单计价合计		**849.90**	**17.13%**
其中施工措施项目		35.91	0.72%
安装工程工程量清单计价合计		**1 054.05**	**21.25%**
其中	给排水工程	106.29	10.08%
	其中施工措施项目	4.08	0.08%
	采暖工程	119.31	11.32%
	其中施工措施项目	4.75	0.45%
	电气工程	364.71	34.60%
	其中施工措施项目	10.33	0.98%
	通风空调工程	158.69	15.06%
	其中施工措施项目	4.38	1.44%
	消防工程	305.05	28.94%
	其中施工措施项目	11.21	1.06%
总造价		**4 960.11**	**100.00%**

（5）建筑工程分部位构成比例及主要工程量分析。

项目名称	单位	每平方米工程量	分部位清单计价合计（元）	每平方米价格（元）	占清单计价合计比例
土方工程			**630 308**	**105.93**	**3.47%**
机械土方	m^3	2.098			
打桩工程			**2 468 736**	**414.91**	**13.58%**
钢筋混凝土钻孔灌注桩（$D=800$mm）	m^3	0.162			
双轴水泥土搅拌桩（$D=800$mm）	m^3	0.268			
砌筑工程			**834 839**	**140.31**	**4.59%**
混凝土空心砌块墙	m^3	0.138			
页岩多孔砖墙	m^3	0.047			
混凝土及钢筋混凝土工程			**7 081 347**	**1 190.14**	**38.94%**
混凝土基础	m^3	0.186			
混凝土柱	m^3	0.148			
混凝土梁	m^3	0.018			
混凝土墙	m^3	0.072			
混凝土板	m^3	0.211			
金属结构工程			**506 634**	**85.15**	**2.79%**
钢柱	t	0.002			
钢梁	t	0.008			
屋面及防水工程			**1 287 276**	**216.35**	**7.08%**
高聚物改性沥青自粘卷材防水	m^2	0.612			
防腐、隔热、保温工程			**659 696**	**110.87**	**3.63%**
屋面挤塑聚苯乙烯板保温	m^3	0.022			
屋面真空绝热板保温	m^2	0.184			
内墙聚苯颗粒保温砂浆保温	m^2	0.075			
外墙真空绝热板保温	m^2	0.532			
外墙聚苯颗粒保温砂浆保温	m^2	0.105			
施工措施项目			**3 213 933**	**540.16**	**17.66%**
安全文明施工	元	97.05			

续表

项目名称	单位	每平方米工程量	分部位清单计价合计（元）	每平方米价格（元）	占清单计价合计比例
夜间施工	元	3.04			
非夜间施工照明	元	1.21			
冬雨季施工	元	20.47			
脚手架工程	元	50.34			
混凝土模板及支架	元	269.92			
垂直运输	元	20.88			
大型机械设备进出场及安拆	元	28.00			
施工降水、排水	元	30.13			
其他	元	19.12			
税金			**1 501 450**	**252.34**	**8.26%**
合计			**18 184 219**	**3 056.16**	**100.00%**

（6）装饰工程分部位构成比例及主要工程量分析。

项目名称	单位	每平方米工程量	分部位清单计价合计（元）	每平方米价格（元）	占清单计价合计比例
楼地面工程			**544 532**	**91.52**	**10.77%**
细石混凝土地面	m^2	0.224			
水泥砂浆地面	m^2	0.506			
花岗岩地面	m^2	0.015			
墙、柱面工程			**1 789 127**	**300.69**	**35.37%**
内墙主要做法					
水泥砂浆	m^2	2.656			
乳胶漆	m^2	0.638			
外墙主要做法					
刮腻子	m^2	0.638			
水泥砂浆	m^2	0.638			
弹性涂料	m^2	0.635			

续表

项目名称	单位	每平方米工程量	分部位清单计价合计（元）	每平方米价格（元）	占清单计价合计比例
天棚工程			**178 783**	**30. 05**	**3. 54%**
水泥砂浆	m^2	0. 103			
门窗工程			**1 694 876**	**284. 85**	**33. 51%**
木质防火门	m^2	0. 027			
钢质防火门	m^2	0. 031			
钢质防火窗	m^2	0. 002			
玻璃天窗	m^2	0. 263			
断桥隔热铝合金门	m^2	0. 013			
断桥隔热铝合金窗	m^2	0. 198			
其他工程			**218 394**	**36. 70**	**4. 32%**
施工措施项目			**213 675**	**35. 91**	**4. 23%**
安全文明施工	元	15. 15			
非夜间施工照明	元	0. 47			
冬雨季施工	元	1. 93			
脚手架工程	元	10. 47			
垂直运输	元	7. 42			
其他	元	0. 47			
税金			**417 545**	**70. 18**	**8. 26%**
合计			**5 056 932**	**849. 90**	**100. 00%**

（7）安装工程分部位构成比例及主要工程量分析。

项目名称	单位	每平方米工程量	分部位清单计价合计（元）	每平方米价格（元）	占清单计价合计比例
给排水工程			**632 438**	**106. 29**	**10. 08%**
水泵	台	0. 001 3	31 403	5. 28	0. 50%
压力表	台	0. 001 3	1 269	0. 21	0. 02%
衬塑钢管	m	0. 266 7	208 526	35. 05	3. 32%

续表

项目名称	单位	每平方米工程量	分部位清单计价合计（元）	每平方米价格（元）	占清单计价合计比例
镀锌钢管	m	0.010 6	11 095	1.86	0.18%
铸铁管	m	0.035 5	61 747	10.38	0.98%
PVC 管	m	0.147 9	61 440	10.33	0.98%
管道支架	kg	0.122 6	19 830	3.33	0.32%
卫生洁具	套	0.026 2	72 133	12.12	1.15%
阀门	个	0.020 8	38 220	6.42	0.61%
地漏	个	0.009 9	2 683	0.45	0.04%
施工措施项目			**24 286**	**4.08**	**0.39%**
脚手架搭拆			6 657	1.12	0.11%
安全文明施工			14 292	2.40	0.23%
非夜间施工增加			181	0.03	0.003%
冬季施工增加			2 871	0.48	0.05%
竣工验收存档资料编制			285	0.05	0.005%
税金			**52 220**	**8.78**	**0.83%**
采暖工程			**709 888**	**119.31**	**11.32%**
钢管	m	0.770 9	294 585	49.51	4.70%
管道支架	kg	0.159 3	25 778	4.33	0.41%
阀门	个	0.087 9	60 631	10.19	0.97%
散热器	组	0.025 0	205 146	34.48	3.27%
系统调试			17 328	2.91	0.28%
施工措施项目			**28 242**	**4.75**	**0.45%**
脚手架搭拆			7 736	1.30	0.12%
安全文明施工			16 624	2.79	0.27%
非夜间施工增加			211	0.04	0.003%
冬季施工增加			3 339	0.56	0.05%
竣工验收存档资料编制			332	0.06	0.01%
税金			**58 615**	**9.85**	**0.93%**
电气工程			**2 170 049**	**364.71**	**34.60%**

续表

项目名称	单位	每平方米工程量	分部位清单计价合计（元）	每平方米价格（元）	占清单计价合计比例
配电箱	台	0.022 2	418 689	70.37	6.68%
开关	个	0.038 7	14 383	2.42	0.23%
插座	个	0.026 6	5 663	0.95	0.09%
电力电缆	m	0.506 7	450 738	75.75	7.19%
电缆头	个	0.026 6	30 237	5.08	0.48%
避雷网	m	0.146 1	29 827	5.01	0.48%
接地母线	m	0.148 1	56 921	9.57	0.91%
电气配管	m	3.151 9	438 638	73.72	6.99%
消防桥架	m	0.117 8	163 362	27.46	2.60%
电气配线	m	5.612 7	143 034	24.04	2.28%
接线盒	个	0.231 6	16 674	2.80	0.27%
灯具	套	0.137 8	78 385	13.17	1.25%
一般铁构件	kg	0.113 4	16 525	2.78	0.26%
系统调试			20 928	3.52	0.33%
施工措施项目			**61 444**	**10.33**	**0.98%**
脚手架搭拆			16 881	2.84	0.27%
安全文明施工			36 127	6.07	0.58%
非夜间施工增加			458	0.08	0.01%
冬季施工增加			7 257	1.22	0.12%
竣工验收存档资料编制			721	0.12	0.01%
税金			**179 178**	**30.11**	**2.86%**
通风空调工程			**944 203**	**158.69**	**15.06%**
空调设备	台	0.009 4	372 517	62.61	5.94%
风机	台	0.009 6	83 068	13.96	1.32%
风管	m^2	0.296 8	219 943	36.97	3.51%
阀门	个	0.055 6	61 661	10.36	0.98%
风口	个	0.018 0	25 932	4.36	0.41%
系统调试			11 221	1.89	0.18%
施工措施项目			**26 081**	**4.38**	**0.42%**
脚手架搭拆			7 089	1.19	0.11%
安全文明施工			15 397	2.59	0.25%

续表

项目名称	单位	每平方米工程量	分部位清单计价合计（元）	每平方米价格（元）	占清单计价合计比例
非夜间施工增加			195	0.03	0.003%
冬季施工增加			3 093	0.52	0.05%
竣工验收存档资料编制			307	0.05	0.005%
税金			**77 962**	**13.10**	**1.24%**
消防工程			**1 815 034**	**305.05**	**28.94%**
水泵	台	0.000 7	247 994	41.68	3.95%
配管	m	0.521 1	67 133	11.28	1.07%
消防桥架	m	0.089 8	86 135	14.48	1.37%
配线	m	1.649 6	49 507	8.32	0.79%
接线盒	个	0.091 1	12 370	2.08	0.20%
一般铁构件	kg	0.452 0	71 714	12.05	1.14%
镀锌钢管	m	0.656 4	417 037	70.09	6.65%
阀门	个	0.013 6	56 546	9.50	0.90%
喷头	只	0.108 1	40 394	6.79	0.64%
消火栓	套	0.005 4	33 459	5.62	0.53%
灭火器	具	0.016 5	18 053	3.03	0.29%
探测器	只	0.034 6	50 456	8.48	0.80%
按钮	只	0.010 1	14 001	2.35	0.22%
消防报警设备	个	0.018 5	85 102	14.30	1.36%
模块	只	0.017 8	55 805	9.38	0.89%
监控设备	台	0.002 9	70 026	11.77	1.12%
系统调试			32 300	5.43	0.52%
施工措施项目			**66 693**	**11.21**	**1.06%**
脚手架搭拆			18 183	3.06	0.29%
安全文明施工			39 327	6.61	0.63%
非夜间施工增加			499	0.08	0.01%
冬季施工增加			7 899	1.33	0.13%
竣工验收存档资料编制			785	0.13	0.01%
税金			**149 865**	**25.19**	**2.39%**
合计			**6 271 612**	**1 054.05**	**100.00%**

（8）建筑、装饰工程主要工、料消耗量分析。

项目名称	单位	建筑工程每平方米消耗量	装饰工程每平方米消耗量
人工	工日	4.347	1.378
水泥（综合）	kg	71.755	23.576
砂子	t	0.036	0.110
白灰	kg	2.974	4.777
钢筋	t	0.117	
钢材	t	0.011	
玻璃	m^2		0.356
热反射玻璃	m^2		0.052
商品混凝土	m^3	0.889	0.033
预拌砂浆	t	0.148	0.199
混凝土空心砌块	千块	0.012	
页岩多孔砖	千块	0.014	
高聚物改性沥青自粘卷材	m^2	1.416	
挤塑聚苯乙烯泡沫板	m^3	0.022	
真空绝热板	m^2	0.724	
胶粉聚苯颗粒保温浆料	m^3	0.007	
成品腻子粉	kg		2.609
苯丙乳胶漆	kg		0.179
花岗岩板	m^2		0.015
弹性外墙涂料	kg		0.318

二、装配式混凝土结构

1. 幼儿园 C

（1）工程概况。

结构类型：装配式混凝土结构			建筑面积：3 999.53m^2				
基本特征	檐高	层数	层高	基础类型	利润率		
	12.15m	地上 3 层	3.90m	桩承台基础	建筑	装饰	安装
					7.76%	24.00%	20.71%

（2）工程主要特征。

项目名称		特征描述
建筑工程	基础工程	桩承台基础
	土方工程	机械挖土方
	打桩工程	钢筋混凝土钻孔灌注桩（D=800mm）
	砌筑工程	页岩标砖基础、蒸压加气混凝土墙板
	混凝土及钢筋混凝土工程	现浇混凝土，AC20，AC25，AC30，AC35，AC40
	装配式工程	预制混凝土叠合板、预制混凝土楼梯
	屋面及防水工程	高聚物改性沥青自粘卷材防水、聚合物水泥涂料防水
	防腐、隔热、保温工程	屋面胶粉聚苯颗粒保温砂浆保温、屋面沥青珍珠岩保温
		外墙聚苯乙烯板保温、外墙胶粉聚苯颗粒保温
装饰工程	内墙	乳胶漆、瓷板
	外墙	刮腻子、真石漆、文化石、弹性涂料
	天棚	乳胶漆、石膏板、铝合金条板
	楼地面	水泥砂浆、橡胶板、陶瓷地砖
	门窗	木质防火门、断桥隔热铝合金门窗
安装工程	给排水工程	镀锌钢管、PPR 管、UPVC 管
	采暖工程	镀锌钢管、预制保温管
	电气工程	钢管、电线管
	通风空调工程	镀锌薄钢板风管、铝合金风口
	消防工程	消火栓系统、喷淋系统、自动报警系统、钢管、电线管

（3）工程造价各项费用分析表。

<table>
<tr><th colspan="2" rowspan="2">工程价格（元）
（以 2020 年预算基价为依据）</th><th rowspan="2">每平方米价格（元）</th><th colspan="8">各项费用所占比例（%）</th></tr>
<tr><th>人工费</th><th>材料费</th><th>机械费</th><th>管理费</th><th>规费</th><th>利润</th><th>税金</th><th>合计</th></tr>
<tr><td colspan="2">17 865 541</td><td>4 466.91</td><td>20.63</td><td>53.08</td><td>2.15</td><td>2.52</td><td>7.74</td><td>5.62</td><td>8.26</td><td>100.00</td></tr>
<tr><td colspan="2">建筑工程</td><td>2 373.79</td><td>18.03</td><td>55.41</td><td>3.24</td><td>2.42</td><td>6.78</td><td>5.86</td><td>8.26</td><td>100.00</td></tr>
<tr><td colspan="2">装饰工程</td><td>1 280.58</td><td>24.17</td><td>49.32</td><td>1.09</td><td>2.38</td><td>9.03</td><td>5.75</td><td>8.26</td><td>100.00</td></tr>
<tr><td colspan="2">安装工程</td><td>812.54</td><td>22.65</td><td>52.20</td><td>0.63</td><td>3.04</td><td>8.53</td><td>4.69</td><td>8.26</td><td>100.00</td></tr>
<tr><td rowspan="5">其中</td><td>给排水工程</td><td>245.72</td><td>17.00</td><td>62.05</td><td>0.48</td><td>2.29</td><td>6.40</td><td>3.52</td><td>8.26</td><td>100.00</td></tr>
<tr><td>采暖工程</td><td>106.59</td><td>30.95</td><td>38.51</td><td>0.17</td><td>4.06</td><td>11.64</td><td>6.41</td><td>8.26</td><td>100.00</td></tr>
<tr><td>电气工程</td><td>183.41</td><td>18.18</td><td>59.98</td><td>0.52</td><td>2.45</td><td>6.84</td><td>3.77</td><td>8.26</td><td>100.00</td></tr>
<tr><td>通风空调工程</td><td>111.35</td><td>25.35</td><td>46.83</td><td>1.28</td><td>3.48</td><td>9.54</td><td>5.26</td><td>8.26</td><td>100.00</td></tr>
<tr><td>消防工程</td><td>165.47</td><td>28.83</td><td>41.39</td><td>0.82</td><td>3.88</td><td>10.85</td><td>5.97</td><td>8.26</td><td>100.00</td></tr>
</table>

（4）工程量清单计价汇总。

<table>
<tr><th colspan="2">项目名称</th><th>造价（元/m^2）</th><th>占总造价比例</th></tr>
<tr><td colspan="2">建筑工程工程量清单计价合计</td><td>2 373.79</td><td>53.14%</td></tr>
<tr><td colspan="2">其中施工措施项目</td><td>419.22</td><td>9.39%</td></tr>
<tr><td colspan="2">装饰工程工程量清单计价合计</td><td>1 280.58</td><td>28.67%</td></tr>
<tr><td colspan="2">其中施工措施项目</td><td>75.37</td><td>1.69%</td></tr>
<tr><td colspan="2">安装工程工程量清单计价合计</td><td>812.54</td><td>18.19%</td></tr>
<tr><td rowspan="10">其中</td><td>给排水工程</td><td>245.72</td><td>5.50%</td></tr>
<tr><td>其中施工措施项目</td><td>7.06</td><td>0.16%</td></tr>
<tr><td>采暖工程</td><td>106.59</td><td>2.39%</td></tr>
<tr><td>其中施工措施项目</td><td>5.48</td><td>0.12%</td></tr>
<tr><td>电气工程</td><td>183.41</td><td>4.11%</td></tr>
<tr><td>其中施工措施项目</td><td>5.63</td><td>0.13%</td></tr>
<tr><td>通风空调工程</td><td>111.35</td><td>2.49%</td></tr>
<tr><td>其中施工措施项目</td><td>4.84</td><td>0.11%</td></tr>
<tr><td>消防工程</td><td>165.47</td><td>3.70%</td></tr>
<tr><td>其中施工措施项目</td><td>8.06</td><td>0.18%</td></tr>
<tr><td colspan="2">总造价</td><td>4 466.91</td><td>100.00%</td></tr>
</table>

（5）建筑工程分部位构成比例及主要工程量分析。

项目名称	单位	每平方米工程量	分部位清单计价合计（元）	每平方米价格（元）	占清单计价合计比例
土方工程			**26 663**	**6.67**	**0.28%**
机械土方	m^3	0.085			
打桩工程			**902 292**	**225.60**	**9.50%**
钢筋混凝土钻孔灌注桩（$D=800mm$）	m^3	0.149			
砌筑工程			**945 354**	**236.37**	**9.96%**
页岩标砖基础	m^3	0.033			
蒸压加气混凝土墙板	m^2	1.097			
混凝土及钢筋混凝土工程			**2 527 618**	**631.98**	**26.62%**
混凝土基础	m^3	0.059			
混凝土柱	m^3	0.061			
混凝土梁	m^3	0.040			
混凝土板	m^3	0.241			
装配式工程			**973 708**	**243.46**	**10.26%**
预制混凝土叠合板	m^3	0.399			
预制混凝土楼梯	m^3	0.014			
屋面及防水工程			**823 572**	**205.92**	**8.67%**
高聚物改性沥青自粘卷材防水	m^2	0.259			
聚合物水泥涂料防水	m^2	0.024			
防腐、隔热、保温工程			**834 197**	**208.57**	**8.79%**
屋面胶粉聚苯颗粒保温砂浆保温	m^2	0.477			
屋面沥青珍珠岩保温	m^3	0.034			
外墙胶粉聚苯颗粒保温砂浆保温	m^2	0.473			
外墙聚苯乙烯板保温	m^2	0.389			
施工措施项目			**1 676 696**	**419.22**	**17.66%**
安全文明施工	元	79.45			
夜间施工	元	1.92			
非夜间施工照明	元	0.76			
冬雨季施工	元	12.92			

续表

项目名称	单位	每平方米工程量	分部位清单计价合计（元）	每平方米价格（元）	占清单计价合计比例
脚手架工程	元	61.84			
混凝土模板及支架	元	215.74			
垂直运输	元	20.88			
大型机械设备进出场及安拆	元	6.72			
施工排水、降水	元	5.39			
其他	元	13.60			
税金			**783 909**	**196.00**	**8.26%**
合计			**9 494 009**	**2 373.79**	**100.00%**

（6）装饰工程分部位构成比例及主要工程量分析。

项目名称	单位	每平方米工程量	分部位清单计价合计（元）	每平方米价格（元）	占清单计价合计比例
楼地面工程			**994 039**	**248.54**	**19.41%**
水泥砂浆地面	m^2	0.032			
橡胶板地面	m^2	0.429			
陶瓷地砖地面	m^2	0.455			
墙、柱面工程			**1 627 060**	**406.81**	**31.77%**
内墙主要做法					
乳胶漆	m^2	1.267			
瓷板	m^2	0.407			
外墙主要做法					
刮腻子	m^2	1.140			
真石漆	m^2	0.488			
文化石	m^2	0.095			
弹性涂料	m^2	0.652			
天棚工程			**622 819**	**155.72**	**12.16%**
乳胶漆	m^2	0.804			

续表

项目名称	单位	每平方米工程量	分部位清单计价合计（元）	每平方米价格（元）	占清单计价合计比例
装配式T形铝合金龙骨	m^2	0.735			
装配式U形轻钢龙骨	m^2	0.120			
石膏板	m^2	0.735			
铝合金条板	m^2	0.120			
门窗工程			**699 431**	**174.88**	**13.65%**
木质防火门	m^2	0.059			
断桥隔热铝合金窗	m^2	0.152			
其他工程			**454 010**	**113.52**	**8.86%**
施工措施项目			**301 463**	**75.37**	**5.89%**
安全文明施工	元	25.01			
非夜间施工照明	元	0.78			
冬雨季施工	元	3.18			
脚手架工程	元	34.72			
垂直运输	元	11.04			
其他	元	0.64			
税金			**422 894**	**105.74**	**8.26%**
合计			**5 121 716**	**1 280.58**	**100.00%**

（7）安装工程分部位构成比例及主要工程量分析。

项目名称	单位	每平方米工程量	分部位清单计价合计（元）	每平方米价格（元）	占清单计价合计比例
给排水工程			**982 756**	**245.72**	**30.24%**
水泵	台	0.001 0	25 720	6.43	0.79%
集热器	m^2	0.025 0	129 000	32.25	3.97%
镀锌钢管	m	0.452 5	247 435	61.87	7.61%
PPR管	m	0.214 7	39 806	9.95	1.22%
UPVC管	m	0.235 8	74 546	18.64	2.29%
管道支架	kg	0.198 4	21 575	5.39	0.66%

续表

项目名称	单位	每平方米工程量	分部位清单计价合计(元)	每平方米价格(元)	占清单计价合计比例
阀门	个	0.044 0	30 021	7.51	0.92%
阀门	个	0.011 3	25 512	6.38	0.79%
卫生洁具	套	0.035 3	83 450	20.86	2.57%
换热器	台	0.000 5	78 079	19.52	2.40%
地漏	个	0.021 0	5 023	1.26	0.15%
施工措施项目			**28 217**	**7.06**	**0.87%**
脚手架搭拆			7 752	1.94	0.24%
安全文明施工			16 591	4.15	0.51%
非夜间施工增加			210	0.05	0.006%
冬季施工增加			3 333	0.83	0.10%
竣工验收存档资料编制			331	0.08	0.01%
税金			**81 145**	**20.29**	**2.50%**
采暖工程			**426 321**	**106.59**	**13.12%**
镀锌钢管	m	0.718 6	183 961	46.00	5.66%
预制保温管	m	0.002 6	1 191	0.30	0.04%
管道支架	kg	0.024 0	2 612	0.65	0.08%
阀门	个	0.160 3	58 768	14.69	1.81%
散热器	组	0.032 5	48 575	12.15	1.49%
施工措施项目			**21 917**	**5.48**	**0.67%**
脚手架搭拆			6 124	1.53	0.19%
安全文明施工			12 803	3.20	0.39%
非夜间施工增加			162	0.04	0.005%
冬季施工增加			2 572	0.64	0.08%
竣工验收存档资料编制			256	0.06	0.01%
税金			**35 201**	**8.80**	**1.08%**
电气工程			**733 534**	**183.41**	**22.58%**
配电箱	台	0.009 8	91 122	22.78	2.80%
开关	个	0.029 5	4 175	1.04	0.13%
插座	个	0.027 3	4 512	1.13	0.14%

续表

项目名称	单位	每平方米工程量	分部位清单计价合计（元）	每平方米价格（元）	占清单计价合计比例
电力电缆	m	0.141 9	70 802	17.70	2.18%
电力桥架	m	0.039 9	25 585	6.40	0.79%
电缆头	个	0.008 5	6 276	1.57	0.19%
避雷网	m	0.243 7	45 093	11.27	1.39%
接地母线	m	0.012 3	3 087	0.77	0.09%
电气配管	m	1.204 9	91 442	22.86	2.81%
电气配线	m	3.988 3	85 105	21.28	2.62%
开关盒、接线盒	个	0.256 5	12 361	3.09	0.38%
灯具	套	0.179 3	186 698	46.68	5.74%
一般铁构件	kg	0.079 7	9 963	2.49	0.31%
系统调试			5 745	1.44	0.18%
施工措施项目			**22 519**	**5.63**	**0.69%**
脚手架搭拆			6 186	1.55	0.19%
安全文明施工			13 241	3.31	0.41%
非夜间施工增加			168	0.04	0.01%
冬季施工增加			2 660	0.67	0.08%
竣工验收存档资料编制			264	0.07	0.01%
税金			**60 567**	**15.14**	**1.86%**
通风空调工程			**445 350**	**111.35**	**13.70%**
新风机组	台	0.000 8	60 213	15.06	1.85%
风机	台	0.019 5	29 705	7.43	0.91%
风管	m^2	0.221 4	176 277	44.07	5.42%
阀门	个	0.012 5	28 156	7.04	0.87%
风口	个	0.014 7	10 505	2.63	0.32%
消声器	个	0.003 0	15 137	3.78	0.47%
施工措施项目			**19 361**	**4.84**	**0.60%**
脚手架搭拆			5 234	1.31	0.16%
安全文明施工			11 453	2.86	0.35%
非夜间施工增加			145	0.04	0.004%

续表

项目名称	单位	每平方米工程量	分部位清单计价合计（元）	每平方米价格（元）	占清单计价合计比例
冬季施工增加			2 300	0. 58	0. 07%
竣工验收存档资料编制			229	0. 06	0. 01%
税金			**36 772**	**9. 19**	**1. 13%**
消防工程			**661 794**	**165. 47**	**20. 36%**
消防桥架	m	0. 043 5	27 872	6. 97	0. 86%
电气配管	m	0. 672 6	57 084	14. 27	1. 76%
通信线缆	m	0. 437 9	11 634	2. 91	0. 36%
电气配线	m	0. 257 3	4 288	1. 07	0. 13%
接线盒	个	0. 061 8	5 085	1. 27	0. 16%
一般铁构件	kg	0. 054 5	5 338	1. 33	0. 16%
镀锌钢管	m	0. 492 0	212 254	53. 07	6. 53%
喷头	只	0. 111 5	26 421	6. 61	0. 81%
消火栓	套	0. 003 0	12 865	3. 22	0. 40%
探测器	只	0. 028 5	31 271	7. 82	0. 96%
模块	只	0. 006 0	15 564	3. 89	0. 48%
按钮	只	0. 002 8	3 499	0. 87	0. 11%
消防报警设备	台	0. 012 5	42 901	10. 73	1. 32%
管道支架	kg	0. 325 2	38 644	9. 66	1. 19%
阀门	个	0. 007 0	30 521	7. 63	0. 94%
系统调试			40 208	10. 05	1. 24%
施工措施项目			**32 221**	**8. 06**	**0. 99%**
脚手架搭拆			8 851	2. 21	0. 27%
安全文明施工			18 946	4. 74	0. 58%
非夜间施工增加			240	0. 06	0. 01%
冬季施工增加			3 806	0. 95	0. 12%
竣工验收存档资料编制			378	0. 09	0. 01%
税金			**54 644**	**13. 66**	**1. 68%**
合计			**3 249 755**	**812. 54**	**100. 00%**

（8）建筑、装饰工程主要工、料消耗量分析。

项目名称	单位	建筑工程每平方米消耗量	装饰工程每平方米消耗量
人工	工日	3.045	2.057
水泥（综合）	kg	16.148	26.076
砂子	t	0.027	0.089
白灰	kg	6.295	12.079
钢筋	t	0.065	
玻璃	m^2		0.114
商品混凝土	m^3	0.577	0.045
预拌砂浆	t	0.109	0.158
页岩标砖	千块	0.017	
蒸压加气混凝土墙板	m^2	1.103	
预制混凝土叠合板	m^3	0.400	
预制混凝土楼梯板	m^3	0.014	
高聚物改性沥青自粘卷材	m^2	0.299	
防水涂料	kg	0.053	
胶粉聚苯颗粒保温浆料	m^3	0.034	
沥青珍珠岩板	m^3	0.035	
聚苯乙烯泡沫塑料板	m^3	0.020	
橡胶板	m^2		0.450
陶瓷地面砖	m^2		0.473
成品腻子粉	kg		6.629
苯丙乳胶漆	kg		0.576
瓷板	m^2		0.421
H 型真石涂料	kg		2.440
文化石	m^2		0.098
弹性外墙涂料	kg		0.326
铝合金龙骨	m^2		0.746
轻钢龙骨	m^2		0.122
石膏板	m^2		0.772
铝合金条板	m^2		0.105

2. 幼儿园 D

（1）工程概况。

结构类型：装配式混凝土结构			建筑面积：3 899.06m^2				
基本特征	檐高	层数	层高	基础类型	利润率		
	14.45m	地上 3 层，地下 1 层	4.20m	满堂基础	建筑	装饰	安装
					7.76%	24.00%	20.71%

（2）工程主要特征。

项目名称		特征描述
建筑工程	基础工程	满堂基础
	土方工程	机械挖土方
	打桩工程	预制钢筋混凝土管桩（D=500mm）
	砌筑工程	页岩标砖基础、蒸压加气混凝土条板墙
	混凝土及钢筋混凝土工程	现浇混凝土，AC25，AC30，BC30P8，AC35，AC40，BC40P8
	装配式工程	预制混凝土叠合板、预制混凝土楼梯
	屋面及防水工程	改性沥青卷材防水
	防腐、隔热、保温工程	外墙岩棉保温板保温、外墙酚醛板保温、外墙 FTC 自调温相变蓄能材料保温、外墙挤塑聚苯乙烯板保温
装饰工程	内墙	刮腻子、乳胶漆、电化铝板、陶瓷锦砖、硬条木吸声板、石膏板、胶合板、钙塑涂料
	外墙	刮腻子、真石漆
	天棚	刮腻子、乳胶漆、矿棉板、钙塑板、钙塑涂料、石膏吸声板、矿棉吸声板
	楼地面	竹地板、橡胶板、陶瓷地砖、铝质防静电活动地板、细石混凝土、水泥砂浆
	门窗	钢质防火门、钢质防火窗、木质门、断桥隔热铝合金门窗
安装工程	给排水工程	复合钢管、铸铁管、PPR 给水管、PVC 排水管
	采暖工程	镀锌钢管
	电气工程	广播系统、扩声系统、入侵报警系统、能耗监测系统、电话通信系统、有线网络系统、无线网络系统、视频监控系统、钢管、电线管
	通风空调工程	多联机空调器、镀锌薄钢板风管、铝合金风口
	消防工程	消火栓系统、喷淋系统、自动报警系统、钢管、电线管

（3）工程造价各项费用分析表。

工程价格（元）（以2020年预算基价为依据）		每平方米价格（元）	各项费用所占比例（%）							
			人工费	材料费	机械费	管理费	规费	利润	税金	合计
19 477 247		**4 995.37**	**17.10**	**59.27**	**1.91**	**2.16**	**6.44**	**4.86**	**8.26**	**100.00**
建筑工程		2 558.63	16.13	58.92	2.86	2.16	6.07	5.60	8.26	100.00
装饰工程		1 387.64	16.48	62.53	0.87	1.70	6.20	3.96	8.26	100.00
安装工程		1 049.10	20.32	55.80	0.98	2.79	7.65	4.20	8.26	100.00
其中	给排水工程	48.66	24.37	49.59	0.33	3.23	9.17	5.05	8.26	100.00
	采暖工程	82.64	24.54	49.38	0.25	3.24	9.23	5.10	8.26	100.00
	电气工程	487.77	19.29	57.62	0.92	2.65	7.26	4.00	8.26	100.00
	通风空调工程	212.42	13.88	67.16	0.69	1.91	5.23	2.87	8.26	100.00
	消防工程	217.61	26.40	44.45	1.80	3.69	9.94	5.46	8.26	100.00

（4）工程量清单计价汇总。

项目名称		造价（元/m^2）	占总造价比例
建筑工程工程量清单计价合计		**2 558.63**	**51.22%**
其中施工措施项目		378.94	7.59%
装饰工程工程量清单计价合计		**1 387.64**	**27.78%**
其中施工措施项目		36.84	0.74%
安装工程工程量清单计价合计		**1 049.10**	**21.00%**
其中	给排水工程	48.66	0.97%
	其中施工措施项目	1.98	0.04%
	采暖工程	82.64	1.65%
	其中施工措施项目	3.38	0.07%
	电气工程	487.77	9.76%
	其中施工措施项目	16.10	0.32%
	通风空调工程	212.42	4.25%
	其中施工措施项目	5.05	0.10%
	消防工程	217.61	4.35%
	其中施工措施项目	9.97	0.20%
总造价		**4 995.37**	**100.00%**

（5）建筑工程分部位构成比例及主要工程量分析。

项目名称	单位	每平方米工程量	分部位清单计价合计（元）	每平方米价格（元）	占清单计价合计比例
土方工程			**203 700**	**52.24**	**2.04%**
机械土方	m^3	0.786			
打桩工程			**358 603**	**91.97**	**3.60%**
预制钢筋混凝土管桩（D=500mm）	m	0.439			
砌筑工程			**1 207 277**	**309.63**	**12.10%**
页岩标砖基础	m^3	0.041			
蒸压加气混凝土条板墙	m^3	0.203			
混凝土及钢筋混凝土工程			**3 863 106**	**990.78**	**38.72%**
混凝土基础	m^3	0.038			
混凝土柱	m^3	0.085			
混凝土梁	m^3	0.140			
混凝土墙	m^3	0.020			
混凝土板	m^3	0.113			
装配式工程			**647 347**	**166.03**	**6.49%**
预制混凝土叠合板	m^3	0.027			
预制混凝土楼梯	m^3	0.003			
屋面及防水工程			**568 683**	**145.85**	**5.70%**
改性沥青卷材防水	m^2	0.336			
防腐、隔热、保温工程			**826 325**	**211.93**	**8.28%**
外墙岩棉板保温	m^2	0.564			
外墙酚醛板保温	m^2	0.048			
外墙 FTC 自调温相变蓄能材料保温	m^2	0.145			
外墙挤塑聚苯乙烯板保温	m^2	0.052			
施工措施项目			**1 477 508**	**378.94**	**14.81%**
安全文明施工	元	90.07			
夜间施工	元	1.85			
非夜间施工照明	元	0.73			
冬雨季施工	元	12.43			

续表

项目名称	单位	每平方米工程量	分部位清单计价合计（元）	每平方米价格（元）	占清单计价合计比例
脚手架工程	元	61.84			
混凝土模板及支架	元	170.91			
垂直运输	元	20.88			
施工排水、降水	元	7.02			
其他	元	13.21			
税金			**823 729**	**211.26**	**8.26%**
合计			**9 976 278**	**2 558.63**	**100.00%**

（6）装饰工程分部位构成比例及主要工程量分析。

项目名称	单位	每平方米工程量	分部位清单计价合计（元）	每平方米价格（元）	占清单计价合计比例
楼地面工程			**1 382 873**	**354.67**	**25.56%**
竹地板地面	m^2	0.466			
橡胶板地面	m^2	0.137			
陶瓷地砖地面	m^2	0.159			
铝质防静电活动地面	m^2	0.004			
细石混凝土地面	m^2	0.018			
水泥砂浆地面	m^2	0.003			
墙、柱面工程			**1 735 894**	**445.21**	**32.08%**
内墙主要做法					
刮腻子	m^2	0.807			
乳胶漆	m^2	0.807			
电化铝板	m^2	0.320			
陶瓷锦砖	m^2	0.061			
硬条木吸声板	m^2	0.034			
石膏板	m^2	0.124			
胶合板	m^2	0.193			

续表

项目名称	单位	每平方米工程量	分部位清单计价合计（元）	每平方米价格（元）	占清单计价合计比例
钙塑涂料	m^2	0.287			
外墙主要做法					
刮腻子	m^2	0.830			
真石漆	m^2	0.830			
天棚工程			**581 346**	**149.10**	**10.74%**
刮腻子	m^2	0.029			
乳胶漆	m^2	0.029			
装配式T形铝合金龙骨	m^2	0.757			
矿棉板	m^2	0.619			
钙塑板	m^2	0.080			
钙塑涂料	m^2	0.085			
石膏吸声板	m^2	0.059			
矿棉吸声板	m^2	0.044			
门窗工程			**659 828**	**169.23**	**12.20%**
钢质防火门	m^2	0.012			
钢质防火窗	m^2	0.001			
木质门	m^2	0.043			
断桥隔热铝合金门窗	m^2	0.198			
其他工程			**460 137**	**118.01**	**8.50%**
施工措施项目			**143 660**	**36.84**	**2.66%**
安全文明施工	元	18.61			
非夜间施工照明	元	0.58			
冬雨季施工	元	2.37			
脚手架工程	元	7.31			
垂直运输	元	7.51			
其他	元	0.46			
税金			**446 737**	**114.58**	**8.26%**
合计			**5 410 475**	**1 387.64**	**100.00%**

（7）安装工程分部位构成比例及主要工程量分析。

项目名称	单位	每平方米工程量	分部位清单计价合计（元）	每平方米价格（元）	占清单计价合计比例
给排水工程			**189 715**	**48.66**	**4.64%**
复合钢管	m	0.005 9	2 308	0.59	0.06%
铸铁管	m	0.014 9	20 758	5.32	0.51%
PPR 给水管	m	0.260 6	25 579	6.56	0.63%
PVC 排水管	m	0.122 3	25 546	6.55	0.62%
管道支架	kg	0.046 9	4 456	1.14	0.11%
阀门	个	0.005 9	3 223	0.83	0.08%
卫生洁具	套	0.038 0	60 284	15.46	1.47%
水龙头	个	0.022 3	1 785	0.46	0.04%
地漏	个	0.013 3	2 948	0.76	0.07%
施工措施项目			**7 725**	**1.98**	**0.19%**
脚手架搭拆			2 145	0.55	0.05%
安全文明施工			4 524	1.16	0.11%
非夜间施工增加			57	0.01	0.001%
冬季施工增加			909	0.23	0.02%
竣工验收存档资料编制			90	0.02	0.002%
税金			**15 665**	**4.02**	**0.38%**
采暖工程			**322 225**	**82.64**	**7.88%**
镀锌钢管	m	0.394 2	106 241	27.25	2.60%
管道支架	kg	0.041 8	3 963	1.02	0.10%
阀门	个	0.203 4	46 703	11.98	1.14%
散热器	组	0.044 6	104 327	26.76	2.55%
施工措施项目			**13 185**	**3.38**	**0.32%**
脚手架搭拆			3 670	0.94	0.09%
安全文明施工			7 714	1.98	0.19%
非夜间施工增加			98	0.03	0.002%
冬季施工增加			1 549	0.40	0.04%
竣工验收存档资料编制			154	0.04	0.004%
税金			**26 606**	**6.82**	**0.65%**

续表

项目名称	单位	每平方米工程量	分部位清单计价合计（元）	每平方米价格（元）	占清单计价合计比例
电气工程			**1 901 829**	**487.77**	**46.49%**
配电箱	台	0.024 6	356 075	91.32	8.70%
开关	个	0.032 8	3 890	1.00	0.10%
插座	个	0.051 3	9 803	2.51	0.24%
电力电缆	m	0.360 1	154 864	39.72	3.79%
电缆头	个	0.015 4	14 214	3.65	0.35%
接地母线	m	0.339 8	72 533	18.60	1.77%
等电位箱	台	0.003 8	9 858	2.53	0.24%
电气配管	m	2.724 2	287 640	73.77	7.03%
线槽	m	0.134 9	95 850	24.58	2.34%
电气配线	m	8.934 7	135 222	34.68	3.31%
接线盒	个	0.345 5	13 987	3.59	0.34%
一般铁构件	kg	0.074 6	2 469	0.63	0.06%
照明灯具	套	0.186 7	107 835	27.66	2.64%
交换机	台	0.003 8	51 267	13.15	1.25%
弱电设备	台	0.047 4	221 189	56.73	5.41%
网线	m	1.942 5	36 015	9.24	0.88%
配线架	个	0.005 1	8 918	2.29	0.22%
弱电插座	个	0.016 7	1 012	0.26	0.02%
终端盒	个	0.005 6	782	0.20	0.02%
施工措施项目			**62 789**	**16.10**	**1.54%**
脚手架搭拆			17 006	4.36	0.42%
安全文明施工			37 116	9.52	0.91%
非夜间施工增加			471	0.12	0.01%
冬季施工增加			7 455	1.91	0.18%
竣工验收存档资料编制			741	0.19	0.02%
税金			**157 032**	**40.27**	**3.84%**
通风空调工程			**828 228**	**212.42**	**20.25%**
风机	台	0.001 3	16 754	4.30	0.41%

续表

项目名称	单位	每平方米工程量	分部位清单计价合计（元）	每平方米价格（元）	占清单计价合计比例
多联机空调器	台	0.006 4	438 801	112.54	10.73%
通风器	台	0.009 2	3 149	0.81	0.08%
风管	m^2	0.134 9	84 358	21.64	2.06%
阀门	个	0.005 6	7 775	1.99	0.19%
风口	个	0.028 0	14 375	3.69	0.35%
冷媒铜管	m	0.286 5	79 296	20.34	1.94%
塑料给水管	m	0.067 2	18 209	4.67	0.45%
施工措施项目			**19 708**	**5.05**	**0.48%**
脚手架搭拆			5 330	1.37	0.13%
安全文明施工			11 656	2.99	0.28%
非夜间施工增加			148	0.04	0.004%
冬季施工增加			2 341	0.60	0.06%
竣工验收存档资料编制			233	0.06	0.01%
税金			**68 386**	**17.54**	**1.67%**
消防工程			**848 469**	**217.61**	**20.74%**
水泵	台	0.001 5	40 809	10.47	1.00%
控制电缆	m	0.050 0	3 303	0.85	0.08%
电气配管	m	0.629 9	66 696	17.11	1.63%
线槽	m	0.014 9	6 313	1.62	0.15%
电气配线	m	0.874 6	15 273	3.92	0.37%
接线盒	个	0.060 3	2 235	0.57	0.05%
镀锌钢管	m	0.498 3	207 030	53.10	5.06%
喷头	个	0.092 3	17 320	4.44	0.42%
水流指示器	个	0.001 0	3 908	1.00	0.10%
消火栓	套	0.004 6	16 635	4.27	0.41%
消防水泵结合器	套	0.000 5	5 141	1.32	0.13%
灭火器	具	0.015 4	2 530	0.65	0.06%
火灾探测器	个	0.035 9	25 911	6.65	0.63%
按钮	个	0.008 0	6 373	1.63	0.16%

续表

项目名称	单位	每平方米工程量	分部位清单计价合计（元）	每平方米价格（元）	占清单计价合计比例
模块	个	0.016 2	31 514	8.08	0.77%
火灾报警设备	台	0.023 3	140 661	36.08	3.44%
管道支架	kg	0.234 4	20 237	5.19	0.49%
阀门	个	0.025 9	53 178	13.64	1.30%
软接头	个	0.004 1	6 533	1.68	0.16%
施工措施项目			**38 881**	**9.97**	**0.95%**
脚手架搭拆			10 379	2.66	0.25%
安全文明施工			23 107	5.93	0.56%
非夜间施工增加			293	0.08	0.01%
冬季施工增加			4 641	1.19	0.11%
竣工验收存档资料编制			461	0.12	0.01%
税金			**70 057**	**17.97**	**1.71%**
合计			**4 090 466**	**1 049.10**	**100.00%**

（8）建筑、装饰工程主要工、料消耗量分析。

项目名称	单位	建筑工程每平方米消耗量	装饰工程每平方米消耗量
人工	工日	2.926	1.522
水泥（综合）	kg	20.082	22.311
砂子	t	0.040	0.072
白灰	kg	16.650	9.386
钢筋	t	0.092	
玻璃	m^2		0.181
商品混凝土	m^3	0.444	0.026
预拌砂浆	t	0.106	0.086
预制钢筋混凝土管桩	m	0.439	
页岩标砖	千块	0.022	
蒸压加气混凝土条板	m^3	0.204	
预制混凝土叠合板	m^3	0.027	

续表

项目名称	单位	建筑工程每平方米消耗量	装饰工程每平方米消耗量
预制混凝土楼梯段	m^3	0.003	
SBS 改性沥青防水卷材	m^2	0.423	
岩棉板	m^3	0.058	
酚醛板	m^3	0.010	
FTC 自调温相变蓄能保温材料	m^3	0.006	
挤塑聚苯乙烯泡沫板	m^3	0.003	
竹地板	m^2		0.489
橡胶板	m^2		0.144
陶瓷地面砖	m^2		0.165
铝质防静电地板	m^2		0.004
成品腻子粉	kg		5.134
苯丙乳胶漆	kg		0.232
电化铝装饰板	m^2		0.339
玻璃陶瓷锦砖	m^2		0.062
硬杂木锯材	m^3		0.001
石膏板	m^2		0.130
胶合板	m^2		0.212
钙塑涂料	kg		0.548
H 型真石涂料	kg		4.150
铝合金龙骨	m^2		0.769
矿棉板	m^2		0.650
钙塑板	m^2		0.084
石膏吸声板	m^2		0.062
矿棉吸声板	m^2		0.046

三、钢　结　构

1. 幼儿园 E

(1) 工程概况。

结构类型：钢结构			建筑面积：4 170.00m²				
基本特征	檐高	层数	层高	基础类型	利润率		
	13.20m	地上 3 层	4.00m	桩承台基础	建筑	装饰	安装
					7.76%	24.00%	20.71%

(2) 工程主要特征。

项目名称		特征描述
建筑工程	基础工程	桩承台基础
	土方工程	机械挖土方
	砌筑工程	页岩标砖基础、混凝土空心砌块墙、蒸压轻质砂加气混凝土墙板
	混凝土及钢筋混凝土工程	现浇混凝土，AC20，AC25，AC30，AC35
	金属结构工程	钢柱、钢梁、钢檩条、钢扶梯
	屋面及防水工程	高聚物改性沥青自粘卷材防水、彩色压型屋面板
	防腐、隔热、保温工程	屋面水泥珍珠岩保温
		内墙 FTC 自调温相变蓄能材料保温
		外墙 FTC 自调温相变蓄能材料保温、外墙聚苯乙烯板保温
		天棚聚苯乙烯板保温、天棚 FTC 自调温相变蓄能材料保温
装饰工程	内墙	乳胶漆、面砖、铝合金复合板、岩板吸声板、石膏板
	外墙	乳胶漆、微孔铝板、真石漆
	天棚	乳胶漆、石膏板、矿棉板、铝扣板、铝合金挂片
	楼地面	橡胶板、花岗岩、陶瓷地砖、杉木地板
	门窗	钢质防火门、铜质门、断桥隔热铝合金门窗
安装工程	给排水工程	衬塑钢管、不锈钢管、铸铁排水管、PPR 管、UPVC 管、金属软管
	采暖工程	热镀锌钢管、预制保温管
	电气工程	钢管、电线管、塑料管
	通风空调工程	分体式空调器、镀锌薄钢板风管、铝合金风口
	消防工程	消火栓系统、喷淋系统、自动报警系统、钢管、电线管、塑料管

（3）工程造价各项费用分析表。

工程价格（元）（以2020年预算基价为依据）		每平方米价格（元）	各项费用所占比例（%）							
			人工费	材料费	机械费	管理费	规费	利润	税金	合计
23 361 841		**5 602.36**	**20.01**	**52.48**	**3.57**	**2.65**	**7.53**	**5.50**	**8.26**	**100.00**
建筑工程		3 435.24	19.49	51.02	5.10	2.81	7.34	5.98	8.26	100.00
装饰工程		1 502.39	18.21	59.23	1.21	1.87	6.85	4.37	8.26	100.00
安装工程		664.73	26.74	44.75	1.04	3.61	10.06	5.54	8.26	100.00
其中	给排水工程	83.96	23.53	50.57	0.74	3.18	8.85	4.87	8.26	100.00
	采暖工程	61.58	7.99	77.76	0.28	1.06	3.00	1.65	8.26	100.00
	电气工程	211.83	25.06	47.25	1.35	3.46	9.43	5.19	8.26	100.00
	通风空调工程	166.29	32.26	34.72	1.61	4.34	12.14	6.67	8.26	100.00
	消防工程	141.07	32.86	34.95	0.41	4.35	12.37	6.80	8.26	100.00

（4）工程量清单计价汇总。

项目名称		造价（元/m²）	占总造价比例
建筑工程工程量清单计价合计		**3 435.24**	**61.32%**
其中施工措施项目		369.32	6.59%
装饰工程工程量清单计价合计		**1 502.39**	**26.82%**
其中施工措施项目		59.55	1.06%
安装工程工程量清单计价合计		**664.73**	**11.87%**
其中	给排水工程	83.96	1.50%
	其中施工措施项目	3.34	0.06%
	采暖工程	61.58	1.10%
	其中施工措施项目	0.84	0.01%
	电气工程	211.83	3.78%
	其中施工措施项目	9.13	0.16%
	通风空调工程	166.29	2.97%
	其中施工措施项目	9.20	0.16%
	消防工程	141.07	2.52%
	其中施工措施项目	7.74	0.14%
总造价		**5 602.36**	**100.00%**

（5）建筑工程分部位构成比例及主要工程量分析。

项目名称	单位	每平方米工程量	分部位清单计价合计（元）	每平方米价格（元）	占清单计价合计比例
土方工程			**487 593**	**116.93**	**3.40%**
机械土方	m^3	1.245			
砌筑工程			**1 308 055**	**313.68**	**9.13%**
页岩标砖基础	m^3	0.042			
混凝土空心砌块墙	m^3	0.079			
蒸压轻质砂加气混凝土墙板	m^2	0.993			
混凝土及钢筋混凝土工程			**3 006 165**	**720.90**	**20.99%**
混凝土基础	m^3	0.172			
混凝土柱	m^3	0.041			
混凝土梁	m^3	0.066			
混凝土墙	m^3	0.013			
混凝土板	m^3	0.965			
金属结构工程			**5 449 488**	**1 306.83**	**38.04%**
钢柱	t	0.053			
钢梁	t	0.064			
钢檩条	t	0.003			
钢扶梯	t	0.005			
屋面及防水工程			**854 824**	**204.99**	**5.97%**
高聚物改性沥青自粘卷材防水	m^2	0.336			
彩色压型屋面板	m^2	0.309			
防腐、隔热、保温工程			**496 020**	**118.95**	**3.46%**
屋面水泥珍珠岩保温	m^3	0.021			
内墙抹 FTC 自调温相变蓄能材料保温	m^2	0.092			
外墙抹 FTC 自调温相变蓄能材料保温	m^2	0.085			
外墙聚苯乙烯板保温	m^2	0.590			
天棚聚苯乙烯板保温	m^2	0.632			
天棚抹 FTC 自调温相变蓄能材料保温	m^2	0.002			
施工措施项目			**1 540 049**	**369.32**	**10.75%**

续表

项目名称	单位	每平方米工程量	分部位清单计价合计（元）	每平方米价格（元）	占清单计价合计比例
安全文明施工	元	122.31			
夜间施工	元	3.22			
非夜间施工照明	元	1.28			
冬雨季施工	元	21.66			
脚手架工程	元	70.35			
混凝土模板及支架	元	75.48			
垂直运输	元	37.13			
大型机械设备进出场及安拆	元	24.27			
施工排水、降水	元	1.87			
其他	元	11.75			
税金			**1 182 797**	**283.64**	**8.26%**
合计			**14 324 991**	**3 435.24**	**100.00%**

（6）装饰工程分部位构成比例及主要工程量分析。

项目名称	单位	每平方米工程量	分部位清单计价合计（元）	每平方米价格（元）	占清单计价合计比例
楼地面工程			**1 521 478**	**364.86**	**24.28%**
橡胶板地面	m^2	0.532			
陶瓷地砖地面	m^2	0.261			
花岗岩地面	m^2	0.012			
杉木地板地面	m^2	0.060			
墙、柱面工程			**2 283 332**	**547.56**	**36.45%**
内墙主要做法					
乳胶漆	m^2	0.790			
面砖	m^2	0.430			
铝合金复合板	m^2	0.452			
岩板吸声板	m^2	0.023			

续表

项目名称	单位	每平方米工程量	分部位清单计价合计（元）	每平方米价格（元）	占清单计价合计比例
石膏板	m^2	0.066			
外墙主要做法					
乳胶漆	m^2	0.039			
微孔铝板	m^2	0.028			
真石漆	m^2	0.610			
天棚工程			**756 373**	**181.38**	**12.07%**
乳胶漆	m^2	0.248			
装配式U形轻钢龙骨	m^2	0.248			
装配式T形铝合金龙骨	m^2	0.604			
石膏板	m^2	0.248			
矿棉板	m^2	0.386			
铝扣板	m^2	0.207			
铝合金挂片	m^2	0.010			
门窗工程			**684 512**	**164.15**	**10.93%**
钢质防火门	m^2	0.008			
铜质门	m^2	0.048			
断桥隔热铝合金门	m^2	0.006			
断桥隔热铝合金窗	m^2	0.161			
其他工程			**253 687**	**60.84**	**4.05%**
施工措施项目			**248 337**	**59.55**	**3.96%**
安全文明施工	元	22.56			
非夜间施工照明	元	0.70			
冬雨季施工	元	2.87			
脚手架工程	元	17.64			
垂直运输	元	15.21			
其他	元	0.57			
税金			**517 295**	**124.05**	**8.26%**
合计			**6 265 014**	**1 502.39**	**100.00%**

（7）安装工程分部位构成比例及主要工程量分析。

项目名称	单位	每平方米工程量	分部位清单计价合计（元）	每平方米价格（元）	占清单计价合计比例
给排水工程			**350 123**	**83.96**	**12.63%**
衬塑钢管	m	0.037 3	10 127	2.43	0.37%
不锈钢管	m	0.050 2	13 378	3.21	0.48%
铸铁排水管	m	0.098 0	62 892	15.08	2.27%
PPR 管	m	0.159 8	19 189	4.60	0.69%
UPVC 管	m	0.148 7	43 337	10.39	1.56%
管道支架	kg	0.017 7	1 764	0.42	0.06%
阀门	个	0.082 0	42 075	10.09	1.52%
金属软管	个	0.012 0	2 345	0.56	0.08%
卫生洁具	套	0.058 8	76 924	18.45	2.78%
地漏	个	0.020 4	4 168	1.00	0.15%
施工措施项目			**13 941**	**3.34**	**0.50%**
脚手架搭拆			3 821	0.92	0.14%
安全文明施工			8 204	1.97	0.30%
非夜间施工增加			104	0.02	0.004%
冬季施工增加			1 648	0.40	0.06%
竣工验收存档资料编制			164	0.04	0.01%
税金			**28 909**	**6.93**	**1.04%**
采暖工程			**256 776**	**61.58**	**9.26%**
热镀锌钢管	m	0.076 6	25 419	6.10	0.92%
预制保温管	m	0.001 9	722	0.17	0.03%
管道支架	kg	0.019 1	1 899	0.46	0.07%
阀门	个	0.010 6	9 636	2.31	0.35%
过滤器	组	0.000 7	1 458	0.35	0.05%
热计量表	组	0.000 2	5 148	1.23	0.19%
地板辐射采暖	m^2	0.850 6	159 615	38.28	5.76%
分集水器	台	0.005 0	15 419	3.70	0.56%
采暖工程系统调整费			2 134	0.51	0.08%

续表

项目名称	单位	每平方米工程量	分部位清单计价合计（元）	每平方米价格（元）	占清单计价合计比例
施工措施项目			**3 482**	**0.84**	**0.13%**
脚手架搭拆			952	0.23	0.03%
安全文明施工			2 051	0.49	0.07%
非夜间施工增加			26	0.01	0.001%
冬季施工增加			412	0.10	0.01%
竣工验收存档资料编制			41	0.01	0.001%
税金			**21 202**	**5.08**	**0.76%**
电气工程			**883 341**	**211.83**	**31.87%**
配电箱	台	0.006 7	8 191	1.96	0.30%
开关	个	0.067 6	10 281	2.47	0.37%
控制面板	个	0.027 3	9 838	2.36	0.36%
插座	个	0.072 4	10 257	2.46	0.37%
电力电缆	m	0.304 8	94 011	22.54	3.39%
终端头	个	0.012 5	8 920	2.14	0.32%
接地母线	m	0.076 1	10 611	2.54	0.38%
避雷网	m	0.128 8	13 973	3.35	0.50%
总等电位端子箱	台	0.000 2	560	0.13	0.02%
配管	m	2.775 7	197 990	47.48	7.14%
桥架	m	0.113 9	80 007	19.19	2.89%
配线	m	3.731 9	70 501	16.91	2.54%
开关盒/接线盒	个	0.568 8	27 293	6.55	0.98%
局部等电位盒	个	0.003 6	1 398	0.34	0.05%
灯具	套	0.197 8	136 467	32.73	4.92%
磁盘阵列存储	台	0.000 2	486	0.12	0.02%
网线	m	0.660 2	14 211	3.41	0.51%
摄像机	台	0.012 2	16 167	3.88	0.58%
系统调试			53 844	12.91	1.94%
施工措施项目			**38 052**	**9.13**	**1.37%**

续表

项目名称	单位	每平方米工程量	分部位清单计价合计（元）	每平方米价格（元）	占清单计价合计比例
脚手架搭拆			10 261	2.46	0.37%
安全文明施工			22 530	5.40	0.81%
非夜间施工增加			286	0.07	0.01%
冬季施工增加			4 525	1.09	0.16%
竣工验收存档资料编制			450	0.11	0.02%
税金			**72 936**	**17.49**	**2.63%**
通风空调工程			**693 417**	**166.29**	**25.02%**
空调室内机	台	0.021 3	48 219	11.56	1.74%
轴流风机	台	0.000 2	546	0.13	0.02%
新风机组	台	0.001 0	3 819	0.92	0.14%
排气扇	台	0.010 3	1 297	0.31	0.05%
新风换气机	台	0.003 8	8 732	2.09	0.32%
矩形风管	m^2	0.222 6	196 879	47.21	7.10%
阀门	个	0.035 3	18 550	4.45	0.67%
百叶风口	个	0.045 3	31 748	7.61	1.15%
散流器	个	0.024 2	16 072	3.85	0.58%
消声器	个	0.007 7	13 762	3.30	0.50%
静压箱	个	0.000 2	828	0.20	0.03%
分歧管	个	0.018 5	8 740	2.10	0.32%
镀锌钢管	m	0.141 4	35 716	8.56	1.29%
冷媒铜管	m	0.361 2	111 796	26.81	4.03%
通风、空调工程系统调整费			16 418	3.94	0.59%
施工措施项目			**38 350**	**9.20**	**1.38%**
脚手架搭拆			10 372	2.49	0.37%
安全文明施工			22 681	5.44	0.82%
非夜间施工增加			288	0.07	0.01%
冬季施工增加			4 556	1.09	0.16%
竣工验收存档资料编制			453	0.11	0.02%

续表

项目名称	单位	每平方米工程量	分部位清单计价合计（元）	每平方米价格（元）	占清单计价合计比例
税金			**57 255**	**13.73**	**2.07%**
消防工程			**588 260**	**141.07**	**21.22%**
配管	m	0.495 3	33 337	7.99	1.20%
配线	m	0.637 7	11 617	2.79	0.42%
镀锌钢管	m	0.563 2	213 046	51.09	7.69%
喷头	个	0.129 5	25 819	6.19	0.93%
预作用报警阀组	组	0.000 2	6 809	1.63	0.25%
水流指示器	个	0.000 7	2 742	0.66	0.10%
末端试水装置	组	0.000 2	547	0.13	0.02%
消防柜	套	0.002 9	12 956	3.11	0.47%
消防水泵接合器	套	0.000 5	7 318	1.75	0.26%
干粉灭火器	具	0.008 2	2 295	0.55	0.08%
管道支架	kg	0.132 7	14 990	3.59	0.54%
探测器	只	0.032 6	19 350	4.64	0.70%
报警按钮	只	0.005 0	3 062	0.73	0.11%
消防报警设备	台	0.009 8	15 878	3.81	0.57%
消防接线箱	个	0.000 7	1 044	0.25	0.04%
报警模块	只	0.004 8	9 166	2.20	0.33%
阀门	个	0.004 6	9 422	2.26	0.34%
系统调试			24 817	5.95	0.90%
施工措施项目			**32 269**	**7.74**	**1.16%**
脚手架搭拆			8 969	2.15	0.32%
安全文明施工			18 889	4.53	0.68%
非夜间施工增加			240	0.06	0.01%
冬季施工增加			3 794	0.91	0.14%
竣工验收存档资料编制			377	0.09	0.01%
税金			**48 572**	**11.65**	**1.75%**
合计			**2 771 917**	**664.73**	**100.00%**

（8）建筑、装饰工程主要工、料消耗量分析。

项目名称	单位	建筑工程每平方米消耗量	装饰工程每平方米消耗量
人工	工日	4.782	1.833
水泥（综合）	kg	5.321	26.863
砂子	t	0.030	0.091
白灰	kg	43.367	11.103
钢筋	t	0.041	
钢材	t	0.133	
玻璃	m^2		0.125
商品混凝土	m^3	0.395	0.065
预拌砂浆	t	0.092	0.113
页岩标砖	千块	0.022	
混凝土空心砌块	千块	0.005	
轻质蒸压砂加气混凝土板	m^2	0.998	
高聚物改性沥青自粘卷材	m^2	0.777	
彩色压型钢板	m^2	0.321	
珍珠岩	m^3	0.033	
FTC 自调温相变蓄能保温材料	m^3	0.007	
聚苯乙烯泡沫塑料板	m^3	0.062	
橡胶板	m^2		0.559
陶瓷地面砖	m^2		0.268
花岗岩板	m^2		0.012
杉木地板	m^2		0.063
苯丙乳胶漆	kg		0.398
墙面砖	m^2		0.447
铝塑板	m^2		0.519
岩板吸声板	m^2		0.024
石膏板	m^2		0.330
微铝孔板	m^2		0.030
H 型真石涂料	kg		3.050

续表

项目名称	单位	建筑工程每平方米消耗量	装饰工程每平方米消耗量
轻钢龙骨	m^2		0.252
铝合金龙骨	m^2		0.613
矿棉板	m^2		0.405
铝扣板	m^2		0.211
铝合金挂片	m^2		0.010

第六节 托 老 所

内容提要

结构	檐高（m）	层数	建筑面积（m^2）	每平方米价格（元）
框架结构	11.95	地上3层，地下1层	4 222.32	4 571.66
装配式混凝土结构	11.95	地上3层	2 300.83	4 534.37

一、框架结构

1. 托老所A

（1）工程概况。

结构类型：框架结构			建筑面积：4 222.32m^2				
基本特征	檐高	层数	层高	基础类型	利润率		
	11.95m	地上3层，地下1层	3.60m	满堂基础	建筑	装饰	安装
					7.76%	24.00%	20.71%

（2）工程主要特征。

项目名称		特征描述
建筑工程	基础工程	满堂基础
	土方工程	人工挖土方、机械挖土方
	打桩工程	预制钢筋混凝土管桩（D=500mm）
	砌筑工程	页岩标砖基础、混凝土空心砌块墙、蒸压粉煤灰加气混凝土砌块墙
	混凝土及钢筋混凝土工程	现浇混凝土，AC20，AC25，AC30，BC30P6，AC35，BC35P6，BC40P6
	屋面及防水工程	改性沥青卷材防水、聚合物水泥涂料防水
	防腐、隔热、保温工程	屋面水泥珍珠岩保温、屋面CS板保温
		外墙聚苯乙烯板保温、外墙聚苯颗粒保温砂浆保温
装饰工程	内墙	刮腻子、乳胶漆、面砖、水泥砂浆
	外墙	真石漆、大理石
	天棚	刮腻子、乳胶漆、过氯乙烯磁漆、铝合金板、石膏板
	楼地面	陶瓷地砖、水泥砂浆、金属耐磨地面
	门窗	钢质门、木质门、断桥隔热铝合金门窗
安装工程	给排水工程	镀锌钢管、铸铁管、PPR塑料管、钢塑复合管
	采暖工程	镀锌钢管、无缝钢管、不锈钢软管
	电气工程	钢管、电线管
	通风空调工程	中央空调机组、风机盘管、镀锌薄钢板风管、铝合金风口、钢管
	消防工程	消火栓系统、喷淋系统、自动报警系统、钢管、电线管

（3）工程造价各项费用分析表。

工程价格（元）（以 2020 年预算基价为依据）	每平方米价格（元）	各项费用所占比例（%）							
		人工费	材料费	机械费	管理费	规费	利润	税金	合计
19 303 011	**4 571.66**	**19.88**	**54.33**	**2.13**	**2.51**	**7.48**	**5.41**	**8.26**	**100.00**
建筑工程	2 394.72	19.02	53.96	2.98	2.51	7.16	6.11	8.26	100.00
装饰工程	1 093.25	20.41	55.22	1.41	2.12	7.68	4.90	8.26	100.00
安装工程	1 083.69	21.22	54.24	0.98	2.91	7.99	4.40	8.26	100.00
其中 给排水工程	148.72	12.50	69.56	0.67	1.72	4.70	2.59	8.26	100.00
采暖工程	115.96	25.77	46.71	0.75	3.47	9.70	5.34	8.26	100.00
电气工程	282.18	15.28	65.17	0.33	2.04	5.75	3.17	8.26	100.00
通风空调工程	283.92	24.21	48.94	1.15	3.32	9.11	5.01	8.26	100.00
消防工程	252.91	27.55	42.45	1.80	3.85	10.38	5.71	8.26	100.00

（4）工程量清单计价汇总。

项目名称	造价（元/m^2）	占总造价比例
建筑工程工程量清单计价合计	**2 394.72**	**52.38%**
其中施工措施项目	502.99	11.00%
装饰工程工程量清单计价合计	**1 093.25**	**23.91%**
其中施工措施项目	37.16	0.81%
安装工程工程量清单计价合计	**1 083.69**	**23.70%**
其中 给排水工程	148.72	3.25%
其中施工措施项目	3.19	0.07%
采暖工程	115.96	2.54%
其中施工措施项目	5.05	0.11%
电气工程	282.18	6.17%
其中施工措施项目	7.25	0.16%
通风空调工程	283.92	6.21%
其中施工措施项目	11.76	0.26%
消防工程	252.91	5.53%
其中施工措施项目	12.08	0.26%
总造价	**4 571.66**	**100.00%**

（5）建筑工程分部位构成比例及主要工程量分析。

项目名称	单位	每平方米工程量	分部位清单计价合计（元）	每平方米价格（元）	占清单计价合计比例
土方工程			**391 146**	**92.64**	**3.87%**
人工土方	m^3	0.052			
机械土方	m^3	0.907			
打桩工程			**360 238**	**85.32**	**3.56%**
预制钢筋混凝土管桩（$D=500$mm）	m	0.431			
砌筑工程			**452 895**	**107.26**	**4.48%**
页岩标砖基础	m^3	0.004			
混凝土空心砌块墙	m^3	0.015			
蒸压粉煤灰加气混凝土砌块墙	m^3	0.170			
混凝土及钢筋混凝土工程			**4 400 085**	**1 042.10**	**43.52%**
混凝土基础	m^3	0.131			
混凝土柱	m^3	0.109			
混凝土梁	m^3	0.009			
混凝土墙	m^3	0.033			
混凝土板	m^3	0.258			
屋面及防水工程			**994 224**	**235.47**	**9.83%**
改性沥青卷材防水	m^2	0.300			
聚合物水泥涂料防水	m^2	0.159			
防腐、隔热、保温工程			**554 014**	**131.21**	**5.48%**
屋面水泥珍珠岩保温	m^3	0.019			
屋面 CS 板保温	m^2	0.190			
外墙聚苯乙烯板保温	m^2	0.523			
外墙聚苯颗粒保温砂浆保温	m^2	0.550			
施工措施项目			**2 123 804**	**502.99**	**21.00%**
安全文明施工	元	76.14			
夜间施工	元	2.03			
非夜间施工照明	元	0.81			
冬雨季施工	元	13.68			

续表

项目名称	单位	每平方米工程量	分部位清单计价合计（元）	每平方米价格（元）	占清单计价合计比例
脚手架工程	元	70.35			
混凝土模板及支架	元	290.65			
垂直运输	元	37.13			
大型机械设备进出场及安拆	元	5.06			
施工排水、降水	元	4.86			
其他	元	2.28			
税金			**834 877**	**197.73**	**8.26%**
合计			**10 111 283**	**2 394.72**	**100.00%**

（6）装饰工程分部位构成比例及主要工程量分析。

项目名称	单位	每平方米工程量	分部位清单计价合计（元）	每平方米价格（元）	占清单计价合计比例
楼地面工程			**775 383**	**183.64**	**16.80%**
陶瓷地砖地面	m^2	0.567			
水泥砂浆地面	m^2	0.237			
金属耐磨地面	m^2	0.049			
墙、柱面工程			**2 078 488**	**492.26**	**45.03%**
内墙主要做法					
刮腻子	m^2	1.523			
乳胶漆	m^2	1.307			
面砖	m^2	0.358			
水泥砂浆	m^2	1.325			
外墙主要做法					
真石漆	m^2	0.510			
大理石	m^2	0.174			
天棚工程			**460 019**	**108.95**	**9.96%**
刮腻子	m^2	0.715			

续表

项目名称	单位	每平方米工程量	分部位清单计价合计（元）	每平方米价格（元）	占清单计价合计比例
乳胶漆	m^2	0.617			
过氯乙烯磁漆	m^2	0.287			
铝合金板	m^2	0.070			
石膏板	m^2	0.244			
门窗工程			**472 147**	**111.82**	**10.23%**
钢质门	m^2	0.029			
木质门	m^2	0.030			
断桥隔热铝合金门窗	m^2	0.107			
其他工程			**291 970**	**69.15**	**6.32%**
施工措施项目			**156 918**	**37.16**	**3.40%**
安全文明施工	元	18.45			
非夜间施工照明	元	0.57			
冬雨季施工	元	2.35			
脚手架工程	元	6.02			
垂直运输	元	9.31			
其他	元	0.46			
税金			**381 143**	**90.27**	**8.26%**
合计			**4 616 068**	**1 093.25**	**100.00%**

（7）安装工程分部位构成比例及主要工程量分析。

项目名称	单位	每平方米工程量	分部位清单计价合计（元）	每平方米价格（元）	占清单计价合计比例
给排水工程			**627 925**	**148.72**	**13.72%**
镀锌钢管	m	0.032 7	35 060	8.30	0.77%
铸铁管	m	0.012 5	27 108	6.42	0.59%
PPR 塑料管	m	0.163 4	25 978	6.15	0.57%
钢塑复合管	m	0.223 3	116 053	27.49	2.54%
管道支架	kg	0.157 8	17 537	4.15	0.38%

续表

项目名称	单位	每平方米工程量	分部位清单计价合计（元）	每平方米价格（元）	占清单计价合计比例
阀门	个	0.033 6	10 471	2.48	0.23%
水表	组	0.004 3	6 169	1.46	0.13%
卫生洁具	套	0.035 8	271 335	64.26	5.93%
地漏	个	0.008 3	1 678	0.40	0.04%
施工措施项目			**13 486**	**3.19**	**0.29%**
脚手架搭拆			3 638	0.86	0.08%
安全文明施工			7 984	1.89	0.17%
非夜间施工增加			101	0.02	0.002%
冬季施工增加			1 604	0.38	0.04%
竣工验收存档资料编制			159	0.04	0.003%
税金			**51 847**	**12.28**	**1.13%**
采暖工程			**489 604**	**115.96**	**10.70%**
镀锌钢管	m	0.518 7	170 948	40.49	3.74%
无缝钢管	m	0.038 4	23 963	5.68	0.52%
不锈钢软管	根	0.043 6	17 727	4.20	0.39%
管道支架	kg	0.131 3	13 677	3.24	0.30%
阀门	个	0.085 0	71 693	16.98	1.57%
地板辐射采暖	m^2	0.121 3	43 520	10.31	0.95%
施工措施项目			**21 323**	**5.05**	**0.47%**
脚手架搭拆			5 854	1.39	0.13%
安全文明施工			12 541	2.97	0.27%
非夜间施工增加			159	0.04	0.003%
冬季施工增加			2 519	0.60	0.06%
竣工验收存档资料编制			250	0.06	0.005%
税金			**40 426**	**9.57**	**0.88%**
电气工程			**1 191 458**	**282.18**	**26.04%**
配电箱	台	0.010 9	265 161	62.80	5.80%
开关	个	0.063 0	23 852	5.65	0.52%

续表

项目名称	单位	每平方米工程量	分部位清单计价合计（元）	每平方米价格（元）	占清单计价合计比例
插座	个	0.039 6	6 337	1.50	0.14%
电力电缆	m	0.413 3	241 969	57.31	5.29%
电力电缆头	个	0.026 8	18 504	4.38	0.40%
接地母线	m	0.059 8	6 051	1.43	0.13%
避雷网	m	0.124 8	33 406	7.91	0.73%
电气配管	m	1.392 4	132 732	31.44	2.90%
电力桥架	m	0.087 2	86 346	20.45	1.89%
电气配线	m	5.156 7	87 661	20.76	1.92%
T 接箱	个	0.005 9	16 732	3.96	0.37%
接线盒	个	0.206 3	10 302	2.44	0.23%
耐火波纹管	m	0.062 7	12 470	2.95	0.27%
灯具	套	0.112 5	72 080	17.07	1.58%
施工措施项目			**30 592**	**7.25**	**0.67%**
脚手架搭拆			8 445	2.00	0.18%
安全文明施工			17 954	4.25	0.39%
非夜间施工增加			228	0.05	0.005%
冬季施工增加			3 606	0.85	0.08%
竣工验收存档资料编制			359	0.09	0.01%
税金			**98 377**	**23.30**	**2.15%**
通风空调工程			**1 198 792**	**283.92**	**26.20%**
风机	台	0.032 4	307 140	72.74	6.71%
风管	m^2	0.800 9	440 782	104.39	9.63%
阀门	个	0.023 0	41 340	9.79	0.90%
风口	个	0.067 3	59 126	14.00	1.29%
空气幕	台	0.001 4	19 301	4.57	0.42%
铝箔保护层	m^2	0.389 5	68 848	16.31	1.50%
施工措施项目			**49 671**	**11.76**	**1.09%**
脚手架搭拆			13 455	3.19	0.29%

续表

项目名称	单位	每平方米工程量	分部位清单计价合计（元）	每平方米价格（元）	占清单计价合计比例
安全文明施工			29 361	6.95	0.64%
非夜间施工增加			372	0.09	0.01%
冬季施工增加			5 897	1.40	0.13%
竣工验收存档资料编制			586	0.14	0.01%
税金			**98 983**	**23.44**	**2.16%**
消防工程			**1 067 850**	**252.91**	**23.34%**
控制电缆	m	0.095 6	11 844	2.81	0.26%
电气配管	m	0.712 4	64 819	15.35	1.42%
消防桥架	m	0.035 8	21 523	5.10	0.47%
电气配线	m	1.846 5	39 878	9.44	0.87%
镀锌钢管	m	0.518 9	347 778	82.37	7.60%
喷头	个	0.109 9	37 311	8.84	0.82%
室内消火栓	套	0.005 2	23 586	5.59	0.52%
探测器	只	0.035 3	49 680	11.77	1.09%
消防按钮	只	0.007 8	14 038	3.32	0.31%
消防报警设备	台	0.014 0	14 136	3.35	0.31%
模块	只	0.035 5	118 765	28.13	2.60%
管道支架	kg	0.223 8	24 874	5.89	0.54%
阀门	个	0.010 7	36 916	8.74	0.81%
系统调试			39 286	9.30	0.86%
施工措施项目			**51 001**	**12.08**	**1.11%**
脚手架搭拆			13 640	3.23	0.30%
安全文明施工			30 288	7.17	0.66%
非夜间施工增加			384	0.09	0.01%
冬季施工增加			6 084	1.44	0.13%
竣工验收存档资料编制			605	0.14	0.01%
税金			**88 171**	**20.88**	**1.93%**
合计			**4 575 629**	**1 083.69**	**100.00%**

(8) 建筑、装饰工程主要工、料消耗量分析。

项目名称	单位	建筑工程每平方米消耗量	装饰工程每平方米消耗量
人工	工日	3.289	1.493
水泥(综合)	kg	10.790	32.715
砂子	t	0.030	0.137
白灰	kg	29.690	4.402
钢筋	t	0.108	
玻璃	m^2		0.087
商品混凝土	m^3	0.620	0.029
预拌砂浆	t	0.097	0.179
预制钢筋混凝土管桩	m	0.431	
页岩标砖	千块	0.002	
混凝土空心砌块	千块	0.001	
粉煤灰加气混凝土块	m^3	0.160	
SBS 改性沥青防水卷材	m^2	0.347	
防水涂料	kg	0.351	
珍珠岩	m^3	0.029	
CS-XWBJ 板	m^2	0.190	
聚苯乙烯泡沫塑料板	m^3	0.027	
胶粉聚苯颗粒保温浆料	m^3	0.019	
陶瓷地面砖	m^2		0.581
金属骨料	m^2		0.061
成品腻子粉	kg		4.568
苯丙乳胶漆	kg		0.535
墙面砖	m^2		0.372
H 型真石涂料	kg		2.550
大理石板	m^2		0.177
过氯乙烯清漆	kg		0.151
铝合金板	m^2		0.073
石膏板	m^2		0.256

二、装配式混凝土结构

1. 托老所 B

(1) 工程概况。

结构类型：装配式混凝土结构			建筑面积：2 300.83m^2				
基本特征	檐高	层数	层高	基础类型	利润率		
	11.95m	地上 3 层	3.60m	桩承台基础	建筑	装饰	安装
					7.76%	24.00%	20.71%

(2) 工程主要特征。

项目名称		特征描述
建筑工程	基础工程	桩承台基础
	土方工程	机械挖土方
	打桩工程	钢筋混凝土钻孔灌注桩（D=800mm）
	砌筑工程	页岩标砖基础、蒸压加气混凝土墙板
	混凝土及钢筋混凝土工程	现浇混凝土，AC10，AC30
	装配式工程	预制混凝土叠合板、预制混凝土楼梯、预制混凝土空调板
	屋面及防水工程	高聚物改性沥青自粘卷材防水
	防腐、隔热、保温工程	屋面胶粉聚苯颗粒保温砂浆保温
		外墙胶粉聚苯颗粒保温砂浆保温、外墙挤塑聚苯乙烯板保温
装饰工程	内墙	乳胶漆、瓷板
	外墙	刮腻子、真石漆、弹性涂料、文化石
	天棚	乳胶漆、石膏板、铝合金条板
	楼地面	水泥砂浆、陶瓷地砖、橡胶板
	门窗	木质防火门、钢质防火门、断桥隔热铝合金门窗
安装工程	给排水工程	镀锌钢管、PPR 管、UPVC 管
	采暖工程	镀锌钢管、预制保温管
	电气工程	钢管、电线管、塑料管
	消防工程	消火栓系统、喷淋系统、自动报警系统、钢管、电线管

（3）工程造价各项费用分析表。

工程价格（元）（以2020年预算基价为依据）		每平方米价格（元）	各项费用所占比例（%）							
			人工费	材料费	机械费	管理费	规费	利润	税金	合计
10 432 815		**4 534.37**	**20.60**	**53.06**	**2.23**	**2.49**	**7.75**	**5.61**	**8.26**	**100.00**
建筑工程		2 518.64	18.29	55.07	3.29	2.46	6.88	5.75	8.26	100.00
装饰工程		1 408.45	23.54	50.46	1.10	2.31	8.76	5.57	8.26	100.00
安装工程		607.28	25.02	47.97	0.92	3.36	9.33	5.14	8.26	100.00
其中	给排水工程	152.25	14.92	65.22	0.84	2.06	5.62	3.08	8.26	100.00
	采暖工程	74.29	26.88	45.27	0.36	3.57	10.11	5.55	8.26	100.00
	电气工程	181.08	22.08	53.26	0.56	2.96	8.31	4.57	8.26	100.00
	消防工程	199.66	29.62	39.98	0.86	3.99	11.15	6.14	8.26	100.00

（4）工程量清单计价汇总。

项目名称		造价（元/m^2）	占总造价比例
建筑工程工程量清单计价合计		**2 518.64**	**55.55%**
其中施工措施项目		420.65	9.28%
装饰工程工程量清单计价合计		**1 408.45**	**31.06%**
其中施工措施项目		81.51	1.80%
安装工程工程量清单计价合计		**607.28**	**13.39%**
其中	给排水工程	152.25	3.36%
	其中施工措施项目	3.91	0.09%
	采暖工程	74.29	1.64%
	其中施工措施项目	3.34	0.07%
	电气工程	181.08	3.99%
	其中施工措施项目	6.74	0.15%
	消防工程	199.66	4.40%
	其中施工措施项目	9.99	0.22%
总造价		**4 534.37**	**100.00%**

(5) 建筑工程分部位构成比例及主要工程量分析。

项目名称	单位	每平方米工程量	分部位清单计价合计（元）	每平方米价格（元）	占清单计价合计比例
土方工程			**15 233**	**6.62**	**0.26%**
机械土方	m^3	0.073			
打桩工程			**594 364**	**258.33**	**10.26%**
钢筋混凝土钻孔灌注桩（D=800m）	m^3	0.169			
砌筑工程			**694 537**	**301.86**	**11.99%**
页岩标砖基础	m^3	0.045			
蒸压加气混凝土墙板	m^3	1.356			
混凝土及钢筋混凝土工程			**1 473 028**	**640.22**	**25.42%**
混凝土基础	m^3	0.064			
混凝土柱	m^3	0.065			
混凝土梁	m^3	0.037			
混凝土墙	m^3	0.003			
混凝土板	m^3	0.190			
装配式工程			**481 786**	**209.40**	**8.31%**
预制混凝土叠合板	m^3	0.033			
预制混凝土楼梯	m^3	0.064			
预制混凝土空调板	m^3	0.001			
屋面及防水工程			**453 909**	**197.28**	**7.83%**
高聚物改性沥青自粘卷材防水	m^2	0.392			
防腐、隔热、保温工程			**635 780**	**276.33**	**10.97%**
屋面胶粉聚苯颗粒保温砂浆保温	m^2	0.079			
外墙胶粉聚苯颗粒保温砂浆保温	m^2	0.609			
外墙挤塑聚苯乙烯板保温	m^2	0.523			
施工措施项目			**967 834**	**420.65**	**16.70%**
安全文明施工	元	85.20			
夜间施工	元	2.07			
非夜间施工照明	元	0.82			
冬雨季施工	元	13.91			

续表

项目名称	单位	每平方米工程量	分部位清单计价合计（元）	每平方米价格（元）	占清单计价合计比例
脚手架工程	元	61.84			
混凝土模板及支架	元	201.41			
垂直运输	元	20.88			
大型机械设备进出场及安拆	元	11.67			
施工排水、降水	元	9.38			
其他	元	13.47			
税金			**478 482**	**207.96**	**8.26%**
合计			**5 794 953**	**2 518.64**	**100.00%**

（6）装饰工程分部位构成比例及主要工程量分析。

项目名称	单位	每平方米工程量	分部位清单计价合计（元）	每平方米价格（元）	占清单计价合计比例
楼地面工程			**649 584**	**282.33**	**20.04%**
水泥砂浆地面	m^2	0.007			
陶瓷地砖地面	m^2	0.806			
橡胶板地面	m^2	0.044			
墙、柱面工程			**1 076 634**	**467.93**	**33.22%**
内墙主要做法					
乳胶漆	m^2	1.738			
瓷板	m^2	0.250			
外墙主要做法					
刮腻子	m^2	1.404			
真石漆	m^2	0.659			
弹性涂料	m^2	0.744			
文化石	m^2	0.138			
天棚工程			**304 423**	**132.31**	**9.39%**
乳胶漆	m^2	0.785			

续表

项目名称	单位	每平方米工程量	分部位清单计价合计（元）	每平方米价格（元）	占清单计价合计比例
装配式U形轻钢龙骨	m^2	0.066			
装配式T形铝合金龙骨	m^2	0.661			
石膏板	m^2	0.661			
铝合金条板	m^2	0.066			
门窗工程			**483 111**	**209.97**	**14.91%**
木质防火门	m^2	0.062			
钢质防火门	m^2	0.030			
断桥隔热铝合金门	m^2	0.020			
断桥隔热铝合金窗	m^2	0.122			
其他工程			**271 750**	**118.11**	**8.39%**
施工措施项目			**187 552**	**81.51**	**5.79%**
安全文明施工	元	26.82			
非夜间施工照明	元	0.83			
冬雨季施工	元	3.41			
脚手架工程	元	38.08			
垂直运输	元	11.68			
其他	元	0.69			
税金			**267 575**	**116.29**	**8.26%**
合计			**3 240 629**	**1 408.45**	**100.00%**

（7）安装工程分部位构成比例及主要工程量分析。

项目名称	单位	每平方米工程量	分部位清单计价合计（元）	每平方米价格（元）	占清单计价合计比例
给排水工程			**350 312**	**152.25**	**25.07%**
水泵	台	0.001 7	15 613	6.79	1.12%
集热器	组	0.005 2	30 960	13.46	2.22%
镀锌钢管	m	0.267 3	80 027	34.78	5.73%

续表

项目名称	单位	每平方米工程量	分部位清单计价合计（元）	每平方米价格（元）	占清单计价合计比例
PPR 管	m	0.103 8	8 165	3.55	0.58%
UPVC 管	m	0.067 0	10 952	4.76	0.78%
管道支架	kg	0.104 5	6 536	2.84	0.47%
阀门	个	0.047 8	31 545	13.71	2.26%
卫生洁具	套	0.010 9	12 318	5.35	0.88%
地漏	个	0.011 3	1 470	0.64	0.11%
换热器	台	0.000 9	78 079	33.94	5.59%
施工措施项目			**8 999**	**3.91**	**0.64%**
脚手架搭拆			2 422	1.05	0.17%
安全文明施工			5 332	2.32	0.38%
非夜间施工增加			68	0.03	0.01%
冬季施工增加			1 071	0.47	0.08%
竣工验收存档资料编制			106	0.05	0.01%
税金			**28 925**	**12.57**	**2.07%**
采暖工程			**170 938**	**74.29**	**12.23%**
镀锌钢管	m	0.454 2	71 565	31.10	5.12%
预制保温管	m	0.007 5	2 009	0.87	0.14%
管道支架	kg	0.039 4	2 463	1.07	0.18%
阀门	个	0.101 7	25 776	11.20	1.84%
散热器	组	0.033 0	31 514	13.70	2.26%
施工措施项目			**7 678**	**3.34**	**0.55%**
脚手架搭拆			2 132	0.93	0.15%
安全文明施工			4 496	1.95	0.32%
非夜间施工增加			57	0.02	0.004%
冬季施工增加			903	0.39	0.06%
竣工验收存档资料编制			90	0.04	0.01%
税金			**14 114**	**6.13**	**1.01%**
电气工程			**416 630**	**181.08**	**29.82%**

续表

项目名称	单位	每平方米工程量	分部位清单计价合计（元）	每平方米价格（元）	占清单计价合计比例
配电箱	台	0.005 2	43 860	19.06	3.14%
开关	个	0.035 2	2 929	1.27	0.21%
插座	个	0.076 5	6 845	2.98	0.49%
电力电缆	m	0.185 5	39 706	17.26	2.84%
电力桥架	m	0.116 2	42 850	18.62	3.07%
电力电缆头	个	0.012 2	4 276	1.86	0.31%
接地母线	m	0.012 5	2 030	0.88	0.15%
避雷网	m	0.249 7	27 479	11.94	1.97%
电气配管	m	1.968 4	80 738	35.09	5.78%
电气配线	m	4.014 0	38 178	16.59	2.73%
接线盒、开关盒	个	0.328 6	10 497	4.56	0.75%
灯具	套	0.110 0	45 721	19.87	3.27%
一般铁构件	kg	0.166 0	9 351	4.06	0.67%
系统调试			2 038	0.89	0.15%
施工措施项目			**15 501**	**6.74**	**1.11%**
脚手架搭拆			4 268	1.85	0.31%
安全文明施工			9 107	3.96	0.65%
非夜间施工增加			115	0.05	0.01%
冬季施工增加			1 829	0.79	0.13%
竣工验收存档资料编制			182	0.08	0.01%
税金			**34 401**	**14.95**	**2.46%**
消防工程			**459 375**	**199.66**	**32.88%**
电气配管	m	0.542 2	25 463	11.07	1.82%
通信线缆	m	0.421 6	5 189	2.26	0.37%
电气配线	m	0.368 9	3 462	1.50	0.25%
接线盒	个	0.072 1	3 056	1.33	0.22%
镀锌钢管	m	0.577 4	140 884	61.23	10.08%
喷头	个	0.135 6	18 483	8.03	1.32%

续表

项目名称	单位	每平方米工程量	分部位清单计价合计（元）	每平方米价格（元）	占清单计价合计比例
消火栓	套	0.005 2	12 865	5.59	0.92%
管道支架	kg	0.496 2	34 357	14.93	2.46%
探测器	m	0.039 1	25 460	11.07	1.82%
消防报警设备	台	0.012 2	22 656	9.85	1.62%
模块	个	0.010 4	16 076	6.99	1.15%
阀门	个	0.010 9	27 395	11.91	1.96%
系统调试			31 295	13.60	2.24%
施工措施项目			**22 989**	**9.99**	**1.65%**
脚手架搭拆			6 312	2.74	0.45%
安全文明施工			13 520	5.88	0.97%
非夜间施工增加			171	0.07	0.01%
冬季施工增加			2 716	1.18	0.19%
竣工验收存档资料编制			270	0.12	0.02%
税金			**37 930**	**16.49**	**2.71%**
合计			**1 397 255**	**607.28**	**100.00%**

（8）建筑、装饰工程主要工、料消耗量分析。

项目名称	单位	建筑工程每平方米消耗量	装饰工程每平方米消耗量
人工	工日	3.278	2.187
水泥（综合）	kg	17.483	32.768
砂子	t	0.034	0.119
白灰	kg	5.143	10.556
钢筋	t	0.068	
玻璃	m^2		0.107
商品混凝土	m^3	0.596	0.018
预拌砂浆	t	0.125	0.261
蒸压加气混凝土条板	m^3	1.363	

续表

项目名称	单位	建筑工程每平方米消耗量	装饰工程每平方米消耗量
预制混凝土叠合板	m^3	0.033	
预制混凝土楼梯段	m^3	0.064	
预制混凝土空调板	m^3	0.001	
高聚物改性沥青自粘卷材	m^2	0.639	
胶粉聚苯颗粒保温浆料	m^3	0.025	
挤塑聚苯乙烯泡沫板	m^3	0.054	
瓷板	m^2		0.259
陶瓷地面砖	m^2		0.834
橡胶板	m^2		0.047
成品腻子粉	kg		8.023
苯丙乳胶漆	kg		0.702
H型真石涂料	kg		3.295
弹性外墙涂料	kg		0.372
文化石	m^2		0.143
铝合金龙骨	m^2		0.671
轻钢龙骨	m^2		0.067
石膏板	m^2		0.694
铝合金条板	m^2		0.058

第四章　公共文化项目

第一节　体育健身中心

内容提要

结构	檐高（m）	层数	建筑面积（m^2）	每平方米价格（元）
钢框架结构	30.40	地上1层、局部4层，地下1层	28 062.00	6 236.44

一、钢框架结构

1. 体育健身中心 A

（1）工程概况。

<table>
<tr><td colspan="3">结构类型：钢框架结构</td><td colspan="5">建筑面积：28 062.00m²</td></tr>
<tr><td rowspan="3">基本特征</td><td>檐高</td><td>层数</td><td>层高</td><td>基础类型</td><td colspan="3">利润率</td></tr>
<tr><td rowspan="2">30.40m</td><td rowspan="2">地上1层、局部4层，地下1层</td><td rowspan="2">29.95m</td><td rowspan="2">满堂基础</td><td>建筑</td><td>装饰</td><td>安装</td></tr>
<tr><td>7.76%</td><td>24.00%</td><td>20.71%</td></tr>
</table>

（2）工程主要特征。

<table>
<tr><td colspan="2">项目名称</td><td>特征描述</td></tr>
<tr><td rowspan="11">建筑工程</td><td>基础工程</td><td>满堂基础</td></tr>
<tr><td>土方工程</td><td>机械挖土方</td></tr>
<tr><td>打桩工程</td><td>钢筋混凝土钻孔灌注桩（$D=800$mm）</td></tr>
<tr><td>砌筑工程</td><td>页岩标砖基础、加气混凝土砌块墙</td></tr>
<tr><td>混凝土及钢筋混凝土工程</td><td>现浇混凝土，AC20，AC35，AC40，BC40P8</td></tr>
<tr><td>金属结构工程</td><td>钢柱、钢梁、钢屋架、钢扶梯</td></tr>
<tr><td>屋面及防水工程</td><td>聚氯乙烯卷材防水、高分子自粘胶膜卷材防水、彩色压型钢板、水泥基渗透结晶型涂料防水</td></tr>
<tr><td rowspan="4">防腐、隔热、保温工程</td><td>屋面聚苯乙烯板保温、屋面CS板保温</td></tr>
<tr><td>内墙聚苯颗粒保温砂浆保温</td></tr>
<tr><td>外墙聚苯乙烯板保温、外墙聚苯颗粒保温砂浆保温</td></tr>
<tr><td>天棚FTC自调温相变蓄能材料保温</td></tr>
<tr><td rowspan="5">装饰工程</td><td>内墙</td><td>刮腻子、乳胶漆、水泥砂浆、人造革、不锈钢、花岗岩板、陶瓷锦砖、铝合金条板、岩板吸声板</td></tr>
<tr><td>外墙</td><td>玻璃幕墙、铝板幕墙、花岗岩板</td></tr>
<tr><td>天棚</td><td>刮腻子、乳胶漆、石膏板、吸声板、铝格栅、防霉涂料、矿棉板、钢网架</td></tr>
<tr><td>楼地面</td><td>细石混凝土、橡胶板、大理石板、水泥砂浆、陶瓷地砖、铝质防静电活动地板、羊毛地毯</td></tr>
<tr><td>门窗</td><td>钢质防火门、木质防火门、木质门、断桥隔热铝合金窗</td></tr>
</table>

续表

项目名称		特征描述
安装工程	给排水工程	镀锌钢管、环氧复合钢管、不锈钢管、铸铁管、PPR 管、UPVC 管
	电气工程	钢管、电线管
	通风空调工程	中央空调机组、风机盘管、镀锌薄钢板风管、铝合金风口
	消防工程	消火栓系统、喷淋系统、气体灭火系统、自动报警系统、钢管、电线管

（3）工程造价各项费用分析表。

工程价格（元）（以 2020 年预算基价为依据）		每平方米价格（元）	各项费用所占比例（%）							
			人工费	材料费	机械费	管理费	规费	利润	税金	合计
175 006 979		**6 236.44**	**19.99**	**52.39**	**3.71**	**2.65**	**7.49**	**5.51**	**8.26**	**100.00**
建筑工程		3 540.88	21.38	47.22	5.42	3.10	8.05	6.57	8.26	100.00
装饰工程		1 602.82	18.86	57.67	1.67	1.94	7.09	4.51	8.26	100.00
安装工程		1 092.74	17.13	61.49	1.16	2.26	6.26	3.44	8.26	100.00
其中	给排水工程	94.15	10.22	73.18	0.92	1.46	3.84	2.12	8.26	100.00
	电气工程	389.33	10.85	72.64	0.45	1.48	4.08	2.24	8.26	100.00
	通风空调工程	395.91	19.72	56.93	0.89	2.70	7.42	4.08	8.26	100.00
	消防工程	213.35	26.84	44.49	3.04	3.22	9.14	5.01	8.26	100.00

（4）工程量清单计价汇总。

项目名称		造价（元/m^2）	占总造价比例
建筑工程工程量清单计价合计		**3 540.88**	**56.78%**
其中施工措施项目		340.88	5.47%
装饰工程工程量清单计价合计		**1 602.82**	**25.63%**
其中施工措施项目		78.89	1.26%
安装工程工程量清单计价合计		**1 092.74**	**17.48%**
其中	给排水工程	94.15	8.62%
	其中施工措施项目	1.70	0.16%

续表

项目名称		造价（元/m²）	占总造价比例
其中	电气工程	389.33	35.63%
	其中施工措施项目	7.20	0.66%
	通风空调工程	395.91	36.23%
	其中施工措施项目	13.34	1.22%
	消防工程	213.35	19.52%
	其中施工措施项目	10.25	0.94%
总造价		**6 236.44**	**100.00%**

（5）建筑工程分部位构成比例及主要工程量分析。

项目名称	单位	每平方米工程量	分部位清单计价合计（元）	每平方米价格（元）	占清单计价合计比例
土方工程			**6 441 252**	**229.54**	**6.48%**
机械土方	m^3	1.817			
打桩工程			**5 661 655**	**201.76**	**5.70%**
钢筋混凝土钻孔灌注桩（$D=800$mm）	m^3	0.135			
砌筑工程			**2 043 869**	**72.83**	**2.06%**
页岩标砖基础	m^3	0.011			
加气混凝土砌块墙	m^3	0.084			
混凝土及钢筋混凝土工程			**20 182 921**	**719.23**	**20.31%**
混凝土基础	m^3	0.236			
混凝土柱	m^3	0.021			
混凝土梁	m^3	0.007			
混凝土墙	m^3	0.035			
混凝土板	m^3	0.129			
金属结构工程			**37 547 472**	**1 338.02**	**37.78%**
钢柱	t	0.032			
钢梁	t	0.042			
钢屋架	t	0.033			

续表

项目名称	单位	每平方米工程量	分部位清单计价合计（元）	每平方米价格（元）	占清单计价合计比例
钢扶梯	t	0.005			
屋面及防水工程			**7 162 980**	**255.26**	**7.21%**
聚氯乙烯卷材防水	m^2	0.059			
高分子自粘胶膜卷材防水	m^2	0.243			
彩色压型钢板屋面板	m^2	0.243			
水泥基渗透结晶型涂料防水	m^2	0.026			
防腐、隔热、保温工程			**2 553 580**	**91.00**	**2.57%**
屋面聚苯乙烯板保温	m^2	0.006			
屋面 CS 板保温	m^2	0.243			
内墙聚苯颗粒保温砂浆保温	m^2	0.127			
外墙聚苯乙烯板保温	m^2	0.063			
外墙聚苯颗粒保温砂浆保温	m^2	0.012			
天棚 FTC 自调温相变蓄能材料保温	m^2	0.634			
施工措施项目			**9 565 729**	**340.88**	**9.63%**
安全文明施工	元	95.72			
夜间施工	元	3.63			
非夜间施工照明	元	1.44			
冬雨季施工	元	24.42			
脚手架工程	元	55.40			
混凝土模板及支架	元	88.70			
垂直运输	元	25.47			
超高施工增加	元	18.36			
大型机械设备进出场及安拆	元	4.86			
施工排水、降水	元	4.61			
其他	元	18.27			
税金			**8 204 351**	**292.36**	**8.26%**
合计			**99 363 809**	**3 540.88**	**100.00%**

（6）装饰工程分部位构成比例及主要工程量分析。

项目名称	单位	每平方米工程量	分部位清单计价合计（元）	每平方米价格（元）	占清单计价合计比例
楼地面工程			**8 343 331**	**297.32**	**18.55%**
细石混凝土地面	m^2	0.289			
橡胶板地面	m^2	0.116			
大理石板地面	m^2	0.006			
水泥砂浆地面	m^2	0.271			
陶瓷地砖地面	m^2	0.095			
铝质防静电活动地板地面	m^2	0.001			
羊毛地毯地面	m^2	0.048			
墙、柱面工程			**21 997 330**	**783.88**	**48.90%**
内墙主要做法					
刮腻子	m^2	0.431			
乳胶漆	m^2	0.432			
水泥砂浆	m^2	0.098			
人造革	m^2	0.040			
不锈钢	m^2	0.047			
花岗岩板	m^2	0.027			
陶瓷锦砖	m^2	0.061			
铝合金条板	m^2	0.059			
岩板吸声板	m^2	0.055			
外墙主要做法					
玻璃幕墙	m^2	0.214			
铝板幕墙	m^2	0.162			
花岗岩板	m^2	0.022			
天棚工程			**3 440 415**	**122.60**	**7.65%**
刮腻子	m^2	0.096			
乳胶漆	m^2	0.239			
轻钢龙骨	m^2	0.382			

续表

项目名称	单位	每平方米工程量	分部位清单计价合计（元）	每平方米价格（元）	占清单计价合计比例
装配式T形铝合金龙骨	m^2	0.012			
石膏板	m^2	0.080			
吸声板	m^2	0.228			
铝格栅	m^2	0.028			
防霉涂料	m^2	0.096			
矿棉板	m^2	0.012			
钢网架	m^2	0.047			
门窗工程			**2 334 006**	**83.17**	**5.19%**
钢质防火门	m^2	0.015			
木质防火门	m^2	0.003			
木质门	m^2	0.002			
断桥隔热铝合金窗	m^2	0.010			
其他工程			**2 935 755**	**104.62**	**6.53%**
施工措施项目			**2 213 706**	**78.89**	**4.92%**
安全文明施工	元	25.39			
非夜间施工照明	元	0.79			
冬雨季施工	元	3.23			
脚手架工程	元	22.70			
垂直运输	元	19.33			
其他	元	7.45			
税金			**3 713 809**	**132.34**	**8.26%**
合计			**44 978 352**	**1 602.82**	**100.00%**

（7）安装工程分部位构成比例及主要工程量分析。

项目名称	单位	每平方米工程量	分部位清单计价合计（元）	每平方米价格（元）	占清单计价合计比例
给排水工程			**2 642 071**	**94.15**	**8.62%**
水泵	台	0.001 2	211 154	7.52	0.69%

续表

项目名称	单位	每平方米工程量	分部位清单计价合计（元）	每平方米价格（元）	占清单计价合计比例
镀锌钢管	m	0.014 6	63 000	2.25	0.21%
环氧复合钢管	m	0.083 5	674 957	24.05	2.20%
不锈钢管	m	0.022 3	236 277	8.42	0.77%
铸铁管	m	0.015 4	160 434	5.72	0.52%
PPR 管	m	0.030 3	33 594	1.20	0.11%
UPVC 管	m	0.014 4	21 521	0.77	0.07%
管道支架	kg	0.066 5	50 140	1.79	0.16%
雨水斗	个	0.001 5	120 861	4.31	0.39%
阀门	个	0.005 8	134 241	4.78	0.44%
卫生洁具	组	0.005 0	180 504	6.43	0.59%
地漏	个	0.002 2	6 709	0.24	0.02%
换热器	台	0.000 1	359 507	12.81	1.17%
杀菌消毒设备	台	0.000 04	72 018	2.57	0.23%
施工措施项目			**47 599**	**1.70**	**0.16%**
脚手架搭拆			12 510	0.45	0.04%
安全文明施工			28 446	1.01	0.09%
非夜间施工增加			361	0.01	0.001%
冬季施工增加			5 714	0.20	0.02%
竣工验收存档资料编制			568	0.02	0.002%
税金			**218 153**	**7.77**	**0.71%**
电气工程			**10 925 383**	**389.33**	**35.63%**
母线	m	0.008 5	910 378	32.44	2.97%
配电箱	台	0.008 2	2 459 739	87.65	8.02%
控制箱	台	0.003 5	278 748	9.93	0.91%
开关	个	0.006 1	7 742	0.28	0.03%
插座	个	0.007 9	15 741	0.56	0.05%
电力电缆	m	0.780 7	2 484 291	88.53	8.10%
电气配管	m	0.967 3	821 901	29.29	2.68%

续表

项目名称	单位	每平方米工程量	分部位清单计价合计（元）	每平方米价格（元）	占清单计价合计比例
电力桥架	m	0. 180 4	958 764	34. 17	3. 13%
电气配线	m	3. 863 7	468 151	16. 68	1. 53%
避雷网	m	0. 017 4	52 710	1. 88	0. 17%
接地母线	m	0. 083 1	128 962	4. 60	0. 42%
灯具	套	0. 093 9	815 589	29. 06	2. 66%
系统调试			402 229	14. 33	1. 31%
施工措施项目			**201 950**	**7. 20**	**0. 66%**
脚手架搭拆			54 948	1. 96	0. 18%
安全文明施工			119 174	4. 25	0. 39%
非夜间施工增加			1 511	0. 05	0. 005%
冬季施工增加			23 937	0. 85	0. 08%
竣工验收存档资料编制			2 380	0. 08	0. 01%
税金			**902 096**	**32. 15**	**2. 94%**
通风空调工程			**11 110 036**	**395. 91**	**36. 23%**
风机	台	0. 008 9	1 002 496	35. 72	3. 27%
空调设备	台	0. 001 2	2 135 163	76. 09	6. 96%
风管	m^2	1. 100 3	4 224 237	150. 53	13. 78%
阀门	个	0. 018 8	512 314	18. 26	1. 67%
风口	个	0. 025 7	363 725	12. 96	1. 19%
静压箱	个	0. 001 7	142 620	5. 08	0. 47%
消声器	个	0. 000 6	71 028	2. 53	0. 23%
无缝钢管	m	0. 021 4	157 536	5. 61	0. 51%
改性聚丙烯管	m	0. 217 3	483 358	17. 22	1. 58%
铜管	m	0. 019 3	56 544	2. 01	0. 18%
管道支架	kg	0. 072 9	54 966	1. 96	0. 18%
阀门	个	0. 038 6	237 902	8. 48	0. 78%
施工措施项目			**374 326**	**13. 34**	**1. 22%**
脚手架搭拆			101 578	3. 62	0. 33%
安全文明施工			221 115	7. 88	0. 72%

续表

项目名称	单位	每平方米工程量	分部位清单计价合计（元）	每平方米价格（元）	占清单计价合计比例
非夜间施工增加			2 804	0.10	0.01%
冬季施工增加			44 413	1.58	0.14%
竣工验收存档资料编制			4 416	0.16	0.01%
税金			**917 342**	**32.69**	**2.99%**
消防工程			**5 987 022**	**213.35**	**19.52%**
控制电缆	m	0.134 9	88 799	3.16	0.29%
电气配管	m	0.698 5	542 014	19.31	1.77%
消防桥架	m	0.063 3	234 890	8.37	0.77%
通信电缆	m	1.113 3	136 905	4.88	0.45%
热镀锌钢管	m	0.379 1	1 642 898	58.55	5.36%
喷头	只	0.070 6	126 459	4.51	0.41%
消火栓	套	0.003 2	104 923	3.74	0.34%
自动灭火装置	台	0.000 6	220 385	7.85	0.72%
管道支架	kg	0.135 0	113 785	4.05	0.37%
探测器	只	0.033 9	304 232	10.84	0.99%
消防按钮	只	0.005 7	38 384	1.37	0.13%
消防报警设备	台	0.014 6	349 266	12.45	1.14%
模块	只	0.019 2	314 880	11.22	1.03%
阀门	个	0.003 1	64 755	2.31	0.21%
系统调试			776 303	27.66	2.53%
施工措施项目			**287 646**	**10.25**	**0.94%**
脚手架搭拆			74 391	2.65	0.24%
安全文明施工			172 885	6.16	0.56%
非夜间施工增加			2 192	0.08	0.01%
冬季施工增加			34 726	1.24	0.11%
竣工验收存档资料编制			3 452	0.12	0.01%
税金			**494 341**	**17.62**	**1.61%**
合计			**30 664 512**	**1 092.74**	**100.00%**

（8）建筑、装饰工程主要工、料消耗量分析。

项目名称	单位	建筑工程每平方米消耗量	装饰工程每平方米消耗量
人工	工日	5.579	2.001
水泥（综合）	kg	2.758	16.714
砂子	t	0.008	0.063
白灰	kg	103.617	0.221
钢筋	t	0.071	
钢材	t	0.119	
玻璃	m^2		0.009
热反射玻璃	m^2		0.213
商品混凝土	m^3	0.671	0.032
预拌砂浆	t	0.033	0.066
页岩标砖	千块	0.006	
加气混凝土砌块	m^3	0.086	
聚氯乙烯防水卷材	m^2	0.068	
高分子自粘胶膜防水卷材	m^2	0.281	
彩色压型钢板	m^2	0.253	
水泥基渗透结晶防水涂料	kg	0.036	
聚苯乙烯泡沫塑料板	m^3	0.009	
CS-XWBJ 板	m^2	0.242	
胶粉聚苯颗粒保温浆料	m^3	0.004	
FTC 自调温相变蓄能保温材料	m^3	0.027	
橡胶板	m^2		0.122
大理石板	m^2		0.006
陶瓷地面砖	m^2		0.097
铝质防静电地板	m^2		0.001
羊毛地毯	m^2		0.049
成品腻子粉	kg		1.076
苯丙乳胶漆	kg		0.188
人造革	m^2		0.044
镜面不锈钢板	m^2		0.055

续表

项目名称	单位	建筑工程每平方米消耗量	装饰工程每平方米消耗量
花岗岩板	m^2		0.050
陶瓷锦砖	m^2		0.062
铝合金条板	m^2		0.063
岩棉吸声板	m^2		0.058
铝单板	m^2		0.165
大龙骨	m		0.753
铝合金龙骨	m^2		0.013
石膏板	m^2		0.084
铝合金穿孔面板	m^2		0.239
铝格栅	m^2		0.029
防霉涂料	kg		0.056
矿棉板	m^2		0.013
钢网架	m^2		0.048

第二节　展　览　馆

内容提要

结构	檐高 （m）	层数	建筑面积 （m^2）	每平方米价格 （元）
钢框架结构	34.00	地上 1 层、局部 2 层，地下 1 层	478 600.00	9 864.61

一、钢框架结构

1. 展馆区 A

（1）工程概况。

<table>
<tr><td colspan="3">结构类型：钢框架结构</td><td colspan="5">建筑面积：478 600. 00m²</td></tr>
<tr><td rowspan="3">基本特征</td><td>檐高</td><td>层数</td><td>层高</td><td>基础类型</td><td colspan="3">利润率</td></tr>
<tr><td rowspan="2">34. 00m</td><td rowspan="2">地上 1 层、局部 2 层，地下 1 层</td><td rowspan="2">33. 00m</td><td rowspan="2">桩承台基础</td><td>建筑</td><td>装饰</td><td>安装</td></tr>
<tr><td>7. 76%</td><td>24. 00%</td><td>20. 71%</td></tr>
</table>

（2）工程主要特征。

项目名称		特征描述
建筑工程	基础工程	桩承台基础
	土方工程	机械挖土方
	打桩工程	钢筋混凝土钻孔灌注桩（D=800mm）、水泥搅拌桩（D=850mm）、钢板桩、预制钢筋混凝土管桩（D=400mm）
	砌筑工程	加气混凝土砌块墙
	混凝土及钢筋混凝土工程	现浇混凝土，AC15，AC20，BC35P6，BC40P6，AC50
	金属结构工程	钢柱、钢梁、钢桁架
	屋面及防水工程	高分子自粘胶膜卷材防水、改性沥青卷材防水、彩色压型屋面板
	防腐、隔热、保温工程	内墙 FTC 自调温相变蓄能材料保温
		外墙岩棉板保温
		天棚 FTC 自调温相变蓄能材料保温
装饰工程	内墙	刮腻子、乳胶漆、面砖、岩板吸声板、水泥砂浆、电化铝板
	外墙	玻璃幕墙、钙塑涂料
	天棚	刮腻子、乳胶漆、水泥砂浆、矿棉板、石膏板、铝合金方板、玻璃采光顶
	楼地面	水泥砂浆、细石混凝土、陶瓷地砖、混凝土
	门窗	钢质防火门、钢质玻璃门、铝板门

续表

项目名称		特征描述
安装工程	给排水工程	衬塑钢管、镀锌钢管、铸铁管、HDPE 管
	电气工程	智能疏散系统、智能照明控制系统、消防设备电源监控系统、变配电监控系统、剩余电流电气火灾监控系统、故障电弧系统、综合布线系统、建筑智能化集成系统、入侵报警系统、电子巡查系统、建筑智能化集成系统、钢管、电线管
	通风空调工程	中央空调机组、多联机空调器、风机盘管、镀锌薄钢板风管、铝合金风口、钢管
	消防工程	消火栓系统、喷淋系统、气体灭火系统、自动报警系统、钢管

（3）工程造价各项费用分析表。

工程价格（元）（以 2020 年预算基价为依据）		每平方米价格（元）	各项费用所占比例（%）							
			人工费	材料费	机械费	管理费	规费	利润	税金	合计
4 721 202 346		**9 864.61**	**18.65**	**52.22**	**5.37**	**2.72**	**7.02**	**5.76**	**8.26**	**100.00**
建筑工程		7 327.18	19.10	49.55	6.55	2.94	7.19	6.41	8.26	100.00
装饰工程		1 250.53	18.74	56.45	3.04	1.97	7.05	4.49	8.26	100.00
安装工程		1 286.90	15.96	63.30	0.95	2.21	6.01	3.31	8.26	100.00
其中	给排水工程	71.16	20.69	55.37	0.80	2.81	7.79	4.28	8.26	100.00
	电气工程	657.91	12.69	69.02	0.86	1.77	4.78	2.62	8.26	100.00
	通风空调工程	420.75	16.06	62.83	1.21	2.26	6.04	3.34	8.26	100.00
	消防工程	137.08	28.91	41.39	0.69	3.87	10.88	6.00	8.26	100.00

（4）工程量清单计价汇总。

项目名称	造价（元/m^2）	占总造价比例
建筑工程工程量清单计价合计	**7 327.18**	**74.28%**
其中施工措施项目	384.59	3.90%
装饰工程工程量清单计价合计	**1 250.53**	**12.68%**
其中施工措施项目	64.04	0.65%
安装工程工程量清单计价合计	**1 286.90**	**13.05%**

续表

项目名称		造价（元/m^2）	占总造价比例
其中	给排水工程	71.16	0.72%
	其中施工措施项目	2.50	0.03%
	电气工程	657.91	6.67%
	其中施工措施项目	14.49	0.15%
	通风空调工程	420.75	4.27%
	其中施工措施项目	11.79	0.12%
	消防工程	137.08	1.39%
	其中施工措施项目	6.67	0.07%
总造价		**9 864.61**	**100.00%**

（5）建筑工程分部位构成比例及主要工程量分析。

项目名称	单位	每平方米工程量	分部位清单计价合计（元）	每平方米价格（元）	占清单计价合计比例
土方工程			**48 837 142**	**102.04**	**1.39%**
机械土方	m^3	1.246			
打桩工程			**372 487 890**	**778.29**	**10.62%**
钢筋混凝土钻孔灌注桩（D=800mm）	m^3	0.316			
水泥搅拌桩（D=850mm）	m^3	0.028			
钢板桩	t	0.020			
预制钢筋混凝土管桩（D=400mm）	m	0.953			
砌筑工程			**52 923 454**	**110.58**	**1.51%**
加气混凝土砌块墙	m^3	0.127			
混凝土及钢筋混凝土工程			**509 420 313**	**1 064.40**	**14.53%**
混凝土基础	m^3	0.370			
混凝土柱	m^3	0.013			
混凝土梁	m^3	0.005			
混凝土墙	m^3	0.049			
混凝土板	m^3	0.079			

续表

项目名称	单位	每平方米工程量	分部位清单计价合计（元）	每平方米价格（元）	占清单计价合计比例
金属结构工程			**1 506 732 239**	**3 148.21**	**42.96%**
钢柱	t	0.079			
钢梁	t	0.056			
钢桁架	t	0.092			
屋面及防水工程			**516 449 308**	**1 079.08**	**14.73%**
高分子自粘胶膜卷材防水	m^2	0.673			
改性沥青卷材防水	m^2	0.721			
彩色压型屋面板	m^2	0.889			
防腐、隔热、保温工程			**26 318 016**	**54.99**	**0.75%**
内墙 FTC 自调温相变蓄能材料保温	m^2	0.198			
外墙岩棉板保温	m^2	0.234			
天棚 FTC 自调温相变蓄能材料保温	m^2	0.080			
施工措施项目			**184 064 043**	**384.59**	**5.25%**
安全文明施工	元	173.82			
夜间施工	元	7.22			
非夜间施工照明	元	2.86			
冬雨季施工	元	48.57			
脚手架工程	元	7.05			
混凝土模板及支架	元	64.36			
垂直运输	元	30.55			
超高施工增加	元	24.06			
大型机械设备进出场及安拆	元	2.02			
施工排水、降水	元	4.08			
其他	元	20.00			
税金			**289 550 919**	**605.00**	**8.26%**
合计			**3 506 783 324**	**7 327.18**	**100.00%**

（6）装饰工程分部位构成比例及主要工程量分析。

项目名称	单位	每平方米工程量	分部位清单计价合计（元）	每平方米价格（元）	占清单计价合计比例
楼地面工程			**62 162 091**	**129.88**	**10.39%**
水泥砂浆地面	m^2	0.328			
陶瓷地砖地面	m^2	0.024			
细石混凝土地面	m^2	0.115			
混凝土地面	m^2	0.377			
墙、柱面工程			**342 583 338**	**715.80**	**57.24%**
内墙主要做法					
刮腻子	m^2	0.353			
乳胶漆	m^2	0.353			
面砖	m^2	0.002			
岩板吸声板	m^2	0.138			
水泥砂浆	m^2	0.158			
电化铝板	m^2	0.001			
外墙主要做法					
玻璃幕墙	m^2	0.323			
钙塑涂料	m^2	0.088			
天棚工程			**60 884 795**	**127.21**	**10.17%**
刮腻子	m^2	0.082			
乳胶漆	m^2	0.082			
水泥砂浆	m^2	0.090			
装配式T形铝合金龙骨	m^2	0.067			
铝合金轻型方板龙骨	m^2	0.030			
矿棉板	m^2	0.067			
石膏板	m^2	0.040			
铝合金方板	m^2	0.030			
玻璃采光顶	m^2	0.045			
门窗工程			**34 484 202**	**72.05**	**5.76%**

续表

项目名称	单位	每平方米工程量	分部位清单计价合计（元）	每平方米价格（元）	占清单计价合计比例
钢质防火门	m^2	0.012			
钢质玻璃门	m^2	0.009			
铝板门	m^2	0.002			
其他工程			**18 326 803**	**38.29**	**3.06%**
施工措施项目			**30 649 349**	**64.04**	**5.12%**
安全文明施工	元	20.12			
非夜间施工照明	元	0.63			
冬雨季施工	元	2.56			
脚手架工程	元	6.97			
垂直运输	元	15.55			
超高施工增加	元	17.69			
其他	元	0.52			
税金			**49 418 152**	**103.26**	**8.26%**
合计			**598 508 730**	**1 250.53**	**100.00%**

（7）安装工程分部位构成比例及主要工程量分析。

项目名称	单位	每平方米工程量	分部位清单计价合计（元）	每平方米价格（元）	占清单计价合计比例
给排水工程			**34 057 633**	**71.16**	**5.53%**
水泵	台	0.000 8	1 514 257	3.16	0.25%
衬塑钢管	m	0.093 6	7 456 214	15.58	1.21%
镀锌钢管	m	0.045 2	3 730 978	7.80	0.61%
铸铁管	m	0.069 5	5 583 972	11.67	0.91%
HDPE 管	m	0.068 5	4 408 078	9.21	0.72%
阀门	个	0.006 3	706 114	1.48	0.11%
水表	组	0.000 8	369 647	0.77	0.06%
卫生洁具	套	0.000 1	9 639	0.02	0.002%
地漏	个	0.003 3	242 456	0.51	0.04%

续表

项目名称	单位	每平方米工程量	分部位清单计价合计（元）	每平方米价格（元）	占清单计价合计比例
水箱	台	0.002 0	2 819 088	5.89	0.46%
系统调试			80 000	0.17	0.01%
施工措施项目			**1 198 493**	**2.50**	**0.19%**
脚手架搭拆			326 733	0.68	0.05%
安全文明施工			706 731	1.48	0.11%
非夜间施工增加			8 962	0.02	0.001%
冬季施工增加			141 954	0.30	0.02%
竣工验收存档资料编制			14 113	0.03	0.002%
税金			**2 812 098**	**5.88**	**0.46%**
电气工程			**314 874 693**	**657.91**	**51.13%**
变压器	台	0.000 4	622 438	1.30	0.10%
密集母线	m	0.001 0	1 018 328	2.13	0.17%
配电箱	台	0.033 9	55 951 598	116.91	9.08%
控制箱	台	0.001 3	2 172 080	4.54	0.35%
端子箱	台	0.006 2	1 698 260	3.55	0.28%
开关	个	0.007 9	619 935	1.30	0.10%
插座	个	0.004 7	100 420	0.21	0.02%
电力电缆	m	1.047 0	105 211 840	219.83	17.08%
接地母线	m	0.106 0	5 083 354	10.62	0.83%
避雷网	m	0.286 4	5 042 622	10.54	0.82%
电气配管	m	1.219 7	11 943 031	24.95	1.94%
电气桥架	m	0.551 0	41 739 212	87.21	6.78%
电气配线	m	3.401 7	7 488 656	15.65	1.22%
接线盒	个	0.133 6	649 195	1.36	0.11%
灯具	套	0.092 8	26 022 245	54.37	4.23%
通信线缆	m	0.429 0	767 127	1.60	0.12%
模块	只	0.002 7	1 935 764	4.04	0.31%
探测器	只	0.013 3	6 640 967	13.88	1.08%
系统调试			340 104	0.71	0.06%

续表

项目名称	单位	每平方米工程量	分部位清单计价合计（元）	每平方米价格（元）	占清单计价合计比例
施工措施项目			**6 934 459**	**14.49**	**1.13%**
脚手架搭拆			1 851 771	3.87	0.30%
安全文明施工			4 120 506	8.61	0.67%
非夜间施工增加			52 252	0.11	0.01%
冬季施工增加			827 645	1.73	0.13%
竣工验收存档资料编制			82 285	0.17	0.01%
税金			**25 998 828**	**54.32**	**4.22%**
通风空调工程			**201 370 341**	**420.75**	**32.69%**
冷水机组	台	0.000 02	22 079 783	46.13	3.58%
热泵机组	组	0.000 01	4 684 894	9.79	0.76%
冷却塔	台	0.000 03	4 140 831	8.65	0.67%
循环泵	台	0.000 2	5 646 098	11.80	0.92%
温度计	支	0.003 5	156 119	0.33	0.03%
压力表	台	0.005 5	481 101	1.01	0.08%
空调设备	台	0.000 7	12 355 032	25.81	2.01%
风机	台	0.005 5	20 514 454	42.86	3.33%
风管	m^2	0.411 9	44 134 671	92.22	7.17%
阀门	个	0.039 1	14 971 059	31.28	2.43%
风口	个	0.022 4	11 475 005	23.98	1.86%
消声器	个	0.003 6	3 928 554	8.21	0.64%
静压箱	个	0.000 6	1 006 923	2.10	0.16%
钢管	m	0.150 9	14 428 486	30.15	2.34%
系统调试			200 000	0.42	0.03%
施工措施项目			**5 642 971**	**11.79**	**0.92%**
脚手架搭拆			1 498 792	3.13	0.24%
安全文明施工			3 359 662	7.02	0.55%
非夜间施工增加			42 604	0.09	0.01%
冬季施工增加			674 822	1.41	0.11%
竣工验收存档资料编制			67 091	0.14	0.01%

续表

项目名称	单位	每平方米工程量	分部位清单计价合计（元）	每平方米价格（元）	占清单计价合计比例
税金			**16 626 909**	**34.74**	**2.70%**
消防工程			**65 608 410**	**137.08**	**10.65%**
配管	m	0.635 1	9 562 035	19.98	1.55%
消防桥架	m	0.045 1	3 700 722	7.73	0.60%
消防配线	m	1.319 9	3 132 271	6.54	0.51%
接线盒	个	0.032 5	174 863	0.37	0.03%
镀锌钢管	m	0.315 8	16 670 515	34.83	2.71%
阀门	个	0.005 0	2 034 294	4.25	0.33%
喷头	只	0.040 0	1 168 061	2.44	0.19%
消火栓	套	0.002 8	1 278 072	2.67	0.21%
水泵接合器	套	0.000 1	93 471	0.20	0.02%
灭火器	具	0.005 8	157 712	0.33	0.03%
消防水炮	台	0.000 3	967 901	2.02	0.16%
探测器	只	0.023 1	3 115 271	6.51	0.51%
报警按钮	只	0.002 8	383 821	0.80	0.06%
消防报警设备	台	0.008 3	870 219	1.82	0.14%
模块	只	0.020 6	5 614 792	11.73	0.91%
控制器	台	0.001 5	711 018	1.49	0.12%
系统调试			873 847	1.83	0.14%
施工措施项目			**3 192 774**	**6.67**	**0.52%**
脚手架搭拆			879 841	1.84	0.14%
安全文明施工			1 875 081	3.92	0.30%
非夜间施工增加			23 778	0.05	0.004%
冬季施工增加			376 629	0.79	0.06%
竣工验收存档资料编制			37 445	0.08	0.01%
税金			**5 417 208**	**11.32**	**0.88%**
合计			**615 911 077**	**1 286.90**	**100.00%**

（8）建筑、装饰工程主要工、料消耗量分析。

项目名称	单位	建筑工程每平方米消耗量	装饰工程每平方米消耗量
人工	工日	4.593	1.501
水泥（综合）	kg	50.258	4.573
砂子	t	0.020	0.010
白灰	kg	32.032	0.142
钢筋	t	0.106	
钢材	t	0.241	
玻璃	m^2		0.007
热反射玻璃	m^2		0.364
商品混凝土	m^3	1.065	0.052
预拌砂浆	t	0.063	0.028
预制钢筋混凝土管桩	m	0.953	
加气混凝土砌块	m^3	0.130	
高分子自粘胶膜卷材	m^2	0.778	
SBS 改性沥青防水卷材	m^2	0.834	
彩色压型钢板	m^2	0.925	
FTC 自调温相变蓄能保温材料	m^3	0.011	
岩棉板	m^3	0.019	
陶瓷地面砖	m^2		0.025
成品腻子粉	kg		1.788
苯丙乳胶漆	kg		0.130
墙面砖	m^2		0.002
岩棉吸声板	m^2		0.145
电化铝装饰板	m^2		0.001
钙塑涂料	kg		0.123
铝合金龙骨	m^2		0.068
铝合金龙骨	m		0.090
矿棉板	m^2		0.070
石膏板	m^2		0.046
铝合金吸声板	m^2		0.031

第五章　商 业 项 目

第一节　商　　场

内 容 提 要

结构	檐高 （m）	层数	建筑面积 （m^2）	每平方米价格 （元）
框架结构	19. 80	地上 4 层，地下 1 层	18 300. 00	4 580. 45

一、框架结构

1. 商场 A

（1）工程概况。

结构类型：框架结构			建筑面积：18 300.00m²				
基本特征	檐高	层数	层高	基础类型	利润率		
	19.80m	地上 4 层，地下 1 层	4.70m	桩承台基础、满堂基础	建筑	装饰	安装
					7.76%	24.00%	20.71%

（2）工程主要特征。

项目名称		特征描述
建筑工程	基础工程	桩承台基础、满堂基础
	土方工程	机械挖土方
	打桩工程	钢筋混凝土钻孔灌注桩（$D=800$mm）、预应力混凝土方桩（350mm×350mm）
	砌筑工程	保温轻质砂加气砌块墙
	混凝土及钢筋混凝土工程	现浇混凝土，AC20，AC35，BC35P6，AC40，BC40P6，BC40P8
	金属结构工程	钢梁
	屋面及防水工程	改性沥青卷材防水、聚合物水泥涂料防水、高聚物改性沥青自粘卷材防水、水泥基渗透结晶型涂料防水
	防腐、隔热、保温工程	屋面聚苯乙烯板保温
		内墙聚苯乙烯板保温、内墙无机轻集料保温砂浆保温
		外墙聚苯乙烯板保温、外墙无机轻集料保温砂浆保温
		天棚聚苯乙烯板保温
		楼地面聚苯乙烯板保温
装饰工程	内墙	刮腻子、乳胶漆、面砖、水泥砂浆、防霉涂料
	外墙	刮腻子、弹性涂料、玻璃幕墙
	天棚	刮腻子、乳胶漆、水泥砂浆、弹性涂料、石膏板、铝合金扣板
	楼地面	水泥砂浆、陶瓷地砖、铝质防静电活动地板、大理石、细石混凝土
	门窗	钢质防火门、铝合金门窗

续表

项目名称		特征描述
安装工程	给排水工程	镀锌钢管、焊接钢管、铸铁排水管、PPR 管、UPVC 管、钢塑复合管
	采暖工程	镀锌钢管
	电气工程	钢管、电线管
	通风空调工程	镀锌薄钢板风管、铝合金风口
	消防工程	消火栓系统、喷淋系统、自动报警系统、钢管、电线管

（3）工程造价各项费用分析表。

工程价格（元）（以 2020 年预算基价为依据）		每平方米价格（元）	各项费用所占比例（%）							
			人工费	材料费	机械费	管理费	规费	利润	税金	合计
83 822 235		**4 580.45**	**17.29**	**56.81**	**3.63**	**2.37**	**6.51**	**5.13**	**8.26**	**100.00**
建筑工程		2 655.98	19.08	50.42	5.78	2.84	7.18	6.44	8.26	100.00
装饰工程		1 196.65	12.02	70.43	0.68	1.20	4.52	2.89	8.26	100.00
安装工程		727.82	19.44	57.74	0.60	2.62	7.32	4.02	8.26	100.00
其中	给排水工程	97.10	18.04	59.88	0.82	2.47	6.79	3.74	8.26	100.00
	采暖工程	68.36	23.47	50.84	0.61	3.15	8.82	4.85	8.26	100.00
	电气工程	272.88	14.22	66.87	0.43	1.92	5.35	2.95	8.26	100.00
	通风空调工程	54.85	16.48	62.71	0.67	2.24	6.20	3.44	8.26	100.00
	消防工程	234.63	25.61	47.07	0.68	3.44	9.64	5.30	8.26	100.00

（4）工程量清单计价汇总。

项目名称	造价（元/m^2）	占总造价比例
建筑工程工程量清单计价合计	**2 655.98**	**57.99%**
其中施工措施项目	589.69	12.87%
装饰工程工程量清单计价合计	**1 196.65**	**26.13%**
其中施工措施项目	54.02	1.18%
安装工程工程量清单计价合计	**727.82**	**15.89%**

续表

项目名称		造价（元/m^2）	占总造价比例
其中	给排水工程	97.10	2.12%
	其中施工措施项目	2.99	0.07%
	采暖工程	68.36	1.49%
	其中施工措施项目	2.70	0.06%
	电气工程	272.88	5.96%
	其中施工措施项目	6.56	0.14%
	通风空调工程	54.85	1.20%
	其中施工措施项目	1.54	0.03%
	消防工程	234.63	5.12%
	其中施工措施项目	10.13	0.22%
总造价		**4 580.45**	**100.00%**

（5）建筑工程分部位构成比例及主要工程量分析。

项目名称	单位	每平方米工程量	分部位清单计价合计（元）	每平方米价格（元）	占清单计价合计比例
土方工程			**1 986 960**	**108.58**	**4.09%**
机械土方	m^3	1.774			
打桩工程			**3 460 146**	**189.08**	**7.12%**
钢筋混凝土钻孔灌注桩（D=800mm）	m^3	0.057			
预应力混凝土方桩（350mm×350mm）	m^3	0.064			
砌筑工程			**2 013 108**	**110.01**	**4.14%**
保温轻质砂加气砌块墙	m^3	0.122			
混凝土及钢筋混凝土工程			**20 002 977**	**1 093.06**	**41.16%**
混凝土基础	m^3	0.244			
混凝土柱	m^3	0.104			
混凝土梁	m^3	0.009			
混凝土墙	m^3	0.034			
混凝土板	m^3	0.278			
金属结构工程			**872 359**	**47.67**	**1.79%**

续表

项目名称	单位	每平方米工程量	分部位清单计价合计（元）	每平方米价格（元）	占清单计价合计比例
钢梁	t	0.004			
屋面及防水工程			**3 805 686**	**207.96**	**7.83%**
改性沥青卷材防水	m^2	0.385			
聚合物水泥涂料防水	m^2	0.018			
高聚物改性沥青自粘卷材防水	m^2	0.012			
水泥基渗透结晶型涂料防水	m^2	0.048			
防腐、隔热、保温工程			**1 658 592**	**90.63**	**3.41%**
屋面聚苯乙烯板保温	m^2	0.151			
内墙聚苯乙烯板保温	m^2	0.182			
内墙无机轻集料保温砂浆保温	m^2	0.088			
外墙聚苯乙烯板保温	m^2	0.190			
外墙无机轻集料保温砂浆保温	m^2	0.284			
天棚聚苯乙烯板保温	m^2	0.028			
楼地面聚苯乙烯板保温	m^2	0.217			
施工措施项目			**10 791 341**	**589.69**	**22.20%**
安全文明施工	元	100.06			
夜间施工	元	2.44			
非夜间施工照明	元	0.97			
冬雨季施工	元	16.92			
脚手架工程	元	56.80			
混凝土模板及支架	元	285.13			
垂直运输	元	45.98			
大型机械设备进出场及安拆	元	20.99			
施工排水、降水	元	33.12			
其他	元	27.28			
税金			**4 013 204**	**219.30**	**8.26%**
合计			**48 604 373**	**2 655.98**	**100.00%**

（6）装饰工程分部位构成比例及主要工程量分析。

项目名称	单位	每平方米工程量	分部位清单计价合计（元）	每平方米价格（元）	占清单计价合计比例
楼地面工程			**3 964 011**	**216.61**	**18.10%**
水泥砂浆地面	m^2	0.424			
陶瓷地砖地面	m^2	0.123			
铝质防静电活动地板	m^2	0.003			
大理石地面	m^2	0.249			
细石混凝土地面	m^2	0.026			
墙、柱面工程			**9 343 950**	**510.60**	**42.67%**
内墙主要做法					
刮腻子	m^2	0.012			
乳胶漆	m^2	0.529			
面砖	m^2	0.025			
水泥砂浆	m^2	0.015			
防霉涂料	m^2	0.012			
外墙主要做法					
刮腻子	m^2	0.419			
弹性涂料	m^2	0.419			
玻璃幕墙	m^2	0.059			
天棚工程			**1 840 933**	**100.60**	**8.41%**
刮腻子	m^2	0.016			
乳胶漆	m^2	0.058			
水泥砂浆	m^2	0.021			
弹性涂料	m^2	0.509			
装配式U形轻钢龙骨	m^2	0.004			
轻型铝合金条板龙骨	m^2	0.179			
石膏板	m^2	0.004			
铝合金扣板	m^2	0.179			
门窗工程			**3 299 118**	**180.28**	**15.06%**

续表

项目名称	单位	每平方米工程量	分部位清单计价合计（元）	每平方米价格（元）	占清单计价合计比例
钢质防火门	m^2	0.013			
铝合金门窗	m^2	0.237			
其他工程			**653 928**	**35.73**	**2.99%**
施工措施项目			**988 628**	**54.02**	**4.51%**
安全文明施工	元	11.75			
非夜间施工照明	元	0.36			
冬雨季施工	元	1.50			
脚手架工程	元	34.47			
垂直运输	元	4.09			
其他	元	1.85			
税金			**1 808 151**	**98.81**	**8.26%**
合计			**21 898 719**	**1 196.65**	**100.00%**

（7）安装工程分部位构成比例及主要工程量分析。

项目名称	单位	每平方米工程量	分部位清单计价合计（元）	每平方米价格（元）	占清单计价合计比例
给排水工程			**1 776 942**	**97.10**	**13.34%**
水泵	台	0.001 9	190 788	10.43	1.43%
镀锌钢管	m	0.098 3	176 245	9.63	1.32%
焊接钢管	m	0.021 4	42 932	2.35	0.32%
铸铁排水管	m	0.036 3	210 282	11.49	1.58%
PPR 管	m	0.018 4	18 461	1.01	0.14%
UPVC 管	m	0.053 9	73 290	4.00	0.55%
钢塑复合管	m	0.084 4	210 724	11.51	1.58%
管道支架	kg	0.280 7	135 827	7.42	1.02%
阀门	个	0.014 8	47 320	2.59	0.36%
水表	组	0.005 1	27 252	1.49	0.20%
卫生洁具	套	0.008 7	225 221	12.31	1.69%

续表

项目名称	单位	每平方米工程量	分部位清单计价合计（元）	每平方米价格（元）	占清单计价合计比例
施工措施项目			**54 797**	**2.99**	**0.41%**
脚手架搭拆			14 865	0.81	0.11%
安全文明施工			32 373	1.77	0.24%
非夜间施工增加			411	0.02	0.003%
冬季施工增加			6 502	0.36	0.05%
竣工验收存档资料编制			646	0.04	0.005%
税金			**146 720**	**8.02**	**1.10%**
采暖工程			**1 250 907**	**68.36**	**9.39%**
温度计	支	0.000 8	1 210	0.07	0.01%
压力表	台	0.001 1	3 850	0.21	0.03%
镀锌钢管	m	0.330 8	444 236	24.28	3.34%
管道支架	kg	0.098 9	47 854	2.61	0.36%
阀门	个	0.047 2	82 798	4.52	0.62%
热量表	组	0.000 3	18 224	1.00	0.14%
散热器	组	0.016 6	390 690	21.35	2.93%
施工措施项目			**49 483**	**2.70**	**0.37%**
脚手架搭拆			13 614	0.74	0.10%
安全文明施工			29 078	1.59	0.22%
非夜间施工增加			369	0.02	0.003%
冬季施工增加			5 841	0.32	0.04%
竣工验收存档资料编制			581	0.03	0.004%
税金			**103 286**	**5.64**	**0.78%**
电气工程			**4 993 709**	**272.88**	**37.49%**
配电箱	台	0.015 6	678 580	37.08	5.09%
开关	个	0.010 2	7 375	0.40	0.06%
插座	个	0.030 9	20 319	1.11	0.15%
电力电缆	m	0.914 1	1 734 375	94.77	13.02%
电力电缆头	个	0.030 5	85 379	4.67	0.64%

续表

项目名称	单位	每平方米工程量	分部位清单计价合计（元）	每平方米价格（元）	占清单计价合计比例
接地母线	m	0.151 7	114 634	6.26	0.86%
避雷网	m	0.073 3	94 690	5.17	0.71%
电气配管	m	1.247 4	470 323	25.70	3.53%
电气桥架	m	0.073 4	396 998	21.69	2.98%
电气配线	m	3.622 6	260 053	14.21	1.95%
接线盒	只	0.110 5	43 298	2.37	0.33%
一般铁构件	kg	0.840 0	372 716	20.37	2.80%
灯具	套	0.056 7	104 208	5.69	0.78%
系统调试			35 489	1.94	0.27%
施工措施项目			**120 076**	**6.56**	**0.90%**
脚手架搭拆			32 940	1.80	0.25%
安全文明施工			70 640	3.86	0.53%
非夜间施工增加			896	0.05	0.01%
冬季施工增加			14 189	0.78	0.11%
竣工验收存档资料编制			1 411	0.08	0.01%
税金			**412 325**	**22.53**	**3.10%**
通风空调工程			**1 003 770**	**54.85**	**7.54%**
一般铁构件	kg	0.600 2	266 464	14.56	2.00%
风机	台	0.006 7	274 628	15.01	2.06%
风管	m^2	0.075 1	282 597	15.44	2.12%
阀门	个	0.002 5	29 434	1.61	0.22%
风口	个	0.002 4	27 846	1.52	0.21%
静压箱	个	0.000 3	11 526	0.63	0.09%
施工措施项目			**28 195**	**1.54**	**0.21%**
脚手架搭拆			7 675	0.42	0.06%
安全文明施工			16 636	0.91	0.12%
非夜间施工增加			211	0.01	0.002%
冬季施工增加			3 341	0.18	0.03%

续表

项目名称	单位	每平方米工程量	分部位清单计价合计（元）	每平方米价格（元）	占清单计价合计比例
竣工验收存档资料编制			332	0.02	0.002%
税金			**82 880**	**4.53**	**0.62%**
消防工程			**4 293 727**	**234.63**	**32.24%**
控制电缆	m	0.069 2	28 883	1.58	0.22%
电气配管	m	0.808 0	240 951	13.17	1.81%
消防桥架	m	0.021 0	76 053	4.16	0.57%
电气配线	m	1.281 8	95 351	5.21	0.72%
一般铁构件	kg	0.321 7	142 831	7.80	1.07%
阀门	个	0.002 3	60 844	3.32	0.46%
喷头	只	0.138 2	153 055	8.36	1.15%
消火栓	套	0.009 0	149 188	8.15	1.12%
探测器	只	0.034 5	161 916	8.85	1.22%
报警按钮	只	0.016 9	99 643	5.44	0.75%
报警设备	台	0.014 6	264 407	14.45	1.99%
模块	只	0.011 3	131 946	7.21	0.99%
镀锌钢管	m	0.737 5	1 026 041	56.07	7.70%
管道支架	kg	0.300 5	145 809	7.97	1.09%
一般铁构件	kg	0.502 8	243 294	13.29	1.83%
系统调试			129 939	7.10	0.98%
施工措施项目			**185 455**	**10.13**	**1.39%**
脚手架搭拆			51 019	2.79	0.38%
安全文明施工			108 987	5.96	0.82%
非夜间施工增加			1 382	0.08	0.01%
冬季施工增加			21 891	1.20	0.16%
竣工验收存档资料编制			2 176	0.12	0.02%
税金			**354 528**	**19.37**	**2.66%**
合计			**13 319 055**	**727.82**	**100.00%**

（8）建筑、装饰工程主要工、料消耗量分析。

项目名称	单位	建筑工程每平方米消耗量	装饰工程每平方米消耗量
人工	工日	3.631	0.991
水泥（综合）	kg	6.865	30.169
砂子	t	0.010	0.085
白灰	kg	19.916	2.218
钢筋	t	0.094	
钢材	t	0.004	
玻璃	m^2		0.178
热反射玻璃	m^2		0.364
商品混凝土	m^3	0.785	0.010
预拌砂浆	t	0.065	0.127
预应力混凝土方桩	m^3	0.064	
保温轻质砂加气砌块	m^3	0.128	
SBS 改性沥青防水卷材	m^2	0.455	
防水涂料	kg	0.040	
高聚物改性沥青自粘卷材	m^2	0.014	
水泥基渗透结晶防水涂料	kg	0.066	
聚苯乙烯泡沫塑料板	m^3	0.039	
膨胀玻化微珠保温浆料	m^3	0.011	
陶瓷地面砖	m^2		0.126
铝质防静电地板	m^2		0.003
大理石板	m^2		0.254
成品腻子粉	kg		1.523
苯丙乳胶漆	kg		0.313
墙面砖	m^2		0.026
防霉涂料	kg		0.005
弹性外墙涂料	kg		0.464
轻钢龙骨	m^2		0.004
铝合金条板龙骨	m		0.343
石膏板	m^2		0.004
铝扣板	m^2		0.184

第六章　工 业 项 目

第一节 工 业 厂 房

内 容 提 要

结构	檐高（m）	层数	建筑面积（m^2）	每平方米价格（元）
钢框架结构	13.00	地上1层、局部2层	6 493.92	4 014.85
	14.10	地上2层	2 735.53	5 337.85
	23.10	地上4层，地下1层	5 977.10	4 542.61
	15.40	地上1层、局部3层，地下1层	7 942.00	3 261.02

一、钢框架结构

1. 工业厂房 A

（1）工程概况。

结构类型：钢框架结构			建筑面积：6 493.92m^2				
基本特征	檐高	层数	层高	基础类型	利润率		
	13.00m	地上 1 层、局部 2 层	12.00m	带形基础	建筑	装饰	安装
					7.76%	24.00%	20.71%

（2）工程主要特征。

项目名称		特征描述
建筑工程	基础工程	带形基础
	土方工程	机械挖土方
	打桩工程	钢筋混凝土钻孔灌注桩（D=800mm）
	砌筑工程	页岩标砖基础、加气混凝土砌块墙
	混凝土及钢筋混凝土工程	现浇混凝土，AC25，AC35
	金属结构工程	钢梁、钢檩条、拉杆
	屋面及防水工程	彩色压型钢板屋面、改性沥青卷材防水
	防腐、隔热、保温工程	屋面聚苯乙烯板保温
		外墙挤塑聚苯乙烯板保温
装饰工程	内墙	水泥砂浆、刮腻子、乳胶漆、面砖
	外墙	刮腻子、电化铝板
	天棚	刮腻子、乳胶漆、铝合金方板
	楼地面	自流平地面、细石混凝土
	门窗	钢质防盗门、钢质防火门、彩钢板平开门、断桥隔热铝合金窗
安装工程	给排水工程	镀锌钢管、铸铁管、PPR 管、UPVC 管
	采暖工程	镀锌钢管
	电气工程	钢管、电线管
	通风空调工程	中央空调机组、风机盘管、镀锌薄钢板风管、铝合金风口、钢管
	消防工程	消火栓系统、钢管

（3）工程造价各项费用分析表。

工程价格（元）（以2020年预算基价为依据）		每平方米价格（元）	各项费用所占比例（%）							
			人工费	材料费	机械费	管理费	规费	利润	税金	合计
26 072 114		**4 014.85**	**21.66**	**49.54**	**3.71**	**2.83**	**8.15**	**5.85**	**8.26**	**100.00**
建筑工程		2 031.37	21.18	46.88	5.98	3.12	7.97	6.61	8.26	100.00
装饰工程		1 139.54	25.66	45.86	1.78	2.63	9.66	6.15	8.26	100.00
安装工程		843.94	17.44	60.89	0.85	2.39	6.56	3.61	8.26	100.00
其中	给排水工程	25.37	18.44	59.93	0.16	2.44	6.94	3.83	8.26	100.00
	采暖工程	41.23	17.73	60.62	0.65	2.40	6.67	3.67	8.26	100.00
	电气工程	347.04	13.39	68.13	0.59	1.83	5.04	2.76	8.26	100.00
	通风空调工程	364.13	19.01	57.81	1.19	2.64	7.15	3.94	8.26	100.00
	消防工程	66.17	29.47	40.41	0.71	3.94	11.09	6.12	8.26	100.00

（4）工程量清单计价汇总。

项目名称		造价（元/m²）	占总造价比例
建筑工程工程量清单计价合计		**2 031.37**	**50.60%**
其中施工措施项目		401.43	10.00%
装饰工程工程量清单计价合计		**1 139.54**	**28.38%**
其中施工措施项目		63.37	1.58%
安装工程工程量清单计价合计		**843.94**	**21.02%**
其中	给排水工程	25.37	0.63%
	其中施工措施项目	0.78	0.02%
	采暖工程	41.23	1.03%
	其中施工措施项目	1.24	0.03%
	电气工程	347.04	8.64%
	其中施工措施项目	7.93	0.20%
	通风空调工程	364.13	9.07%
	其中施工措施项目	11.97	0.30%
	消防工程	66.17	1.65%
	其中施工措施项目	3.28	0.08%
总造价		**4 014.85**	**100.00%**

（5）建筑工程分部位构成比例及主要工程量分析。

项目名称	单位	每平方米工程量	分部位清单计价合计（元）	每平方米价格（元）	占清单计价合计比例
土方工程			**428 774**	**66.03**	**3.25%**
机械土方	m^3	1.045			
打桩工程			**1 346 260**	**207.31**	**10.20%**
钢筋混凝土钻孔灌注桩（D=800mm）	m^3	0.150			
砌筑工程			**748 134**	**115.21**	**5.67%**
页岩标砖基础	m^3	0.023			
加气混凝土砌块墙	m^3	0.131			
混凝土及钢筋混凝土工程			**3 809 102**	**586.56**	**28.88%**
混凝土基础	m^3	0.124			
混凝土柱	m^3	0.065			
混凝土梁	m^3	0.059			
混凝土墙	m^3	0.003			
混凝土板	m^3	0.063			
金属结构工程			**1 998 316**	**307.72**	**15.15%**
钢梁	t	0.010			
钢檩条、拉杆	t	0.014			
屋面及防水工程			**575 785**	**88.67**	**4.36%**
彩色压型钢板屋面	m^2	0.737			
改性沥青卷材防水	m^2	0.761			
防腐、隔热、保温工程			**589 036**	**90.71**	**4.47%**
屋面聚苯乙烯板保温	m^2	0.744			
外墙挤塑聚苯乙烯板保温	m^2	0.432			
施工措施项目			**2 606 854**	**401.43**	**19.76%**
安全文明施工	元	52.63			
夜间施工	元	2.12			
非夜间施工照明	元	0.84			
冬雨季施工	元	14.25			
脚手架工程	元	77.20			

续表

项目名称	单位	每平方米工程量	分部位清单计价合计（元）	每平方米价格（元）	占清单计价合计比例
混凝土模板及支架	元	205.15			
垂直运输	元	20.88			
大型机械设备进出场及安拆	元	10.12			
施工排水、降水	元	6.32			
其他	元	11.92			
税金			**1 089 203**	**167.73**	**8.26%**
合计			**13 191 464**	**2 031.37**	**100.00%**

（6）装饰工程分部位构成比例及主要工程量分析。

项目名称	单位	每平方米工程量	分部位清单计价合计（元）	每平方米价格（元）	占清单计价合计比例
楼地面工程			**2 830 988**	**435.94**	**38.25%**
自流平地面	m^2	0.930			
细石混凝土地面	m^2	0.013			
墙、柱面工程			**2 286 290**	**352.07**	**30.89%**
内墙主要做法					
水泥砂浆	m^2	0.144			
刮腻子	m^2	1.253			
乳胶漆	m^2	2.506			
面砖	m^2	0.014			
外墙主要做法					
刮腻子	m^2	0.462			
电化铝板	m^2	0.462			
天棚工程			**226 309**	**34.85**	**3.06%**
刮腻子	m^2	0.928			
乳胶漆	m^2	0.928			
装配式U形轻钢龙骨	m^2	0.004			

续表

项目名称	单位	每平方米工程量	分部位清单计价合计（元）	每平方米价格（元）	占清单计价合计比例
铝合金方板	m^2	0.004			
门窗工程			**882 653**	**135.92**	**11.93%**
钢质防盗门	m^2	0.025			
钢质防火门	m^2	0.007			
保温型彩钢板平开门	m^2	0.005			
断桥隔热铝合金窗	m^2	0.109			
其他工程			**151 338**	**23.30**	**2.05%**
施工措施项目			**411 490**	**63.37**	**5.56%**
安全文明施工	元	24.17			
非夜间施工照明	元	0.75			
冬雨季施工	元	3.08			
脚手架工程	元	21.84			
垂直运输	元	12.72			
其他	元	0.81			
税金			**611 016**	**94.09**	**8.26%**
合计			**7 400 084**	**1 139.54**	**100.00%**

（7）安装工程分部位构成比例及主要工程量分析。

项目名称	单位	每平方米工程量	分部位清单计价合计（元）	每平方米价格（元）	占清单计价合计比例
给排水工程			**164 774**	**25.37**	**3.00%**
镀锌钢管	m	0.027 8	25 938	3.99	0.47%
铸铁管	m	0.028 4	51 718	7.96	0.94%
PPR 管	m	0.008 4	2 759	0.42	0.05%
UPVC 管	m	0.005 4	2 242	0.35	0.04%
管道支架	kg	0.005 4	931	0.14	0.02%
阀门	个	0.000 8	1 985	0.31	0.04%
水表	组	0.000 3	2 221	0.34	0.04%

续表

项目名称	单位	每平方米工程量	分部位清单计价合计（元）	每平方米价格（元）	占清单计价合计比例
卫生洁具	套	0.001 4	9 463	1.46	0.17%
地漏	个	0.001 2	699	0.11	0.01%
施工措施项目			**5 057**	**0.78**	**0.09%**
脚手架搭拆			1 410	0.22	0.03%
安全文明施工			2 957	0.46	0.05%
非夜间施工增加			37	0.01	0.001%
冬季施工增加			594	0.09	0.01%
竣工验收存档资料编制			59	0.01	0.001%
税金			**13 605**	**2.10**	**0.25%**
采暖工程			**267 753**	**41.23**	**4.89%**
管道支架	kg	0.053 9	10 406	1.60	0.19%
镀锌钢管	m	0.151 7	74 329	11.45	1.36%
阀门	个	0.017 4	23 324	3.59	0.43%
散热器	组	0.008 3	121 117	18.65	2.21%
施工措施项目			**8 056**	**1.24**	**0.15%**
脚手架搭拆			2 200	0.34	0.04%
安全文明施工			4 747	0.73	0.09%
非夜间施工增加			60	0.01	0.001%
冬季施工增加			954	0.15	0.02%
竣工验收存档资料编制			95	0.01	0.002%
税金			**22 108**	**3.40**	**0.40%**
电气工程			**2 253 671**	**347.04**	**41.12%**
配电箱	台	0.010 0	612 521	94.32	11.18%
控制箱	台	0.005 4	12 175	1.87	0.22%
开关	个	0.010 2	2 202	0.34	0.04%
电力电缆	m	0.524 4	462 546	71.23	8.44%
控制电缆	m	0.185 4	17 999	2.77	0.33%

续表

项目名称	单位	每平方米工程量	分部位清单计价合计（元）	每平方米价格（元）	占清单计价合计比例
电缆头	个	0.041 3	57 638	8.88	1.05%
接地母线	m	0.091 9	12 092	1.86	0.22%
避雷网	m	0.140 6	64 179	9.88	1.17%
电气配管	m	0.774 9	175 703	27.06	3.21%
电气桥架	m	0.225 6	290 196	44.69	5.30%
电气配线	m	2.401 7	61 282	9.44	1.12%
灯具	套	0.083 5	184 311	28.38	3.36%
桥架支吊架	kg	0.236 8	36 751	5.66	0.67%
系统调试			5 338	0.82	0.10%
施工措施项目			**51 509**	**7.93**	**0.94%**
脚手架搭拆			13 991	2.15	0.26%
安全文明施工			30 416	4.68	0.55%
非夜间施工增加			386	0.06	0.01%
冬季施工增加			6 109	0.94	0.11%
竣工验收存档资料编制			607	0.09	0.01%
税金			**186 083**	**28.65**	**3.40%**
通风空调工程			**2 364 654**	**364.13**	**43.15%**
空调机组	台	0.000 5	299 950	46.19	5.47%
风机	台	0.004 8	582 825	89.75	10.63%
风管	m^2	0.616 8	835 896	128.72	15.25%
阀门	个	0.008 5	52 307	8.05	0.95%
风口	个	0.027 3	70 642	10.88	1.29%
管道支架	kg	0.024 2	4 177	0.64	0.08%
镀锌钢管	m	0.037 8	66 070	10.17	1.21%
阀门	个	0.008 6	111 446	17.16	2.03%
施工措施项目			**77 744**	**11.97**	**1.42%**
脚手架搭拆			20 837	3.21	0.38%

续表

项目名称	单位	每平方米工程量	分部位清单计价合计（元）	每平方米价格（元）	占清单计价合计比例
安全文明施工			46 134	7. 10	0. 84%
非夜间施工增加			585	0. 09	0. 01%
冬季施工增加			9 267	1. 43	0. 17%
竣工验收存档资料编制			921	0. 14	0. 02%
税金			**195 247**	**30. 07**	**3. 56%**
消防工程			**429 713**	**66. 17**	**7. 84%**
电气配管	m	0. 351 1	32 721	5. 04	0. 60%
消防桥架	m	0. 068 4	65 801	10. 13	1. 20%
电气配线	m	0. 768 9	24 716	3. 81	0. 45%
接线盒	个	0. 031 3	2 341	0. 36	0. 04%
镀锌钢管	m	0. 087 0	57 374	8. 84	1. 05%
消火栓	套	0. 003 7	22 717	3. 50	0. 41%
探测器	只	0. 009 5	17 866	2. 75	0. 33%
按钮	只	0. 006 0	9 720	1. 50	0. 18%
消防报警设备	台	0. 009 5	33 974	5. 23	0. 62%
模块	只	0. 008 2	29 916	4. 61	0. 55%
管道支架	kg	0. 052 2	9 018	1. 39	0. 16%
阀门	个	0. 002 2	8 212	1. 26	0. 15%
系统调试			50 326	7. 75	0. 92%
施工措施项目			**21 320**	**3. 28**	**0. 39%**
脚手架搭拆			5 875	0. 90	0. 11%
安全文明施工			12 521	1. 93	0. 23%
非夜间施工增加			159	0. 02	0. 003%
冬季施工增加			2 515	0. 39	0. 05%
竣工验收存档资料编制			250	0. 04	0. 005%
税金			**35 481**	**5. 46**	**0. 65%**
合计			**5 480 565**	**843. 94**	**100. 00%**

（8）建筑、装饰工程主要工、料消耗量分析。

项目名称	单位	建筑工程每平方米消耗量	装饰工程每平方米消耗量
人工	工日	3.215	1.987
水泥（综合）	kg	2.397	11.291
砂子	t	0.002	0.052
白灰	kg	2.755	56.240
钢筋	t	0.058	
钢材	t	0.025	
玻璃	m^2		0.089
商品混凝土	m^3	0.546	0.256
预拌砂浆	t	0.032	0.079
页岩标砖	千块	0.012	
加气混凝土砌块	m^3	0.134	
彩色压型钢板	m^2	0.766	
SBS 改性沥青防水卷材	m^2	0.880	
聚苯乙烯泡沫塑料板	m^3	0.075	
挤塑聚苯乙烯泡沫板	m^3	0.027	
水泥基自流平砂浆	m^3		0.004
成品腻子粉	kg		5.395
苯丙乳胶漆	kg		0.689
墙面砖	m^2		0.014
电化铝装饰板	m^2		0.489
轻钢龙骨	m^2		0.004
铝合金嵌入式方板	m^2		0.004

2. 工业厂房 B

（1）工程概况。

<table>
<tr><td colspan="3">结构类型：钢框架结构</td><td colspan="5">建筑面积：2 735. 53m²</td></tr>
<tr><td rowspan="3">基本特征</td><td>檐高</td><td>层数</td><td>层高</td><td>基础类型</td><td colspan="3">利润率</td></tr>
<tr><td rowspan="2">14. 10m</td><td rowspan="2">地上 2 层</td><td rowspan="2">6. 50m</td><td rowspan="2">桩承台基础</td><td>建筑</td><td>装饰</td><td>安装</td></tr>
<tr><td>7. 76%</td><td>24. 00%</td><td>20. 71%</td></tr>
</table>

（2）工程主要特征。

项目名称		特征描述
建筑工程	基础工程	桩承台基础
	土方工程	机械挖土方
	打桩工程	预制钢筋混凝土管桩（D=400mm）
	砌筑工程	加气混凝土砌块墙、页岩多孔砖墙
	混凝土及钢筋混凝土工程	现浇混凝土，AC25，AC30，BC40P8
	金属结构工程	钢柱、钢梁、钢檩条、钢支撑
	屋面及防水工程	彩色压型钢板屋面、高分子自粘胶膜卷材防水、聚氯乙烯卷材防水
	防腐、隔热、保温工程	屋面聚苯乙烯板保温
装饰工程	内墙	刮腻子、乳胶漆、防霉涂料、面砖、纤维板、石膏板
	外墙	镀锌薄钢板、石膏板
	天棚	乳胶漆、矿棉吸声板、方形铝扣板
	楼地面	橡胶卷材、橡胶板、陶瓷地砖、水泥砂浆
	门窗	钢质门、钢质防火门、木质防火门、断桥隔热铝合金门窗
安装工程	给排水工程	不锈钢管、UPVC 管、PPR 管
	电气工程	钢管、电线管
	通风空调工程	镀锌薄钢板风管、铝合金风口
	消防工程	喷淋系统、消火栓系统、钢管

（3）工程造价各项费用分析表。

工程价格（元）（以2020年预算基价为依据）		每平方米价格（元）	各项费用所占比例（%）							
			人工费	材料费	机械费	管理费	规费	利润	税金	合计
14 601 849		**5 337.85**	**20.55**	**49.10**	**5.36**	**3.00**	**7.74**	**5.99**	**8.26**	**100.00**
建筑工程		3 301.90	19.27	47.29	8.17	3.16	7.25	6.60	8.26	100.00
装饰工程		880.97	21.41	53.92	1.01	2.21	8.06	5.13	8.26	100.00
安装工程		1 154.98	23.56	50.59	0.67	3.17	8.87	4.88	8.26	100.00
其中	给排水工程	37.53	16.71	61.85	1.09	2.34	6.29	3.46	8.26	100.00
	电气工程	405.49	19.85	57.26	0.40	2.65	7.47	4.11	8.26	100.00
	通风空调工程	371.99	25.69	47.00	0.61	3.44	9.67	5.33	8.26	100.00
	消防工程	339.97	26.41	45.33	1.01	3.59	9.94	5.46	8.26	100.00

（4）工程量清单计价汇总。

项目名称		造价（元/m²）	占总造价比例
建筑工程工程量清单计价合计		**3 301.90**	**61.86%**
其中施工措施项目		347.59	6.51%
装饰工程工程量清单计价合计		**880.97**	**16.50%**
其中施工措施项目		57.24	1.07%
安装工程工程量清单计价合计		**1 154.98**	**21.64%**
其中	给排水工程	37.53	0.70%
	其中施工措施项目	1.09	0.02%
	电气工程	405.49	7.60%
	其中施工措施项目	13.51	0.25%
	通风空调工程	371.99	6.97%
	其中施工措施项目	16.09	0.30%
	消防工程	339.97	6.37%
	其中施工措施项目	15.27	0.29%
总造价		**5 337.85**	**100.00%**

(5) 建筑工程分部位构成比例及主要工程量分析。

项目名称	单位	每平方米工程量	分部位清单计价合计(元)	每平方米价格(元)	占清单计价合计比例
土方工程			**526 163**	**192.34**	**5.83%**
机械土方	m^3	1.597			
打桩工程			**479 070**	**175.13**	**5.30%**
预制钢筋混凝土管桩(D=400mm)	m	1.042			
砌筑工程			**83 534**	**30.54**	**0.92%**
加气混凝土砌块墙	m^3	0.028			
页岩多孔砖墙	m^3	0.010			
混凝土及钢筋混凝土工程			**2 296 812**	**839.62**	**25.43%**
混凝土基础	m^3	0.070			
混凝土柱	m^3	0.001			
混凝土梁	m^3	0.028			
混凝土墙	m^3	0.001			
混凝土板	m^3	0.182			
金属结构工程			**3 339 485**	**1 220.78**	**36.97%**
钢柱	t	0.021			
钢梁	t	0.050			
钢檩条	t	0.015			
钢支撑	t	0.007			
屋面及防水工程			**526 701**	**192.54**	**5.83%**
彩色压型钢板屋面	m^2	0.458			
高分子自粘胶膜卷材防水	m^2	0.031			
聚氯乙烯卷材防水	m^2	0.470			
防腐、隔热、保温工程			**84 063**	**30.73**	**0.93%**
屋面聚苯乙烯板保温	m^2	0.458			
施工措施项目			**950 830**	**347.59**	**10.53%**
安全文明施工	元	96.28			
冬雨季施工	元	23.41			
脚手架工程	元	61.84			

续表

项目名称	单位	每平方米工程量	分部位清单计价合计（元）	每平方米价格（元）	占清单计价合计比例
混凝土模板及支架	元	69. 16			
垂直运输	元	20. 88			
大型机械设备进出场及安拆	元	60. 32			
其他	元	15. 70			
税金			**745 799**	**272. 63**	**8. 26%**
合计			**9 032 457**	**3 301. 90**	**100. 00%**

（6）装饰工程分部位构成比例及主要工程量分析。

项目名称	单位	每平方米工程量	分部位清单计价合计（元）	每平方米价格（元）	占清单计价合计比例
楼地面工程			**463 721**	**169. 52**	**19. 24%**
橡胶卷材地面	m^2	0. 335			
橡胶板地面	m^2	0. 384			
陶瓷地砖地面	m^2	0. 026			
水泥砂浆地面	m^2	0. 116			
墙、柱面工程			**707 158**	**258. 51**	**29. 34%**
内墙主要做法					
刮腻子	m^2	1. 213			
乳胶漆	m^2	1. 213			
防霉涂料	m^2	1. 213			
面砖	m^2	0. 062			
纤维板	m^2	0. 597			
石膏板	m^2	0. 021			
外墙主要做法					
镀锌薄钢板	m^2	0. 891			
石膏板	m^2	0. 489			
天棚工程			**242 062**	**88. 49**	**10. 05%**

续表

项目名称	单位	每平方米工程量	分部位清单计价合计（元）	每平方米价格（元）	占清单计价合计比例
乳胶漆	m^2	0.216			
装配式T形铝合金龙骨	m^2	0.073			
装配式U形轻钢龙骨	m^2	0.265			
矿棉吸声板	m^2	0.326			
方形铝扣板	m^2	0.011			
门窗工程			**584 432**	**213.64**	**24.25%**
钢质门	m^2	0.033			
钢质防火门	m^2	0.013			
木质防火门	m^2	0.004			
断桥隔热铝合金门窗	m^2	0.004			
其他工程			**56 991**	**20.83**	**2.36%**
施工措施项目			**156 573**	**57.24**	**6.50%**
安全文明施工	元	15.27			
非夜间施工照明	元	0.47			
冬雨季施工	元	1.94			
脚手架工程	元	31.36			
垂直运输	元	7.81			
其他	元	0.39			
税金			**198 984**	**72.74**	**8.26%**
合计			**2 409 921**	**880.97**	**100.00%**

（7）安装工程分部位构成比例及主要工程量分析。

项目名称	单位	每平方米工程量	分部位清单计价合计（元）	每平方米价格（元）	占清单计价合计比例
给排水工程			**102 671**	**37.53**	**3.25%**
不锈钢管	m	0.035 2	9 749	3.56	0.31%
UPVC管	m	0.052 9	11 801	4.31	0.37%
PPR管	m	0.094 4	9 525	3.48	0.30%

续表

项目名称	单位	每平方米工程量	分部位清单计价合计（元）	每平方米价格（元）	占清单计价合计比例
管道支架	kg	0.106 8	7 813	2.86	0.25%
阀门	个	0.022 3	6 057	2.21	0.19%
水表	组	0.000 7	707	0.26	0.02%
卫生洁具	套	0.004 8	40 242	14.71	1.27%
地漏	个	0.006 9	1 869	0.68	0.06%
施工措施项目			**2 974**	**1.09**	**0.09%**
脚手架搭拆			795	0.29	0.03%
安全文明施工			1 767	0.65	0.06%
非夜间施工增加			22	0.01	0.001%
冬季施工增加			355	0.13	0.01%
竣工验收存档资料编制			35	0.01	0.001%
税金			**8 477**	**3.10**	**0.27%**
电气工程			**1 109 235**	**405.49**	**35.11%**
配电箱	台	0.010 2	218 728	79.96	6.92%
开关	个	0.039 5	24 979	9.13	0.79%
插座	个	0.084 4	16 118	5.89	0.51%
电力电缆	m	0.776 7	139 503	51.00	4.42%
电缆头	个	0.058 5	27 468	10.04	0.87%
接地母线	m	0.172 0	32 777	11.98	1.04%
避雷网	m	0.252 7	12 788	4.67	0.40%
电气配管	m	2.459 8	254 049	92.87	8.04%
电气桥架	m	0.137 8	57 349	20.96	1.82%
电气配线	m	6.219 3	84 223	30.79	2.67%
接线盒	个	0.205 4	9 267	3.39	0.29%
灯具	套	0.094 7	64 507	23.58	2.04%
型钢支吊架	kg	0.313 1	22 368	8.18	0.71%
施工措施项目			**36 956**	**13.51**	**1.17%**
脚手架搭拆			10 214	3.73	0.32%
安全文明施工			21 679	7.92	0.69%

续表

项目名称	单位	每平方米工程量	分部位清单计价合计（元）	每平方米价格（元）	占清单计价合计比例
非夜间施工增加			275	0. 10	0. 01%
冬季施工增加			4 355	1. 59	0. 14%
竣工验收存档资料编制			433	0. 16	0. 01%
税金			**91 588**	**33. 48**	**2. 90%**
通风空调工程			**1 017 587**	**371. 99**	**32. 21%**
风机	台	0. 009 9	61 276	22. 40	1. 94%
风管	m^2	0. 907 0	472 715	172. 81	14. 96%
阀门	个	0. 065 8	63 311	23. 14	2. 00%
风口	个	0. 063 2	100 883	36. 88	3. 19%
一般铁构件	kg	1. 897 8	53 942	19. 72	1. 71%
施工措施项目			**44 008**	**16. 09**	**1. 39%**
脚手架搭拆			12 130	4. 43	0. 38%
安全文明施工			25 843	9. 45	0. 82%
非夜间施工增加			328	0. 12	0. 01%
冬季施工增加			5 191	1. 90	0. 16%
竣工验收存档资料编制			516	0. 19	0. 02%
税金			**84 021**	**30. 71**	**2. 66%**
消防工程			**929 988**	**339. 97**	**29. 43%**
控制电缆	m	0. 108 0	9 935	3. 63	0. 31%
电气配管	m	1. 560 2	166 835	60. 99	5. 28%
电气配线	m	1. 452 2	28 037	10. 25	0. 89%
钢管	m	0. 467 0	144 077	52. 67	4. 56%
喷头	只	0. 185 0	26 546	9. 70	0. 84%
消火栓箱	套	0. 005 1	20 087	7. 34	0. 64%
探测器	只	0. 048 3	52 735	19. 28	1. 67%
按钮	只	0. 009 5	13 609	4. 97	0. 43%
报警设备	台	0. 009 5	11 310	4. 13	0. 36%
模块	只	0. 037 7	95 613	34. 95	3. 03%
一般铁构件	kg	0. 935 1	97 854	35. 77	3. 10%

续表

项目名称	单位	每平方米工程量	分部位清单计价合计（元）	每平方米价格（元）	占清单计价合计比例
阀门	个	0.013 5	64 333	23.52	2.04%
系统调试			33 678	12.31	1.07%
施工措施项目			**41 759**	**15.27**	**1.32%**
脚手架搭拆			11 389	4.16	0.36%
安全文明施工			24 621	9.00	0.78%
非夜间施工增加			312	0.11	0.01%
冬季施工增加			4 945	1.81	0.16%
竣工验收存档资料编制			492	0.18	0.02%
税金			**76 788**	**28.07**	**2.43%**
合计			**3 159 481**	**1 154.98**	**100.00%**

（8）建筑、装饰工程主要工、料消耗量分析。

项目名称	单位	建筑工程每平方米消耗量	装饰工程每平方米消耗量
人工	工日	4.588	1.254
水泥（综合）	kg	3.180	9.278
砂子	t	0.007	0.083
白灰	kg	46.963	0.186
钢筋	t	0.060	
钢材	t	0.099	
玻璃	m^2		0.028
商品混凝土	m^3	0.438	0.037
预拌砂浆	t	0.014	0.036
预制钢筋混凝土管桩	m	1.042	
加气混凝土砌块	m^3	0.029	
页岩多孔砖	千块	0.003	
彩色压型钢板	m^2	0.476	
高分子自粘胶膜卷材	m^2	0.036	

续表

项目名称	单位	建筑工程每平方米消耗量	装饰工程每平方米消耗量
聚氯乙烯防水卷材	m^2	0.543	
聚苯乙烯泡沫塑料板	m^3	0.014	
再生橡胶卷材	m^2		0.368
橡胶板	m^2		0.403
陶瓷地面砖	m^2		0.027
成品腻子粉	kg		5.516
苯丙乳胶漆	kg		0.397
防霉涂料	kg		0.546
墙面砖	m^2		0.064
玻璃纤维板	m^2		0.657
石膏板	m^2		0.536
镀锌薄钢板	m^2		1.020
铝合金龙骨	m^2		0.074
轻钢龙骨	m^2		0.269
矿棉吸声板	m^2		0.342
铝扣板	m^2		0.011

3. 工业厂房 C

（1）工程概况。

结构类型：钢框架结构				建筑面积：5 977.10m²			
基本特征	檐高	层数	层高	基础类型	利润率		
					建筑	装饰	安装
	23.10m	地上4层，地下1层	1、4层高7.80m，2、3层高3.60m	桩承台基础	7.76%	24.00%	20.71%

（2）工程主要特征。

项目名称		特征描述
建筑工程	基础工程	桩承台基础
	土方工程	机械挖土方
	打桩工程	双轴水泥搅拌桩（$D=700$mm）、钢筋混凝土钻孔灌注桩（$D=600$mm）
	砌筑工程	页岩多孔砖墙、页岩标砖墙、加气混凝土砌块墙
	混凝土及钢筋混凝土工程	现浇混凝土，AC20，AC35，AC40
	金属结构工程	钢柱、钢梁
	屋面及防水工程	改性沥青卷材防水、水泥基渗透结晶型涂料防水
	防腐、隔热、保温工程	屋面聚苯乙烯板保温
		外墙挤塑聚苯乙烯板保温、外墙聚苯颗粒保温砂浆保温
装饰工程	内墙	刮腻子、面砖
	外墙	真石漆
	天棚	乳胶漆、水泥砂浆、吸声板、空腹 PVC 扣板
	楼地面	细石混凝土、水泥砂浆、陶瓷地砖
	门窗	钢质门、钢质防火门、木质门
安装工程	给排水工程	焊接钢管、铸铁管、PE 管、双壁波纹管、钢塑复合管
	采暖工程	镀锌钢管
	电气工程	钢管、电线管

（3）工程造价各项费用分析表。

<table>
<tr><td rowspan="2" colspan="2">工程价格（元）（以 2020 年预算基价为依据）</td><td rowspan="2">每平方米价格（元）</td><td colspan="8">各项费用所占比例（%）</td></tr>
<tr><td>人工费</td><td>材料费</td><td>机械费</td><td>管理费</td><td>规费</td><td>利润</td><td>税金</td><td>合计</td></tr>
<tr><td colspan="2">27 151 634</td><td>4 542. 61</td><td>14. 86</td><td>63. 43</td><td>2. 07</td><td>1. 81</td><td>5. 58</td><td>3. 99</td><td>8. 26</td><td>100. 00</td></tr>
<tr><td colspan="2">建筑工程</td><td>3 446. 44</td><td>12. 10</td><td>67. 71</td><td>2. 23</td><td>1. 61</td><td>4. 55</td><td>3. 54</td><td>8. 26</td><td>100. 00</td></tr>
<tr><td colspan="2">装饰工程</td><td>716. 60</td><td>27. 36</td><td>43. 26</td><td>1. 87</td><td>2. 52</td><td>10. 22</td><td>6. 51</td><td>8. 26</td><td>100. 00</td></tr>
<tr><td colspan="2">安装工程</td><td>379. 57</td><td>16. 84</td><td>61. 74</td><td>0. 99</td><td>2. 33</td><td>6. 34</td><td>3. 50</td><td>8. 26</td><td>100. 00</td></tr>
<tr><td rowspan="3">其中</td><td>给排水工程</td><td>90. 02</td><td>12. 39</td><td>68. 76</td><td>1. 54</td><td>1. 82</td><td>4. 67</td><td>2. 56</td><td>8. 26</td><td>100. 00</td></tr>
<tr><td>采暖工程</td><td>57. 84</td><td>20. 27</td><td>56. 75</td><td>0. 19</td><td>2. 68</td><td>7. 64</td><td>4. 21</td><td>8. 26</td><td>100. 00</td></tr>
<tr><td>电气工程</td><td>231. 71</td><td>16. 84</td><td>61. 74</td><td>0. 99</td><td>2. 33</td><td>6. 34</td><td>3. 50</td><td>8. 26</td><td>100. 00</td></tr>
</table>

（4）工程量清单计价汇总。

<table>
<tr><td colspan="2">项目名称</td><td>造价（元/m²）</td><td>占总造价比例</td></tr>
<tr><td colspan="2">建筑工程工程量清单计价合计</td><td>3 446. 44</td><td>75. 87%</td></tr>
<tr><td colspan="2">其中施工措施项目</td><td>495. 08</td><td>10. 90%</td></tr>
<tr><td colspan="2">装饰工程工程量清单计价合计</td><td>716. 60</td><td>15. 78%</td></tr>
<tr><td colspan="2">其中施工措施项目</td><td>104. 33</td><td>2. 30%</td></tr>
<tr><td colspan="2">安装工程工程量清单计价合计</td><td>379. 57</td><td>8. 36%</td></tr>
<tr><td rowspan="6">其中</td><td>给排水工程</td><td>90. 02</td><td>23. 72%</td></tr>
<tr><td>其中施工措施项目</td><td>2. 01</td><td>0. 53%</td></tr>
<tr><td>采暖工程</td><td>57. 84</td><td>15. 24%</td></tr>
<tr><td>其中施工措施项目</td><td>1. 95</td><td>0. 51%</td></tr>
<tr><td>电气工程</td><td>231. 71</td><td>61. 05%</td></tr>
<tr><td>其中施工措施项目</td><td>6. 73</td><td>1. 77%</td></tr>
<tr><td colspan="2">总造价</td><td>4 542. 61</td><td>100. 00%</td></tr>
</table>

(5) 建筑工程分部位构成比例及主要工程量分析。

项目名称	单位	每平方米工程量	分部位清单计价合计（元）	每平方米价格（元）	占清单计价合计比例
土方工程			**757 398**	**126.72**	**3.68%**
机械土方	m^3	0.820			
打桩工程			**1 117 218**	**186.92**	**5.42%**
双轴水泥搅拌桩（$D=700$mm）	m^3	0.160			
钢筋混凝土钻孔灌注桩（$D=600$mm）	m^3	0.154			
砌筑工程			**610 530**	**102.14**	**2.96%**
页岩多孔砖墙	m^3	0.014			
页岩标砖墙	m^3	0.009			
加气混凝土砌块墙	m^3	0.105			
混凝土及钢筋混凝土工程			**4 728 531**	**791.11**	**22.95%**
混凝土基础	m^3	0.141			
混凝土柱	m^3	0.033			
混凝土梁	m^3	0.018			
混凝土墙	m^3	0.027			
混凝土板	m^3	0.279			
金属结构工程			**7 376 395**	**1 234.11**	**35.81%**
钢柱	t	0.078			
钢梁	t	0.072			
屋面及防水工程			**848 545**	**141.97**	**4.12%**
改性沥青卷材防水	m^2	0.231			
水泥基渗透结晶型涂料防水	m^2	0.014			
防腐、隔热、保温工程			**501 013**	**83.82**	**2.43%**
屋面聚苯乙烯板保温	m^2	0.221			
外墙挤塑聚苯乙烯板保温	m^2	0.534			
外墙聚苯颗粒保温砂浆保温	m^2	0.255			
施工措施项目			**2 959 122**	**495.08**	**14.37%**
安全文明施工	元	128.61			
夜间施工	元	1.85			

续表

项目名称	单位	每平方米工程量	分部位清单计价合计（元）	每平方米价格（元）	占清单计价合计比例
非夜间施工照明	元	0.73			
冬雨季施工	元	12.45			
脚手架工程	元	71.66			
混凝土模板及支架	元	172.11			
垂直运输	元	48.51			
超高施工增加	元	25.92			
大型机械设备进出场及安拆	元	23.65			
施工排水、降水	元	8.57			
其他	元	1.02			
税金			**1 700 887**	**284.57**	**8.26%**
合计			**20 599 639**	**3 446.44**	**100.00%**

（6）装饰工程分部位构成比例及主要工程量分析。

项目名称	单位	每平方米工程量	分部位清单计价合计（元）	每平方米价格（元）	占清单计价合计比例
楼地面工程			**759 720**	**127.11**	**17.74%**
细石混凝土地面	m^2	0.228			
水泥砂浆地面	m^2	0.013			
陶瓷地砖地面	m^2	0.622			
墙、柱面工程			**1 749 738**	**292.74**	**40.85%**
内墙主要做法					
刮腻子	m^2	0.924			
面砖	m^2	0.059			
外墙主要做法					
真石漆	m^2	0.787			
天棚工程			**624 710**	**104.52**	**14.59%**
乳胶漆	m^2	0.889			

续表

项目名称	单位	每平方米工程量	分部位清单计价合计（元）	每平方米价格（元）	占清单计价合计比例
水泥砂浆	m^2	0.027			
装配式T形铝合金龙骨	m^2	0.030			
吸声板	m^2	0.014			
空腹PVC 扣板	m^2	0.016			
门窗工程			**119 744**	**20.03**	**2.79%**
钢质门	m^2	0.003			
钢质防火门	m^2	0.002			
木质门	m^2	0.023			
其他工程			**51 973**	**8.70**	**1.21%**
施工措施项目			**623 598**	**104.33**	**14.56%**
安全文明施工	元	14.83			
非夜间施工照明	元	0.46			
冬雨季施工	元	1.89			
脚手架工程	元	45.74			
垂直运输	元	7.49			
超高施工增加	元	27.82			
其他	元	6.10			
税金			**353 653**	**59.17**	**8.26%**
合计			**4 283 136**	**716.60**	**100.00%**

（7）安装工程分部位构成比例及主要工程量分析。

项目名称	单位	每平方米工程量	分部位清单计价合计（元）	每平方米价格（元）	占清单计价合计比例
给排水工程			**538 037**	**90.02**	**23.72%**
水泵	台	0.001 8	95 134	15.92	4.19%
焊接钢管	m	0.013 2	7 641	1.28	0.34%
铸铁管	m	0.001 3	3 348	0.56	0.15%

续表

项目名称	单位	每平方米工程量	分部位清单计价合计（元）	每平方米价格（元）	占清单计价合计比例
PE 管	m	0. 079 8	60 675	10. 15	2. 67%
双壁波纹管	m	0. 095 0	132 429	22. 16	5. 84%
钢塑复合管	m	0. 035 5	33 282	5. 57	1. 47%
管道支架	kg	0. 024 7	4 017	0. 67	0. 18%
阀门	个	0. 014 7	21 506	3. 60	0. 95%
水表	组	0. 000 5	27 796	4. 65	1. 23%
地漏	个	0. 004 3	1 299	0. 22	0. 06%
卫生洁具	套	0. 011 5	44 740	7. 49	1. 97%
水箱	台	0. 000 3	15 260	2. 55	0. 67%
施工措施项目			**12 021**	**2. 01**	**0. 53%**
脚手架搭拆			3 085	0. 52	0. 14%
安全文明施工			7 244	1. 21	0. 32%
非夜间施工增加			92	0. 02	0. 004%
冬季施工增加			1 455	0. 24	0. 06%
竣工验收存档资料编制			145	0. 02	0. 006%
税金			**44 425**	**7. 43**	**1. 96%**
采暖工程			**345 702**	**57. 84**	**15. 24%**
镀锌钢管	m	0. 315 7	122 422	20. 48	5. 40%
管道支架	kg	0. 018 2	2 953	0. 49	0. 13%
阀门	个	0. 068 8	47 651	7. 97	2. 10%
散热器	组	0. 017 9	125 892	21. 06	5. 55%
施工措施项目			**11 681**	**1. 95**	**0. 51%**
脚手架搭拆			3 255	0. 54	0. 14%
安全文明施工			6 831	1. 14	0. 30%
非夜间施工增加			87	0. 01	0. 004%
冬季施工增加			1 372	0. 23	0. 06%

续表

项目名称	单位	每平方米工程量	分部位清单计价合计（元）	每平方米价格（元）	占清单计价合计比例
竣工验收存档资料编制			136	0.02	0.01%
税金			**28 544**	**4.78**	**1.26%**
电气工程			**1 384 979**	**231.71**	**61.04%**
配电箱	台	0.007 0	298 156	49.88	13.14%
开关	个	0.009 7	2 235	0.37	0.10%
插座	个	0.005 0	1 194	0.20	0.05%
电力电缆	m	0.209 6	198 273	33.17	8.74%
电缆头	个	0.010 2	16 329	2.73	0.72%
接地母线	m	0.130 2	31 039	5.19	1.37%
避雷网	m	0.089 3	27 371	4.58	1.21%
电气配管	m	0.604 9	73 760	12.34	3.25%
电气桥架	m	0.338 3	243 125	40.68	10.72%
电气配线	m	3.369 3	73 262	12.26	3.23%
T 接箱	个	0.011 0	26 708	4.47	1.18%
接线盒	个	0.143 2	10 007	1.67	0.44%
一般铁构件	kg	0.246 3	36 054	6.03	1.59%
灯具	套	0.126 8	144 656	24.20	6.38%
系统调试	kg	0.143 3	39 673	6.64	1.75%
施工措施项目			**40 240**	**6.73**	**1.77%**
脚手架搭拆			10 815	1.81	0.48%
安全文明施工			23 855	3.99	1.05%
非夜间施工增加			303	0.05	0.01%
冬季施工增加			4 791	0.80	0.21%
竣工验收存档资料编制			476	0.08	0.02%
税金			**114 356**	**19.13**	**5.04%**
合计			**2 268 718**	**379.57**	**100.00%**

（8）建筑、装饰工程主要工、料消耗量分析。

项目名称	单位	建筑工程每平方米消耗量	装饰工程每平方米消耗量
人工	工日	2. 939	1. 229
水泥（综合）	kg	1. 713	19. 581
砂子	t	0. 004	0. 071
白灰	kg	10. 825	1. 285
钢筋	t	0. 052	
钢材	t	0. 159	
玻璃	m^2		0. 020
商品混凝土	m^3	0. 525	0. 010
预拌砂浆	t	0. 076	0. 150
页岩多孔砖	千块	0. 005	
页岩标砖	千块	0. 005	
加气混凝土砌块	m^3	0. 107	
SBS 改性沥青防水卷材	m^2	0. 535	
水泥基渗透结晶防水涂料	kg	0. 019	
聚苯乙烯泡沫塑料板	m^3	0. 011	
挤塑聚苯乙烯泡沫板	m^3	0. 055	
胶粉聚苯颗粒保温浆料	m^3	0. 009	
陶瓷地面砖	m^2		0. 635
成品腻子粉	kg		1. 886
苯丙乳胶漆	kg		0. 247
H 型真石涂料	kg		3. 935
铝合金龙骨	m^2		0. 030
隔声板	m^2		0. 014
PVC 扣板	m^2		0. 017

4. 工业厂房 D

（1）工程概况。

<table>
<tr><td colspan="3">结构类型：钢框架结构</td><td colspan="5">建筑面积：7 942.00m²</td></tr>
<tr><td rowspan="3">基本特征</td><td>檐高</td><td>层数</td><td>层高</td><td>基础类型</td><td colspan="3">利润率</td></tr>
<tr><td rowspan="2">15.40m</td><td rowspan="2">地上1层、局部3层，地下1层</td><td rowspan="2">14.40m</td><td rowspan="2">桩承台基础、满堂基础</td><td>建筑</td><td>装饰</td><td>安装</td></tr>
<tr><td>7.76%</td><td>24.00%</td><td>20.71%</td></tr>
</table>

（2）工程主要特征。

<table>
<tr><th colspan="2">项目名称</th><th>特征描述</th></tr>
<tr><td rowspan="9">建筑工程</td><td>基础工程</td><td>桩承台基础、满堂基础</td></tr>
<tr><td>土方工程</td><td>机械挖土方</td></tr>
<tr><td>打桩工程</td><td>预制钢筋混凝土管桩（D=400mm）</td></tr>
<tr><td>砌筑工程</td><td>页岩标砖基础、加气混凝土砌块墙</td></tr>
<tr><td>混凝土及钢筋混凝土工程</td><td>现浇混凝土，AC25，AC35，BC35P8</td></tr>
<tr><td>金属结构工程</td><td>钢柱、钢梁、钢檩条</td></tr>
<tr><td>屋面及防水工程</td><td>彩色压型钢板屋面、改性沥青卷材防水</td></tr>
<tr><td rowspan="2">防腐、隔热、保温工程</td><td>屋面聚苯乙烯板保温、屋面水泥珍珠岩保温</td></tr>
<tr><td>外墙聚苯颗粒保温砂浆保温</td></tr>
<tr><td rowspan="5">装饰工程</td><td>内墙</td><td>刮腻子、乳胶漆、水泥砂浆、涂料</td></tr>
<tr><td>外墙</td><td>刮腻子、涂料、铝板幕墙</td></tr>
<tr><td>天棚</td><td>刮腻子、乳胶漆、防霉涂料、铝合金吸声板</td></tr>
<tr><td>楼地面</td><td>细石混凝土、水泥砂浆</td></tr>
<tr><td>门窗</td><td>钢质防火门、断桥隔热铝合金门窗</td></tr>
<tr><td rowspan="4">安装工程</td><td>给排水工程</td><td>镀锌钢管、PPR 管、UPVC 管</td></tr>
<tr><td>电气工程</td><td>钢管、电线管</td></tr>
<tr><td>通风空调工程</td><td>分体式空调器、镀锌薄钢板风管、塑料风管、铝合金风口、钢管、UPVC 排水管</td></tr>
<tr><td>消防工程</td><td>消火栓系统、喷淋系统、自动报警系统、钢管</td></tr>
</table>

（3）工程造价各项费用分析表。

<table>
<tr><th colspan="2" rowspan="2">工程价格（元）
（以 2020 年预算基价为依据）</th><th rowspan="2">每平方米价格
（元）</th><th colspan="8">各项费用所占比例（%）</th></tr>
<tr><th>人工费</th><th>材料费</th><th>机械费</th><th>管理费</th><th>规费</th><th>利润</th><th>税金</th><th>合计</th></tr>
<tr><td colspan="2">25 899 021</td><td>3 261.02</td><td>18.75</td><td>53.52</td><td>4.25</td><td>2.59</td><td>7.06</td><td>5.57</td><td>8.26</td><td>100.00</td></tr>
<tr><td colspan="2">建筑工程</td><td>1 912.68</td><td>19.28</td><td>49.20</td><td>6.45</td><td>2.95</td><td>7.26</td><td>6.60</td><td>8.26</td><td>100.00</td></tr>
<tr><td colspan="2">装饰工程</td><td>683.46</td><td>22.10</td><td>52.62</td><td>1.21</td><td>2.21</td><td>8.31</td><td>5.29</td><td>8.26</td><td>100.00</td></tr>
<tr><td colspan="2">安装工程</td><td>664.88</td><td>13.80</td><td>66.90</td><td>1.05</td><td>1.94</td><td>5.20</td><td>2.85</td><td>8.26</td><td>100.00</td></tr>
<tr><td rowspan="4">其中</td><td>给排水工程</td><td>42.50</td><td>21.01</td><td>54.69</td><td>0.92</td><td>2.87</td><td>7.91</td><td>4.34</td><td>8.26</td><td>100.00</td></tr>
<tr><td>电气工程</td><td>398.07</td><td>11.95</td><td>69.84</td><td>1.25</td><td>1.73</td><td>4.50</td><td>2.47</td><td>8.26</td><td>100.00</td></tr>
<tr><td>通风空调工程</td><td>68.81</td><td>11.68</td><td>71.45</td><td>0.22</td><td>1.56</td><td>4.40</td><td>2.43</td><td>8.26</td><td>100.00</td></tr>
<tr><td>消防工程</td><td>155.50</td><td>17.51</td><td>60.66</td><td>0.93</td><td>2.41</td><td>6.60</td><td>3.63</td><td>8.26</td><td>100.00</td></tr>
</table>

（4）工程量清单计价汇总。

<table>
<tr><th colspan="2">项目名称</th><th>造价
（元/m²）</th><th>占总造价比例</th></tr>
<tr><td colspan="2">建筑工程工程量清单计价合计</td><td>1 912.68</td><td>58.65%</td></tr>
<tr><td colspan="2">其中施工措施项目</td><td>242.32</td><td>7.43%</td></tr>
<tr><td colspan="2">装饰工程工程量清单计价合计</td><td>683.46</td><td>20.96%</td></tr>
<tr><td colspan="2">其中施工措施项目</td><td>26.85</td><td>0.82%</td></tr>
<tr><td colspan="2">安装工程工程量清单计价合计</td><td>664.88</td><td>20.39%</td></tr>
<tr><td rowspan="8">其中</td><td>给排水工程</td><td>42.50</td><td>1.30%</td></tr>
<tr><td>其中施工措施项目</td><td>1.53</td><td>0.05%</td></tr>
<tr><td>电气工程</td><td>398.07</td><td>12.21%</td></tr>
<tr><td>其中施工措施项目</td><td>8.46</td><td>0.26%</td></tr>
<tr><td>通风空调工程</td><td>68.81</td><td>2.11%</td></tr>
<tr><td>其中施工措施项目</td><td>1.35</td><td>0.04%</td></tr>
<tr><td>消防工程</td><td>155.50</td><td>4.77%</td></tr>
<tr><td>其中施工措施项目</td><td>10.69</td><td>0.33%</td></tr>
<tr><td colspan="2">总造价</td><td>3 261.02</td><td>100.00%</td></tr>
</table>

（5）建筑工程分部位构成比例及主要工程量分析。

项目名称	单位	每平方米工程量	分部位清单计价合计（元）	每平方米价格（元）	占清单计价合计比例
土方工程			**359 595**	**45.28**	**2.37%**
机械土方	m^3	1.710			
打桩工程			**661 540**	**83.30**	**4.35%**
预制钢筋混凝土管桩（D=400mm）	m	0.390			
砌筑工程			**533 843**	**67.22**	**3.51%**
页岩标砖基础	m^3	0.023			
加气混凝土砌块墙	m^3	0.068			
混凝土及钢筋混凝土工程			**2 326 492**	**292.94**	**15.32%**
混凝土基础	m^3	0.074			
混凝土柱	m^3	0.017			
混凝土梁	m^3	0.006			
混凝土墙	m^3	0.022			
混凝土板	m^3	0.131			
金属结构工程			**7 516 533**	**946.43**	**49.48%**
钢柱	t	0.022			
钢梁	t	0.023			
钢檩条	t	0.010			
屋面及防水工程			**518 979**	**65.35**	**3.42%**
彩色压型钢板屋面	m^2	0.729			
改性沥青卷材防水	m^2	0.283			
防腐、隔热、保温工程			**94 591**	**11.91**	**0.62%**
屋面聚苯乙烯板保温	m^2	0.010			
屋面水泥珍珠岩保温	m^3	0.013			
外墙聚苯颗粒保温砂浆保温	m^2	0.010			
施工措施项目			**1 924 538**	**242.32**	**12.67%**
安全文明施工	元	54.62			
夜间施工	元	1.89			
非夜间施工照明	元	0.75			

续表

项目名称	单位	每平方米工程量	分部位清单计价合计（元）	每平方米价格（元）	占清单计价合计比例
冬雨季施工	元	12.68			
脚手架工程	元	61.84			
混凝土模板及支架	元	60.38			
垂直运输	元	20.88			
大型机械设备进出场及安拆	元	15.79			
施工排水、降水	元	6.89			
其他	元	6.60			
税金			**1 254 250**	**157.93**	**8.26%**
合计			**15 190 361**	**1 912.68**	**100.00%**

（6）装饰工程分部位构成比例及主要工程量分析。

项目名称	单位	每平方米工程量	分部位清单计价合计（元）	每平方米价格（元）	占清单计价合计比例
楼地面工程			**2 568 928**	**323.46**	**47.33%**
细石混凝土地面	m^2	0.822			
水泥砂浆地面	m^2	0.045			
墙、柱面工程			**945 870**	**119.10**	**17.42%**
内墙主要做法					
刮腻子	m^2	0.246			
乳胶漆	m^2	0.165			
水泥砂浆	m^2	0.100			
防霉涂料	m^2	0.246			
外墙主要做法					
刮腻子	m^2	0.161			
弹性涂料	m^2	0.161			
铝板幕墙	m^2	0.027			
天棚工程			**158 224**	**19.92**	**2.91%**

续表

项目名称	单位	每平方米工程量	分部位清单计价合计（元）	每平方米价格（元）	占清单计价合计比例
刮腻子	m^2	0.012			
乳胶漆	m^2	0.021			
防霉涂料	m^2	0.012			
铝合金轻型方板龙骨	m^2	0.072			
铝合金吸声板	m^2	0.072			
门窗工程			**1 093 606**	**137.70**	**20.15%**
钢质防火门	m^2	0.024			
断桥隔热铝合金门窗	m^2	0.149			
施工措施项目			**213 266**	**26.85**	**3.93%**
安全文明施工	元	12.31			
非夜间施工照明	元	0.38			
冬雨季施工	元	1.57			
脚手架工程	元	6.23			
垂直运输	元	6.05			
其他	元	0.31			
税金			**448 190**	**56.43**	**8.26%**
合计			**5 428 084**	**683.46**	**100.00%**

（7）安装工程分部位构成比例及主要工程量分析。

项目名称	单位	每平方米工程量	分部位清单计价合计（元）	每平方米价格（元）	占清单计价合计比例
给排水工程			**337 588**	**42.50**	**6.39%**
水泵	台	0.000 3	5 704	0.72	0.11%
镀锌钢管	m	0.121 6	158 028	19.90	2.99%
PPR 管	m	0.005 5	2 873	0.36	0.05%
UPVC 管	m	0.036 3	20 542	2.59	0.39%
管道支架	kg	0.075 1	16 203	2.04	0.31%

续表

项目名称	单位	每平方米工程量	分部位清单计价合计（元）	每平方米价格（元）	占清单计价合计比例
阀门	个	0.007 9	27 789	3.50	0.53%
水表	组	0.000 9	4 097	0.52	0.08%
施工措施项目			**12 113**	**1.53**	**0.23%**
脚手架搭拆			3 290	0.41	0.06%
安全文明施工			7 152	0.90	0.14%
非夜间施工增加			91	0.01	0.002%
冬季施工增加			1 437	0.18	0.03%
竣工验收存档资料编制			143	0.02	0.003%
税金			**27 874**	**3.51**	**0.53%**
电气工程			**3 161 643**	**398.07**	**59.87%**
变压器	台	0.000 3	110 437	13.90	2.09%
配电箱	台	0.005 9	985 411	124.07	18.66%
密集母线	m	0.001 9	72 532	9.13	1.37%
电力电缆	m	0.435 8	587 130	73.92	11.12%
控制电缆	m	0.067 9	11 693	1.47	0.22%
电缆头	个	0.009 3	14 267	1.80	0.27%
接地母线	m	0.015 2	7 582	0.95	0.14%
避雷网	m	0.209 8	37 406	4.71	0.71%
电气配管	m	1.604 1	331 898	41.79	6.29%
电气桥架	m	0.106 2	282 851	35.61	5.36%
电气配线	m	2.094 8	68 537	8.63	1.30%
开关盒、接线盒	个	0.072 1	6 929	0.87	0.13%
灯具	套	0.040 4	85 495	10.76	1.62%
桥架支架	kg	0.352 8	68 593	8.64	1.30%
系统调试			113 086	14.24	2.14%
施工措施项目			**67 231**	**8.46**	**1.27%**
脚手架搭拆			17 486	2.20	0.33%
安全文明施工			40 329	5.08	0.76%
非夜间施工增加			511	0.06	0.01%

续表

项目名称	单位	每平方米工程量	分部位清单计价合计（元）	每平方米价格（元）	占清单计价合计比例
冬季施工增加			8 100	1.02	0.15%
竣工验收存档资料编制			805	0.10	0.02%
税金			**261 053**	**32.87**	**4.94%**
通风空调工程			**546 488**	**68.81**	**10.35%**
空调设备	台	0.002 3	220 175	27.72	4.17%
风机	台	0.001 8	144 996	18.26	2.75%
风管	m^2	0.028 1	39 857	5.02	0.75%
风口	个	0.006 7	13 743	1.73	0.26%
静压箱	个	0.001 9	30 971	3.90	0.59%
冷媒管	m	0.058 0	18 709	2.36	0.35%
施工措施项目			**10 717**	**1.35**	**0.20%**
脚手架搭拆			2 964	0.37	0.06%
安全文明施工			6 285	0.79	0.12%
非夜间施工增加			80	0.01	0.002%
冬季施工增加			1 262	0.16	0.02%
竣工验收存档资料编制			126	0.02	0.002%
税金			**45 123**	**5.68**	**0.85%**
消防工程			**1 235 062**	**155.50**	**23.39%**
水泵	台	0.000 9	122 408	15.41	2.32%
电力电缆	m	0.217 7	96 073	12.10	1.82%
控制电缆	m	0.234 9	37 478	4.72	0.71%
电缆头	个	0.005 0	5 446	0.69	0.10%
电气配线	m	1.621 0	64 147	8.08	1.21%
镀锌钢管	m	0.111 7	145 118	18.27	2.75%
喷头	只	0.010 6	5 094	0.64	0.10%
高空水炮	台	0.001 1	84 329	10.62	1.60%
探测器	只	0.009 9	22 748	2.86	0.43%
报警按钮	只	0.005 8	14 765	1.86	0.28%
消防报警设备	台	0.008 3	186 795	23.52	3.54%

续表

项目名称	单位	每平方米工程量	分部位清单计价合计（元）	每平方米价格（元）	占清单计价合计比例
模块	只	0.011 6	61 198	7.71	1.16%
管道支架	kg	0.068 0	14 688	1.85	0.28%
阀门	个	0.013 3	89 363	11.25	1.69%
系统调试			30 694	3.86	0.58%
施工措施项目			**84 871**	**10.69**	**1.61%**
脚手架搭拆			23 410	2.95	0.44%
安全文明施工			49 826	6.27	0.94%
非夜间施工增加			632	0.08	0.01%
冬季施工增加			10 008	1.26	0.19%
竣工验收存档资料编制			995	0.13	0.02%
税金			**101 978**	**12.84**	**1.93%**
合计			**5 280 781**	**664.88**	**100.00%**

（8）建筑、装饰工程主要工、料消耗量分析。

项目名称	单位	建筑工程每平方米消耗量	装饰工程每平方米消耗量
人工	工日	2.595	1.082
水泥（综合）	kg	3.571	5.540
砂子	t	0.003	0.006
钢筋	t	0.021	
钢材	t	0.058	
商品混凝土	m^3	0.188	0.246
预拌砂浆	t	0.053	0.039
预制钢筋混凝土管桩	m	0.390	
白灰	kg	8.514	29.699
玻璃	m^2		0.112
页岩标砖	千块	0.012	
加气混凝土砌块	m^3	0.069	

续表

项目名称	单位	建筑工程每平方米消耗量	装饰工程每平方米消耗量
彩色压型钢板	m^2	0.758	
SBS 改性沥青防水卷材	m^2	0.327	
聚苯乙烯泡沫塑料板	m^3	0.011	
珍珠岩	m^3	0.020	
胶粉聚苯颗粒保温浆料	m^3	0.001	
成品腻子粉	kg		0.855
苯丙乳胶漆	kg		0.052
防霉涂料	kg		0.116
弹性外墙涂料	kg		0.081
铝单板	m^2		0.028
铝合金龙骨	m		0.319
铝合金吸声板	m^2		0.073

第二节 精 密 车 间

内 容 提 要

结构	檐高 （m）	层数	建筑面积 （m^2）	每平方米价格 （元）
框架结构	25.80	地上4层	8 550.45	5 552.80

一、框架结构

1. 精密车间 A

（1）工程概况。

结构类型：框架结构			建筑面积：8 550.45m^2				
基本特征	檐高	层数	层高	基础类型	利润率		
	25.80m	地上 4 层	6.20m	满堂基础	建筑	装饰	安装
					7.76%	24.00%	20.71%

（2）工程主要特征。

项目名称		特征描述
建筑工程	基础工程	满堂基础
	土方工程	机械挖土方
	打桩工程	预制钢筋混凝土方桩（500mm×500mm）
	砌筑工程	加气混凝土砌块墙、页岩标砖墙
	混凝土及钢筋混凝土工程	现浇混凝土，AC25，AC30，AC40
	金属结构工程	钢梁、钢平台
	屋面及防水工程	改性沥青卷材防水
	防腐、隔热、保温工程	屋面挤塑聚苯乙烯板保温
		外墙岩棉板保温、外墙聚苯颗粒保温砂浆保温、外墙挤塑聚苯乙烯板保温
装饰工程	内墙	刮腻子、乳胶漆、面砖
	外檐	真石漆
	天棚	刮腻子、乳胶漆、矿棉板、铝扣板、埃特板
	楼地面	水泥砂浆、陶瓷地砖、细石混凝土、自流平地面
	门窗	木质门、钢质门、钢质防火门、断桥隔热铝合金窗
安装工程	给排水工程	衬塑钢管、UPVC 排水管
	电气工程	综合布线系统、安全防范系统、钢管、电线管
	通风空调工程	中央空调机组、风机盘管、镀锌薄钢板风管、铝合金风口、钢管
	消防工程	消火栓系统、气体灭火系统、自动报警系统、钢管、电线管

（3）工程造价各项费用分析表。

工程价格（元）（以 2020 年预算基价为依据）		每平方米价格（元）	各项费用所占比例（%）							
			人工费	材料费	机械费	管理费	规费	利润	税金	合计
47 478 939		**5 552.80**	**20.92**	**53.42**	**2.20**	**2.60**	**7.36**	**5.24**	**8.26**	**100.00**
建筑工程		2 661.99	21.06	51.60	3.19	2.79	7.20	5.90	8.26	100.00
装饰工程		1 381.38	19.33	57.64	1.73	1.79	6.61	4.64	8.26	100.00
安装工程		1 509.43	22.14	52.78	0.89	3.01	8.33	4.59	8.26	100.00
其中	给排水工程	33.14	22.39	52.39	0.84	3.05	8.42	4.65	8.26	100.00
	电气工程	360.93	15.53	64.55	0.50	2.10	5.84	3.22	8.26	100.00
	通风空调工程	920.49	24.87	47.80	1.15	3.41	9.36	5.15	8.26	100.00
	消防工程	194.87	21.43	54.55	0.40	2.85	8.07	4.44	8.26	100.00

（4）工程量清单计价汇总。

项目名称		造价（元/m²）	占总造价比例
建筑工程工程量清单计价合计		**2 661.99**	**47.94%**
其中施工措施项目		587.47	10.58%
装饰工程工程量清单计价合计		**1 381.38**	**24.88%**
其中施工措施项目		282.64	5.09%
安装工程工程量清单计价合计		**1 509.43**	**27.18%**
其中	给排水工程	33.14	2.20%
	其中施工措施项目	1.26	0.08%
	电气工程	360.93	23.91%
	其中施工措施项目	9.49	0.63%
	通风空调工程	920.49	60.98%
	其中施工措施项目	40.70	2.70%
	消防工程	194.87	12.91%
	其中施工措施项目	7.00	0.46%
总造价		**5 552.80**	**100.00%**

（5）建筑工程分部位构成比例及主要工程量分析。

项目名称	单位	每平方米工程量	分部位清单计价合计（元）	每平方米价格（元）	占清单计价合计比例
土方工程			**97 509**	**11.40**	**0.43%**
机械土方	m^3	0.528			
打桩工程			**2 411 689**	**282.05**	**10.59%**
预制钢筋混凝土方桩（500mm×500mm）	m^3	0.937			
砌筑工程			**1 310 587**	**153.28**	**5.76%**
加气混凝土砌块墙	m^3	0.199			
页岩标砖墙	m^3	0.007			
混凝土及钢筋混凝土工程			**8 568 905**	**1 002.16**	**37.65%**
混凝土基础	m^3	0.144			
混凝土柱	m^3	0.167			
混凝土梁	m^3	0.045			
混凝土墙	m^3	0.008			
混凝土板	m^3	0.245			
金属结构工程			**1 138 086**	**133.10**	**5.00%**
钢梁	t	0.003			
钢平台	t	0.005			
屋面及防水工程			**849 707**	**99.38**	**3.73%**
改性沥青卷材防水	m^2	0.356			
防腐、隔热、保温工程			**1 482 252**	**173.35**	**6.51%**
屋面挤塑聚苯乙烯板保温	m^2	0.300			
外墙聚苯颗粒保温砂浆保温	m^2	0.104			
外墙岩棉板保温	m^2	0.649			
外墙挤塑聚苯乙烯板保温	m^2	0.018			
施工措施项目			**5 023 102**	**587.47**	**22.07%**
安全文明施工	元	68.68			
夜间施工	元	2.43			
非夜间施工照明	元	0.98			

续表

项目名称	单位	每平方米工程量	分部位清单计价合计（元）	每平方米价格（元）	占清单计价合计比例
冬雨季施工	元	16.37			
脚手架工程	元	81.04			
混凝土模板及支架	元	307.11			
垂直运输	元	36.84			
超高施工增加	元	19.37			
施工排水、降水	元	36.27			
其他	元	18.38			
税金			**1 879 365**	**219.80**	**8.26%**
合计			**22 761 202**	**2 661.99**	**100.00%**

（6）装饰工程分部位构成比例及主要工程量分析。

项目名称	单位	每平方米工程量	分部位清单计价合计（元）	每平方米价格（元）	占清单计价合计比例
楼地面工程			**2 370 437**	**277.23**	**20.07%**
自流平地面	m^2	0.720			
水泥砂浆地面	m^2	0.041			
细石混凝土地面	m^2	0.022			
陶瓷地砖地面	m^2	0.082			
墙、柱面工程			**3 686 306**	**431.12**	**31.21%**
内墙主要做法					
刮腻子	m^2	0.736			
乳胶漆	m^2	0.736			
面砖	m^2	0.028			
外墙主要做法					
真石漆	m^2	0.748			
天棚工程			**1 448 311**	**169.38**	**12.26%**
刮腻子	m^2	0.518			

续表

项目名称	单位	每平方米工程量	分部位清单计价合计（元）	每平方米价格（元）	占清单计价合计比例
乳胶漆	m^2	0.518			
装配式T形铝合金龙骨	m^2	0.555			
装配式U形轻钢龙骨	m^2	0.014			
矿棉板	m^2	0.082			
铝合金条板	m^2	0.014			
埃特板	m^2	0.473			
门窗工程			**796 036**	**93.10**	**6.74%**
木质门	m^2	0.001			
钢质门	m^2	0.016			
钢质防火门	m^2	0.009			
断桥隔热铝合金窗	m^2	0.037			
其他工程			**118 388**	**13.85**	**1.00%**
施工措施项目			**2 416 734**	**282.64**	**20.46%**
安全文明施工	元	20.19			
非夜间施工照明	元	0.63			
冬雨季施工	元	2.54			
脚手架工程	元	32.44			
垂直运输	元	14.02			
超高施工增加	元	37.29			
其他	元	175.53			
税金			**975 259**	**114.06**	**8.26%**
合计			**11 811 471**	**1 381.38**	**100.00%**

（7）安装工程分部位构成比例及主要工程量分析。

项目名称	单位	每平方米工程量	分部位清单计价合计（元）	每平方米价格（元）	占清单计价合计比例
给排水工程			**283 359**	**33.14**	**2.20%**
衬塑钢管	m	0.066 9	93 757	10.97	0.73%

续表

项目名称	单位	每平方米工程量	分部位清单计价合计（元）	每平方米价格（元）	占清单计价合计比例
UPVC 排水管	m	0.065 8	61 242	7.16	0.47%
管道支架	kg	0.048 4	10 856	1.27	0.08%
阀门	个	0.015 0	17 961	2.10	0.14%
软接头	个	0.000 7	1 288	0.15	0.01%
过滤器	个	0.000 7	1 948	0.23	0.02%
卫生洁具	套	0.005 4	45 498	5.32	0.35%
地漏、地面扫除口	个	0.004 1	1 829	0.21	0.01%
施工措施项目			**10 792**	**1.26**	**0.08%**
脚手架搭拆			2 944	0.34	0.02%
安全文明施工			6 362	0.74	0.05%
非夜间施工增加			81	0.01	0.001%
冬季施工增加			1 278	0.15	0.01%
竣工验收存档资料编制			127	0.01	0.001%
税金			**23 397**	**2.74**	**0.18%**
电气工程			**3 086 074**	**360.93**	**23.91%**
配电箱	台	0.003 5	390 807	45.71	3.03%
母线插接箱	台	0.002 5	10 271	1.20	0.08%
开关	个	0.021 9	8 393	0.98	0.07%
插座	个	0.007 0	2 209	0.26	0.02%
电力电缆	m	1.017 1	1 192 897	139.51	9.24%
控制电缆	m	0.007 7	1 127	0.13	0.01%
电气配管	m	2.174 6	453 102	52.99	3.51%
电缆桥架	m	0.094 7	88 762	10.38	0.69%
电气配线	m	4.423 3	160 875	18.81	1.25%
接线盒	个	0.242 4	25 568	2.99	0.20%
一般铁构件	kg	0.105 3	23 045	2.70	0.18%
照明灯具	套	0.060 2	111 645	13.06	0.87%
机柜	台	0.001 1	29 403	3.44	0.23%
网络电缆	m	1.056 0	53 133	6.21	0.41%

续表

项目名称	单位	每平方米工程量	分部位清单计价合计（元）	每平方米价格（元）	占清单计价合计比例
光纤	m	0.013 3	1 314	0.15	0.01%
配线架	台	0.001 6	13 425	1.57	0.10%
弱电插座	个	0.010 2	2 634	0.31	0.02%
交换机	台	0.001 2	24 450	2.86	0.19%
建筑智能化设备	台	0.009 5	69 599	8.14	0.54%
施工措施项目			**81 128**	**9.49**	**0.63%**
脚手架搭拆			22 223	2.60	0.17%
安全文明施工			47 753	5.58	0.37%
非夜间施工增加			606	0.07	0%
冬季施工增加			9 592	1.12	0.07%
竣工验收存档资料编制			954	0.11	0.01%
税金			**254 813**	**29.80**	**1.97%**
通风空调工程			**7 870 603**	**920.49**	**60.98%**
管道泵	台	0.000 2	4 520	0.53	0.04%
换气扇	台	0.000 8	6 244	0.73	0.05%
温度计	支	0.020 8	16 558	1.94	0.13%
压力表	块	0.021 4	31 304	3.66	0.24%
空调机组	台	0.007 5	748 246	87.51	5.80%
风机盘管	台	0.032 7	600 592	70.24	4.65%
风机	台	0.002 9	117 927	13.79	0.91%
钢板风管	m^2	1.003 8	3 074 076	359.52	23.82%
塑料风管	m^2	0.010 3	54 617	6.39	0.42%
风管阀门	个	0.035 0	219 262	25.64	1.70%
风口	个	0.056 3	155 831	18.22	1.21%
焊接钢管	m	0.073 6	54 211	6.34	0.42%
无缝钢管	m	0.182 1	322 494	37.72	2.50%
PVC 排水管	m	0.074 4	28 824	3.37	0.22%
管道支架	kg	0.363 0	81 491	9.53	0.63%
水管阀门	个	0.187 1	411 441	48.12	3.19%

续表

项目名称	单位	每平方米工程量	分部位清单计价合计（元）	每平方米价格（元）	占清单计价合计比例
过滤器	个	0.003 3	31 041	3.63	0.24%
软接头		0.058 7	124 414	14.55	0.96%
施工措施项目			**348 026**	**40.70**	**2.70%**
脚手架搭拆			94 259	11.02	0.73%
安全文明施工			205 728	24.06	1.59%
非夜间施工增加			2 609	0.31	0.02%
冬季施工增加			41 322	4.83	0.32%
竣工验收存档资料编制			4 108	0.48	0.03%
税金			**649 866**	**76.00**	**5.04%**
消防工程			**1 666 263**	**194.87**	**12.91%**
水泵	台	0.000 5	6 204	0.73	0.05%
电气配线	m	1.436 8	73 037	8.54	0.57%
电气配管	m	0.804 2	109 678	12.83	0.85%
接线盒	个	0.142 3	14 434	1.69	0.11%
消火栓	套	0.004 7	42 987	5.03	0.33%
灭火器	具	0.009 4	4 915	0.57	0.04%
管道支架	kg	0.156 1	39 305	4.60	0.30%
气体灭火装置	套	0.002 3	401 418	46.95	3.11%
消防探测器	只	0.083 6	201 337	23.55	1.56%
按钮	只	0.008 9	19 736	2.31	0.15%
消防报警器	台	0.004 7	14 710	1.72	0.11%
模块	只	0.001 9	11 740	1.37	0.09%
消防控制器	台	0.004 8	56 535	6.61	0.44%
镀锌钢管	m	0.128 2	147 846	17.29	1.15%
衬塑钢管	m	0.005 3	8 201	0.96	0.06%
UPVC 塑料管	m	0.026 4	16 245	1.90	0.13%
阀门	个	0.007 6	28 679	3.35	0.22%
施工措施项目			**59 880**	**7.00**	**0.46%**
脚手架搭拆			16 567	1.94	0.13%

续表

项目名称	单位	每平方米工程量	分部位清单计价合计（元）	每平方米价格（元）	占清单计价合计比例
安全文明施工			35 114	4. 11	0. 27%
非夜间施工增加			445	0. 05	0%
冬季施工增加			7 053	0. 82	0. 05%
竣工验收存档资料编制			701	0. 08	0. 01%
税金			**137 581**	**16. 09**	**1. 07%**
合计			**12 906 299**	**1 509. 43**	**100. 00%**

（8）建筑、装饰工程主要工、料消耗量分析。

项目名称	单位	建筑工程每平方米消耗量	装饰工程每平方米消耗量
人工	工日	4. 029	1. 663
水泥（综合）	kg	3. 508	10. 830
砂子	t	0. 024	0. 059
白灰	kg	1. 695	36. 819
钢筋	t	0. 089	
钢材	t	0. 008	
玻璃	m^2		0. 041
商品混凝土	m^3	0. 649	0. 095
预拌砂浆	t	0. 059	0. 077
预制钢筋混凝土方桩	m^3	0. 937	
加气混凝土砌块	m^3	0. 203	
页岩标砖	千块	0. 004	
SBS 改性沥青防水卷材	m^2	0. 799	
挤塑聚苯乙烯泡沫板	m^3	0. 025	
胶粉聚苯颗粒保温浆料	m^3	0. 003	
岩棉板	m^3	0. 033	
水泥基自流平砂浆	m^3		0. 003
陶瓷地面砖	m^2		0. 084

续表

项目名称	单位	建筑工程每平方米消耗量	装饰工程每平方米消耗量
成品腻子粉	kg		2.560
苯丙乳胶漆	kg		0.349
墙面砖	m^2		0.029
H 型真石涂料	kg		3.740
铝合金龙骨	m^2		0.563
轻钢龙骨	m^2		0.014
矿棉板	m^2		0.086
铝合金条板	m^2		0.012
埃特板	m^2		0.480

第三节 生产运行中心

内 容 提 要

结构	檐高（m）	层数	建筑面积（m^2）	每平方米价格（元）
框架结构	19.30	地上4层	6 647.81	4 479.58

一、框架结构

1. 生产运行中心 A

(1) 工程概况。

结构类型：框架结构			建筑面积：6 647.81m^2				
基本特征	檐高	层数	层高	基础类型	利润率		
					建筑	装饰	安装
	19.30m	地上 4 层	4.50m	桩承台基础	7.76%	24.00%	20.71%

(2) 工程主要特征。

项目名称		特征描述
建筑工程	基础工程	桩承台基础
	土方工程	机械挖土方
	打桩工程	预制钢筋混凝土管桩（D=400mm）
	砌筑工程	页岩标砖基础、加气混凝土砌块墙
	混凝土及钢筋混凝土工程	现浇混凝土，AC25，AC35
	屋面及防水工程	改性沥青卷材防水、高分子自粘胶膜卷材防水
	防腐、隔热、保温工程	屋面挤塑聚苯乙烯板保温
		外墙岩棉板保温、外墙挤塑聚苯乙烯板保温、外墙建筑保温砂浆保温
装饰工程	内墙	刮腻子、乳胶漆、大理石、柚木皮、面砖
	外墙	刮腻子、乳胶漆、花岗岩、玻璃幕墙
	天棚	刮腻子、乳胶漆、石膏板、钙塑板、矿棉板、铝扣板
	楼地面	橡胶卷材、大理石、陶瓷地砖、化纤地毯、自流平地面、铝质防静电活动地板
	门窗	钢质防火门、木质门、钢质门、铝合金玻璃门、铝合金窗
安装工程	给排水工程	PPR 塑钢管、UPVC 排水管
	电气工程	综合布线系统、安全防范系统、能源监控系统、钢管、电线管、塑料管
	通风空调工程	分体式空调器、镀锌薄钢板风管、铝合金风口
	消防工程	消火栓系统、自动报警系统、钢管

（3）工程造价各项费用分析表。

工程价格（元）（以2020年预算基价为依据）		每平方米价格（元）	各项费用所占比例（%）							
			人工费	材料费	机械费	管理费	规费	利润	税金	合计
29 779 397		**4 479.58**	**20.60**	**53.06**	**2.23**	**2.49**	**7.75**	**5.61**	**8.26**	**100.00**
建筑工程		2 172.29	20.78	50.64	3.18	2.75	7.82	6.57	8.26	100.00
装饰工程		1 835.99	19.26	57.22	1.43	1.96	7.25	4.62	8.26	100.00
安装工程		471.30	25.02	47.97	0.92	3.36	9.33	5.14	8.26	100.00
其中	给排水工程	39.64	12.29	70.57	0.10	1.61	4.62	2.55	8.26	100.00
	电气工程	132.84	22.58	52.53	0.44	3.01	8.50	4.68	8.26	100.00
	通风空调工程	251.78	27.87	42.68	1.41	3.77	10.33	5.68	8.26	100.00
	消防工程	47.04	27.38	44.38	0.36	3.64	10.31	5.67	8.26	100.00

（4）工程量清单计价汇总。

项目名称		造价（元/m^2）	占总造价比例
建筑工程工程量清单计价合计		**2 172.29**	**48.49%**
其中施工措施项目		452.09	10.09%
装饰工程工程量清单计价合计		**1 835.99**	**40.99%**
其中施工措施项目		81.34	1.82%
安装工程工程量清单计价合计		**471.30**	**10.52%**
其中	给排水工程	39.64	0.88%
	其中施工措施项目	0.81	0.02%
	电气工程	132.84	2.97%
	其中施工措施项目	5.03	0.11%
	通风空调工程	251.78	5.62%
	其中施工措施项目	12.03	0.27%
	消防工程	47.04	1.05%
	其中施工措施项目	2.15	0.05%
总造价		**4 479.58**	**100.00%**

（5）建筑工程分部位构成比例及主要工程量分析。

项目名称	单位	每平方米工程量	分部位清单计价合计（元）	每平方米价格（元/）	占清单计价合计比例
土方工程			**118 148**	**17.77**	**0.82%**
机械土方	m^3	0.574			
打桩工程			**1 225 279**	**184.31**	**8.48%**
预制钢筋混凝土管桩（D=400mm）	m	0.629			
砌筑工程			**1 102 599**	**165.86**	**7.64%**
页岩标砖基础	m^3	0.013			
加气混凝土砌块墙	m^3	0.186			
混凝土及钢筋混凝土工程			**6 072 870**	**913.51**	**42.05%**
混凝土基础	m^3	0.075			
混凝土柱	m^3	0.106			
混凝土梁	m^3	0.030			
混凝土墙	m^3	0.008			
混凝土板	m^3	0.222			
屋面及防水工程			**274 229**	**41.25**	**1.90%**
改性沥青卷材防水	m^2	0.072			
高分子自粘胶膜卷材防水	m^2	0.228			
防腐、隔热、保温工程			**1 450 136**	**218.14**	**10.04%**
屋面挤塑聚苯乙烯板保温	m^2	0.269			
外墙岩棉板保温	m^2	0.608			
外墙挤塑聚苯乙烯板保温	m^2	0.016			
外墙建筑保温砂浆保温	m^2	0.409			
施工措施项目			**3 005 382**	**452.09**	**20.81%**
安全文明施工	元	56.08			
夜间施工	元	2.00			
非夜间施工照明	元	0.79			
冬雨季施工	元	13.42			
脚手架工程	元	61.84			

续表

项目名称	单位	每平方米工程量	分部位清单计价合计（元）	每平方米价格（元/）	占清单计价合计比例
混凝土模板及支架	元	261.93			
垂直运输	元	20.88			
大型机械设备进出场及安拆	元	21.95			
其他	元	13.20			
税金			**1 192 378**	**179.36**	**8.26%**
合计			**14 441 021**	**2 172.29**	**100.00%**

（6）装饰工程分部位构成比例及主要工程量分析。

项目名称	单位	每平方米工程量	分部位清单计价合计（元）	每平方米价格（元）	占清单计价合计比例
楼地面工程			**2 098 237**	**315.63**	**17.19%**
橡胶卷材地面	m^2	0.309			
大理石板地面	m^2	0.058			
陶瓷地砖地面	m^2	0.370			
化纤地毯地面	m^2	0.102			
自流平地面	m^2	0.023			
铝质防静电活动地板地面	m^2	0.002			
墙、柱面工程			**5 342 176**	**803.60**	**43.77%**
内墙主要做法					
刮腻子	m^2	1.155			
乳胶漆	m^2	1.155			
大理石	m^2	0.053			
柚木皮	m^2	0.143			
面砖	m^2	0.088			
外墙主要做法					
刮腻子	m^2	0.549			
乳胶漆	m^2	0.549			

续表

项目名称	单位	每平方米工程量	分部位清单计价合计（元）	每平方米价格（元）	占清单计价合计比例
花岗岩	m^2	0.277			
玻璃幕墙	m^2	0.127			
天棚工程			**1 760 353**	**264.80**	**14.42%**
刮腻子	m^2	0.340			
乳胶漆	m^2	0.340			
装配式U形轻钢龙骨	m^2	0.259			
装配式T形铝合金龙骨	m^2	0.514			
轻型铝合金条板龙骨	m^2	0.031			
石膏板	m^2	0.214			
钙塑板	m^2	0.075			
矿棉板	m^2	0.508			
铝扣板	m^2	0.031			
门窗工程			**910 752**	**137.00**	**7.46%**
钢质防火门	m^2	0.009			
木质门	m^2	0.039			
钢质门	m^2	0.003			
铝合金玻璃门	m^2	0.004			
铝合金窗	m^2	0.071			
其他工程			**545 252**	**82.02**	**4.47%**
施工措施项目			**540 746**	**81.34**	**4.43%**
安全文明施工	元	29.36			
非夜间施工照明	元	0.91			
冬雨季施工	元	3.74			
脚手架工程	元	27.44			
垂直运输	元	19.14			
其他	元	0.75			
税金			**1 007 777**	**151.60**	**8.26%**
合计			**12 205 293**	**1 835.99**	**100.00%**

（7）安装工程分部位构成比例及主要工程量分析。

项目名称	单位	每平方米工程量	分部位清单计价合计（元）	每平方米价格（元）	占清单计价合计比例
给排水工程			**263 489**	**39.64**	**8.41%**
PPR 塑钢管	m	0.077 6	26 898	4.05	0.86%
UPVC 排水管	m	0.088 1	38 887	5.85	1.24%
管道支架	kg	0.029 3	5 725	0.86	0.18%
阀门	个	0.004 4	40 066	6.03	1.28%
卫生洁具	套	0.015 0	120 012	18.05	3.83%
地漏、地面扫除口	个	0.009 0	2 988	0.45	0.10%
施工措施项目			**5 396**	**0.81**	**0.17%**
脚手架搭拆			1 503	0.23	0.05%
安全文明施工			3 156	0.47	0.10%
非夜间施工增加			40	0.01	0.001%
冬季施工增加			634	0.10	0.02%
竣工验收存档资料编制			63	0.01	0.002%
税金			**21 756**	**3.27**	**0.69%**
电气工程			**883 062**	**132.84**	**28.19%**
配电箱	台	0.003 6	106 647	16.04	3.40%
开关	个	0.036 1	19 745	2.97	0.63%
插座	个	0.043 5	10 613	1.60	0.34%
电力电缆	m	0.437 1	82 911	12.47	2.65%
接地母线	m	0.225 5	54 730	8.23	1.75%
电气配管	m	1.228 5	198 770	29.90	6.34%
电缆桥架	m	0.052 8	36 617	5.51	1.17%
电气配线	m	3.471 7	62 978	9.47	2.01%
接线盒	个	0.236 8	15 520	2.33	0.50%
一般铁构件	kg	0.151 9	23 724	3.57	0.76%
照明灯具	套	0.099 1	146 695	22.07	4.68%
系统调试			3 191	0.48	0.10%
施工措施项目			**33 460**	**5.03**	**1.07%**
脚手架搭拆			9 252	1.39	0.30%

续表

项目名称	单位	每平方米工程量	分部位清单计价合计（元）	每平方米价格（元）	占清单计价合计比例
安全文明施工			19 625	2.95	0.63%
非夜间施工增加			249	0.04	0.01%
冬季施工增加			3 942	0.59	0.13%
竣工验收存档资料编制			392	0.06	0.01%
税金			**72 913**	**10.97**	**2.33%**
通风空调工程			**1 673 787**	**251.78**	**53.42%**
空调机组	台	0.001 2	45 341	6.82	1.45%
风机盘管	台	0.013 7	161 790	24.34	5.16%
风机	台	0.000 3	16 172	2.43	0.52%
支架	kg	0.389 5	76 379	11.49	2.44%
风管	m^2	0.355 6	502 545	75.60	16.04%
风管阀门	个	0.019 4	53 936	8.11	1.72%
风口	个	0.049 6	71 959	10.82	2.30%
无缝钢管	m	0.405 5	212 475	31.96	6.78%
水管阀门	个	0.055 1	138 286	20.80	4.41%
不锈钢软管	个	0.027 4	18 078	2.72	0.58%
施工措施项目			**80 004**	**12.03**	**2.55%**
脚手架搭拆			21 627	3.25	0.69%
安全文明施工			47 326	7.12	1.51%
非夜间施工增加			600	0.09	0.02%
冬季施工增加			9 506	1.43	0.30%
竣工验收存档资料编制			945	0.14	0.03%
税金			**138 203**	**20.79**	**4.41%**
消防工程			**312 730**	**47.04**	**9.98%**
控制电缆	m	0.075 2	6 805	1.02	0.22%
镀锌钢管	m	0.030 1	4 852	0.73	0.15%
线槽	m	0.015 0	13 601	2.05	0.43%
无缝钢管	m	0.048 4	66 563	10.01	2.12%
电气配线	m	0.722 0	19 440	2.92	0.62%

续表

项目名称	单位	每平方米工程量	分部位清单计价合计（元）	每平方米价格（元）	占清单计价合计比例
消火栓	套	0.003 3	17 935	2.70	0.57%
手提式灭火器	具	0.005 7	3 114	0.47	0.10%
管道支架	kg	0.045 1	8 814	1.33	0.28%
烟感探测器	个	0.019 1	32 629	4.91	1.04%
按钮	个	0.005 4	11 896	1.79	0.38%
模块	m	0.005 0	21 852	3.29	0.70%
消防设备	台	0.003 9	36 584	5.50	1.17%
阀门	个	0.002 0	11 009	1.66	0.35%
施工措施项目			**14 302**	**2.15**	**0.46%**
脚手架搭拆			3 973	0.60	0.13%
安全文明施工			8 374	1.26	0.27%
非夜间施工增加			106	0.02	0.003%
冬季施工增加			1 682	0.25	0.05%
竣工验收存档资料编制			167	0.03	0.01%
税金			**25 822**	**3.88**	**0.82%**
合计			**3 133 068**	**471.30**	**100.00%**

（8）建筑、装饰工程主要工、料消耗量分析。

项目名称	单位	建筑工程每平方米消耗量	装饰工程每平方米消耗量
人工	工日	3.244	2.371
水泥（综合）	kg	8.592	21.017
砂子	t	0.026	0.104
白灰	kg	0.564	17.118
钢筋	t	0.088	
玻璃	m^2		0.087
热反射玻璃	m^2		0.123
商品混凝土	m^3	0.464	0.017
预拌砂浆	t	0.095	0.162

续表

项目名称	单位	建筑工程每平方米消耗量	装饰工程每平方米消耗量
预制钢筋混凝土管桩	m	0.629	
页岩标砖	千块	0.007	
加气混凝土砌块墙	m^3	0.190	
SBS 改性沥青防水卷材	m^2	0.083	
高分子自粘胶膜卷材	m^2	0.264	
挤塑聚苯乙烯泡沫板	m^3	0.017	
岩棉板	m^3	0.031	
建筑保温砂浆	m^3	0.015	
再生橡胶卷材	m^2		0.340
大理石板	m^2		0.113
陶瓷地面砖	m^2		0.385
化纤地毯	m^2		0.105
铝质防静电地板	m^2		0.002
成品腻子粉	kg		11.675
苯丙乳胶漆	kg		0.755
釉木皮	m^2		0.157
墙面砖	m^2		0.092
花岗岩板	m^2		0.283
轻钢龙骨	m^2		0.263
铝合金龙骨	m^2		0.522
铝合金条板龙骨	m		0.059
石膏板	m^2		0.225
钙塑板	m^2		0.079
矿棉板	m^2		0.533
铝扣板	m^2		0.032

工程项目索引表

序号	项目	结构类型	建筑面积（m^2）	每平方米价格（元）	所属章节	起始页码
1	多层住宅公寓 A	框架剪力墙结构	7 613.71	4 836.32	第一章，第一节	6
2	多层住宅公寓 B	装配式混凝土结构	6 080.66	3 611.77	第一章，第一节	14
3	高层住宅公寓 A	框架剪力墙结构	5 735.93	3 521.04	第一章，第二节	24
4	高层住宅公寓 B	框架剪力墙结构	5 127.27	4 124.18	第一章，第二节	33
5	高层住宅公寓 C	框架剪力墙结构	11 948.00	4 163.80	第一章，第二节	42
6	高层住宅公寓 D	框架剪力墙结构	6 916.62	3 820.43	第一章，第二节	51
7	高层住宅公寓 E	框架剪力墙结构	6 734.91	4 720.47	第一章，第二节	60
8	高层住宅公寓 F	框架剪力墙结构	12 207.38	3 710.36	第一章，第二节	70
9	办公楼 A	装配式混凝土结构	11 893.76	4 744.86	第二章，第一节	82
10	办公楼 B	框架剪力墙结构	7 075.00	5 059.79	第二章，第一节	93
11	办公楼 C	框架结构	1 970.04	4 443.71	第二章，第一节	102
12	综合楼 A	框架核心筒结构	70 072.34	7 948.90	第二章，第二节	112
13	教学楼 A	框架剪力墙结构	19 963.75	5 669.91	第三章，第一节	126
14	教学楼 B	框架剪力墙结构	12 830.09	5 290.44	第三章，第一节	137
15	教学楼 C	装配式混凝土结构	16 732.00	6 227.56	第三章，第一节	147
16	学校餐厅 A	框架结构	4 458.07	5 246.14	第三章，第二节	159
17	学生公寓 A	框架结构	3 740.80	4 403.89	第三章，第三节	169
18	学生公寓 B	框架结构	2 600.00	4 577.40	第三章，第三节	178
19	医院 A	钢结构	62 732.90	6 457.25	第三章，第四节	188
20	医院 B	框架结构	3 972.00	5 079.97	第三章，第四节	200
21	幼儿园 A	框架结构	2 932.97	3 660.76	第三章，第五节	211
22	幼儿园 B	框架结构	5 950.00	4 960.11	第三章，第五节	219
23	幼儿园 C	装配式混凝土结构	3 999.53	4 466.91	第三章，第五节	228

续表

序号	项目	结构类型	建筑面积（m^2）	每平方米价格（元）	所属章节	起始页码
24	幼儿园 D	装配式混凝土结构	3 899.06	4 995.37	第三章，第五节	237
25	幼儿园 E	钢结构	4 170.00	5 602.36	第三章，第五节	247
26	托老所 A	框架结构	4 222.32	4 571.66	第三章，第六节	259
27	托老所 B	装配式混凝土结构	2 300.83	4 534.37	第三章，第六节	268
28	体育健身中心 A	钢框架结构	28 062.00	6 236.44	第四章，第一节	280
29	展览馆 A	钢框架结构	478 600.00	9 864.61	第四章，第二节	292
30	商场 A	框架结构	18 300.00	4 580.45	第五章，第一节	306
31	工业厂房 A	钢框架结构	6 493.92	4 014.85	第六章，第一节	320
32	工业厂房 B	钢框架结构	2 735.53	5 337.85	第六章，第一节	329
33	工业厂房 C	钢框架结构	5 977.10	4 542.61	第六章，第一节	338
34	工业厂房 D	钢框架结构	7 942.00	3 261.02	第六章，第一节	346
35	精密车间 A	框架结构	8 550.45	5 552.80	第六章，第二节	356
36	生产运行中心 A	框架结构	6 647.81	4 479.58	第六章，第三节	367